普通高等教育规划教材
国家级精品课程教材

建筑概论

JIAN ZHU GAI LUN

主编　李必瑜　杨真静　[重庆大学]
主审　周铁军

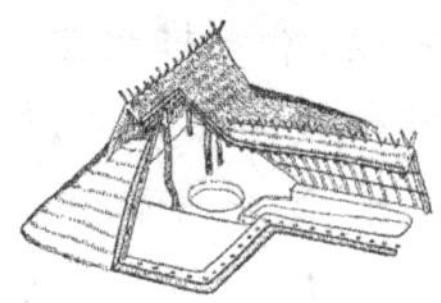

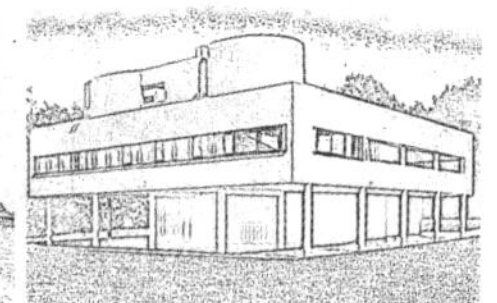

人民交通出版社
China Communications Press

内 容 提 要

本书为普通高等教育土建类专业精品课程系列教材之一。

本书从广义建筑学和社会学等多学科的角度认识建筑，对于非建筑学专业的建筑类各专业，这是一本既能概括建筑项目从规划到建成全过程，又更加注重建筑欣赏和实践的教材，使学生在课时较少的情况下，能够轻松愉快地学习到较全面的建筑知识。

全书共8章，第1～3章为民用建筑设计原理，第4～7章为建筑构造内容，第8章为设计实例，本书通俗易懂、内容丰富、图文并茂、重点突出，编选了许多国内外建筑实例，并配有《建筑概论多媒体教材》(光盘版)，可供教学使用，同时配有《建筑概论多媒体教材》网络版，可供院校师生在线阅读。

本书可作为高等院校建筑工程、工程管理、给水排水工程、建筑环境与设备工程及相关专业的教材和教学参考书，也可供成人教育土建类专业及相关领域技术人员参考使用。

前言 QIANYAN

随着建筑科技的发展，建筑领域各专业的相互融合、渗透变得越来越重要。本书试图从广义建筑学和社会学等多学科的角度去认识建筑，对于建筑学专业以外的建筑类各专业，这是一本既能概括一个建筑项目从规划到建成全过程，又更加注重建筑欣赏和实践的教材，使学生在课时较少的情况下，能更轻松愉快地学习到较全面的建筑知识。

本书充分吸取建筑及相关学科发展的成果，依照建筑教学的基本规律，体现了新时期教育发展的动态，在教学内容的先进性、教学方式的综合性、教学逻辑的合理性、教学框架的完整性等方面特色鲜明。

全书共分 8 章，前 3 章为民用建筑设计原理，第 4～7 章为建筑构造内容，第 8 章为设计实例。本书通俗易懂、内容丰富、图文并茂、重点突出，编选了较多的国内外建筑实例，并配有多媒体课件和光盘，便于读者学习和掌握。本书可作为建筑工程、工程管理、给水排水工程、建筑环境与设备工程及有关专业的教材和教学参考书，也可供从事建筑设计与建筑施工的技术人员及成人高等教育土建类专业师生使用。

参加本书编写的人员有：第一章　覃琳；第二章　孙雁；第三章　覃琳、李必瑜、王朝霞；第四章　王雪松；第五章　李必瑜、杜晓宇、徐可；第六章　王雪松、李必瑜、杨真静、杜晓宇；第七章　王朝霞；第八章　李必瑜、杨真静。

本书由周铁军教授主审。

参加本书编写工作的还有杨宇振、刘晓辉、宋小宇、张杨、张国庆、许景锋、聂可、刘小凤、周瑜、代聪聪、陈文、王德志、陈烨等。

由于编者水平有限，不足之处在所难免，恳请广大读者批评指正。在教学过程中如遇到问题，请与作者联络(65126315@163. com)。

重庆大学建筑城规学院
《建筑概论》教材编写组
2009 年 3 月

目录 MULU

第1章 概 述

1.1 建筑的概念

1.1.1 建筑的概念

建筑是建筑物和构筑物的总称。

建筑物是为了满足社会的需要、利用所掌握的物质技术手段，在科学规律与美学法则的支配下，通过对空间的限定和组织而创造的社会生活环境，如医院、办公楼、体育馆、学校、旅馆、住宅等。构筑物是指人们一般不直接在内进行生产和生活的建筑，如水塔、烟囱、堤坝等。无论是建筑物还是构筑物，都以一定的空间形式而存在，受到物质技术性和社会文化性的制约。

从广义的角度来理解，可以把建筑看成是一种人造的空间环境。这种空间环境在满足人们一定的功能使用要求的基础上，还应满足人们精神感受上的要求。著名建筑大师赖特认为：建筑是用结构来表达思想科学性的艺术；建筑，是受科学技术因素所制约的艺术形式。

1.1.2 建筑的构成要素

早在公元前1世纪，罗马的建筑理论家维特鲁威在《建筑十书》中明确指出，建筑应具备三个基本要求：适用、坚固、美观。建筑与人们的工作、学习、生活、社会活动密切相关，对科学技术、文化艺术、社会、环境等各方面都有着重大的影响，反映着时代的物质和精神文明，在长期的建筑实践中探讨建筑基本要素之间相互联系、约制和协调的辩证关系。根据建筑的实现手段，也可以将构成建筑的基本要素视作建筑功能、建筑技术和建筑形象三个方面。

建筑功能是建筑的第一个基本要素。建筑是供人们生活、学习、工作、娱乐的场所，不同的建筑具有不同的使用要求。如影剧院要求有良好的视听环境，火车站要求进出站人流线路顺畅，工业建筑则要求符合产品的生产工艺流程等。建筑不仅要满足各自的使用功能要求，而且还要为人们创造一个舒适、卫生的环境，满足人们生理的功能要求。因此建筑应具有良好的朝向，以及保温、隔热、隔

a)金字塔

b)应县木塔

c)朗香教堂

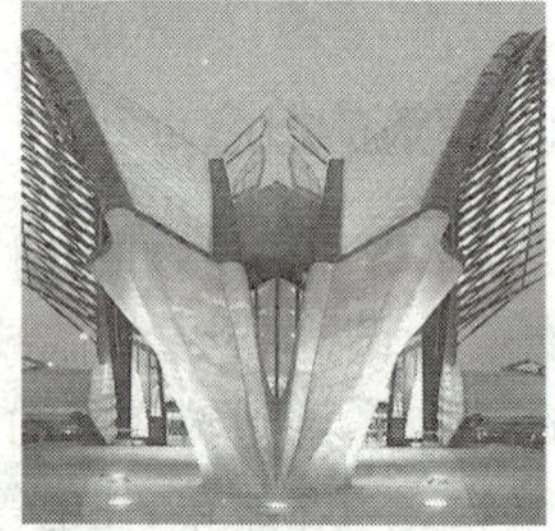

d)里昂机场

e)香山饭店

f)悉尼歌剧院

图 1-1 建筑艺术形象欣赏

a)西藏山地民居聚落

b)西塘江南水乡聚落

图 1-2 不同建筑风格的民居聚落

声、采光、通风的性能。

建筑技术是建造房屋的手段，包括建筑材料与制品技术、结构技术、施工技术和设备技术(水、电、通风、空调、通信、消防、输送等设备)。建筑不可能脱离建筑技术而存在。例如，在19世纪中叶以前的几千年间，建筑材料一直以砖瓦木石为主，所以古代建筑的跨度和高度都受到限制。19世纪中叶到20世纪初，钢铁、水泥的出现，为大力发展高层和大跨度建筑创造了物质技术条件；电梯等垂直升降设备的出现，则为建筑向高处发展提供了使用上的可能。技术条件的发展和革新是建筑创作的重要推动力量，也推进了建筑类型的发展。

建筑形象是建筑体形、立面形式、建筑色彩、材料质感、细部装修等的综合反映。建筑形象是建筑师进行建筑创作的艺术反映。建筑形象所产生的艺术效果，带给人以不同的感染力和美的享受。建筑常给人以庄严雄伟、粗犷雄浑、壮丽华美、纤巧静美、生动活泼等不同的感觉，这就是建筑艺术形象的魅力，见图1-1。建筑形象往往具有特定的历史、地域和文化特征。不同民族、不同地域的建筑，在不同的历史时期，受文化、地域技术和气候因素的影响，会产生不同的建筑形象。例如，西藏传统民居与江南水乡的传统民居会有迥异的建筑风格和不同的内外空间环境处理，带来建筑个体和群体形象上的鲜明个性，见图1-2。

构成建筑的三要素是辩证统一的关系。功能因素是建筑中起主导作用的因素；物质技术条件是实现功能的手段，对功能又有约束和促进的作用；建筑形象是功能和技术的综合反映。在一定功能和技术条件下，建筑形象反映一定的社会文化性，并且满足使用者对于审美的需求。三者的关系视建筑性质、建筑环境、地方特色、审美要求及投资标准而定，过分地强调某一方面是不可取的。在功能关系合理，且在工程技术、物质条件和投资标准的具体情况下，创造出高超的艺术形式。

建筑三个基本要素综合反映为人们对建筑的空间体验。“埏直以为器，当其无，有器之用，凿户牖以为室，当其无，有室之用……”这是一句来自中国古代著名思想家老子《道德经》的言论，指出建筑的价值并不在于其围合空间的实体外壳，而是空间的本身——空间是建筑的本质。建筑最原始的、本质的意义和价值在于建筑的空间性。

1.2　建筑的历史与发展

从古至今，随着社会生产力的提高和物质技术条件的发展，人类社会不断由初级向高级发展，建筑也反映出人类建造活动的发展和演变。从原始的穴居、巢居到现代摩天高楼和城市综合体，建筑经历了漫长的发展历程。建筑产生、发展的历史，与科学技术、文化艺术、社会环境的发展密切相关。了解建筑的历史与发展脉络，有助于我们认识建筑科学技术演进的规律，帮助我们了解和学习建筑设计的方法。

1.2.1 远古时期的建筑

真正有文明意义的建筑的出现，约有一万多年的历史，只占地球约 40 亿年历史的一个短短的片段，却造就了丰富和波澜壮阔的建筑历史篇章。

建造房屋是人类最早的生产活动之一。孔子在其《礼记》中感叹“昔者先王未有宫室，冬则居营窟，夏则居橧巢……后圣有作，然后修火之利，范金，合土，以为台榭宫室牖户；……以养生送死，以事鬼神上帝，皆从甚朔。……是谓大祥。此礼之大成也。”可见建筑的产生，是人类文明体系建立的重要基础。

所谓“营窟”、“橧巢”，就是远古时期最初的建筑空间雏形。人们为了躲避风雨和野兽侵袭，用树枝、石块等构筑巢、穴，开始了人类最原始的建筑活动。旧石器时代，人们栖息在树上，或住在天然的洞穴里，那还不是真正意义上的“建筑”。随着对居住空间需求的增加和社会化的发展进程，天然的“营窟”、“橧巢”不能够完全满足居住要求，于是人们用石头、用树枝模仿天然的掩蔽物建造蔽身之所，这就是建筑的起源。到了新石器时代，工具的出现和使用对生产力起到了极大的促进作用。人类进入了农业和畜牧业时期，定居下来，并开始用木材、土坯等人工加工的材料来建造比较坚固的房屋，不少地区也已经出现了村落的雏形。村落中出现了半地穴或简易的房屋建筑。图 1-3 为距今 5 000～6 000 年的仰韶文化晚期的西安半坡建筑复原示意图，它是一种半穴居建筑。图 1-4 是距今约 7 000 年前的浙江河姆渡遗址博物馆对原有建筑的复原示意图，它是由“橧巢”而来的干栏建筑。

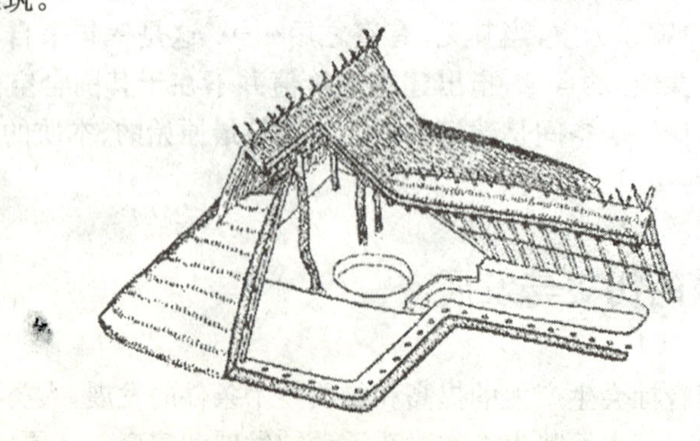

图 1-3 仰韶文化晚期的西安半坡建筑复原示意图

当代生活中仍然存在的“窑居”，可以说是在特定地理和地质条件下，依然适应现代生活的“营窟”模式。而一些林木丰盛的民族地区，仍然存在着利用林木建造生活空间的“巢居”树屋。这些对自然条件简单质朴的利用方式，反映了人类对自然环境最直接的借用。图 1-5 为西双版纳克木人现在仍然在使用的树屋。

图 1-4　河姆渡遗址博物馆的原始建筑仿建

图 1-5　西双版纳克木人树屋

建筑最终的发展反映了人类对自然环境从依赖到改造的技术增长过程。在人类社会逐步由远古蛮荒向现代文明进步的过程中，不同区域逐渐形成了各具特色的文明体系。在科技进步的同时，不同文明区域的宗教形态、社会秩序、艺术手法等，反映出不同的审美和文化价值取向，表现出异彩纷呈的建筑体系及其演变历史。

1.2.2 西方石构体系的古典建筑

“建筑是石头的史诗”，这是对于西方古典建筑言简意赅的评价。古代欧洲以爱琴海为中心的克里特和迈西尼文化，创造了制陶和冶金技术，发展了石砌技术，创造了优美的柱式、雕刻、壁画，使石构建筑体系得以成熟和发展。迈西尼城堡著名的狮子门，距今 3 300 多年，是早期高超的石砌技术与艺术的代表，见图 1-6。

图 1-6 迈西尼狮子门

古希腊繁荣的城邦文化，在建筑艺术上得到了充分的表达。以神庙、剧场、竞技场、浴场等建筑类型的发展为基础，以完整丰富的建筑群体和比例优美的柱式、山花、精美的雕饰，体现了古希腊文化的艺术成就。其中，雅典卫城是典型的代表(图 1-7)。卫城建筑群坐落在一处山冈上，在群体空间布局和单体建筑的艺术成就上都成为西方古典建筑的艺术典范。

罗马政府统治希腊后，建立起庞大的古罗马帝国。古罗马建筑在技术与艺术上均取得了极高的成就。古罗马建筑在材料上发展了天然火山灰制成的天然混凝土，在结构上发展了石砌的梁柱与拱券体系，在建筑艺术上发展和完善了古典柱式体系。著名的建筑实例如万神庙(图 1-8)等。万神庙的圆形正殿直径和高度均为 43.3m，由一个随着高度逐渐减薄的穹顶覆盖，通过穹顶上的壁龛设置暗券，在顶部开设直径 8.9m 的圆孔开口。在当时的观念里，穹顶象征天宇，圆形的顶部开口象征着神的世界和人的世界的联系。圆洞里射入的柔和光线，在空阔的内部空间产生了静谧的宗教气氛，和富有韵律的内部天花一起，构成了完美统一的艺术效果。万神庙的穹顶采用天然混凝土浇筑，是现代建筑结构出现以前世界上最大跨度的建筑空间。古罗马时期，建筑理论也得以逐渐成熟和系统化，维特鲁威著名的《建筑十书》，成为自文艺复兴以后300余年建筑学的基本教材。

图1-7　雅典卫城帕提农神庙

a)外观

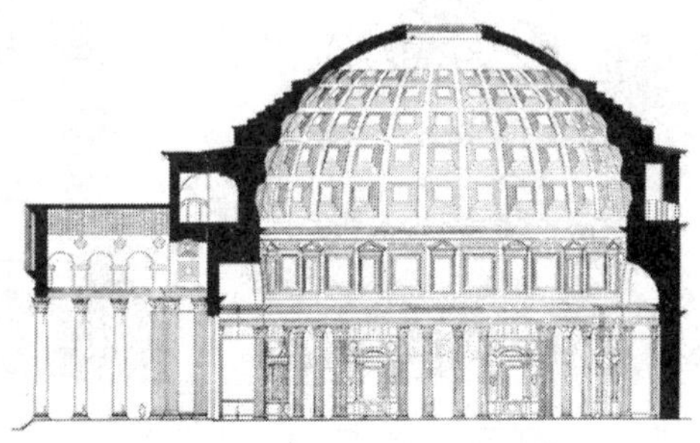

b)剖面

图1-8　罗马万神庙

随着罗马帝国的东迁和分裂，东欧以巴尔干半岛为中心逐渐发展起来的拜占庭建筑，延续和发展了古西亚的石砌拱券和古希腊的古典柱式，发展了由方形到圆形大空间转换的"帆拱"技术。著名的建筑实例，如君士坦丁堡的圣索菲亚教堂(图1-9)和莫斯科的柏拉仁诺教堂(图1-10)。西欧和中欧则在罗马帝国灭亡后，经过多年发展，创造了扶壁、飞扶壁、肋架拱、束柱等具有结构创造力的建筑技术形式，最终成就了辉煌的哥特式建筑艺术。哥特式建筑具有特殊的骨架券结构体系，其高耸的尖拱、透空的石窗棂、彩色的玻璃窗、横空的飞扶壁、冲入云端的钟塔……。这一切的完美组合为教堂带来一种向上的强烈动势，体现了人类对“天国”的向往，营造了浓郁的宗教气氛。图1-11为著名的哥特式建筑巴黎圣母院。

图1-9 圣索菲亚教堂穹顶剖面

图1-10 莫斯科柏拉仁诺教堂

图1-11 巴黎圣母院

西方以石构体系为主的古典建筑，在工业革命之后，受新结构、新材料的影响，经历了折衷、融合借鉴、对立对比、复古、对话等多个时期多种形式的发展，形成了丰富多彩的近现代建筑思潮和建筑实践。

1.2.3 中国木构体系的传统建筑

相对于西方的石头“史诗”，中国传统建筑采用的是更贴近自然的木构体系。

黄河流域和长江流域是华夏文明的重要发源地。长江流域河姆渡文化的榫卯技术和干阑建筑，与黄河流域仰韶文化的穴居、半穴居房屋，都以木构作为重要的结构骨架。两种建筑体系在中原地区的融合，最终发展成完备成熟的木构建筑技术，并成为中国古代建筑的主体形式。

中国木构建筑体系在早期通过夯土筑台的方式构筑庞大建筑群体的竖向空间组织，如咸阳东郊挖掘出的战国时期的秦咸阳宫遗址，就坐落在一座 60m×45m、高 6m 的夯土台上。秦汉时期，木构架建筑技术逐步成熟，抬梁和穿斗两种主要的木建筑结构形式初步形成，其共同的特点是结构骨架明晰(图 1-12)。抬梁式也称叠梁式，是一种有梁的梁柱结构体系，应用很广，优点是室内少柱或无柱，可获得较大的空间，空间相对灵活；缺点是柱梁等用材较大，消耗木材较多。穿斗式在南方使用很普遍，也称为立贴式，是无梁的由檩和柱构成的结构体系，优点是用料较小，整体刚性好；缺点是室内柱子较密，空间不够开阔。抬梁式和穿斗式有时会混合使用。另外，还有一种西部民族地区采用的井干式：采用木头围成矩形木框，层层叠置，形成木头承重的墙体。

a)抬梁式屋架　　b)穿斗式屋架

图 1-12　中国传统木建筑骨架结构示意图

在传统的建造过程中，结构骨架的建造比围护体系和装饰部分先行完成，“墙”一般只作为围护、分隔和装饰部件。由于这一特性，特殊的骨架结构体系具有“墙倒屋不塌”的特点，在建筑维护和改造、扩建方面具有很大的优势。

汉代，作为中国木构建筑的重要结构和造型元素的斗拱已经普遍使用。图 1-13 为唐代佛光寺大殿的斗拱。斗拱既向下传递屋顶荷载，同时因为层层出挑为建筑物提供了巨大的屋檐。它既是重要的结构构件，也为建筑立面从屋顶到墙身提供了过渡。唐宋时期，木构建筑的结构日益成熟，解决了大空间、大尺度的技术问题，也走向了材质的定型化与模数化，形成恢宏的艺术形态。

中国木构体系的传统建筑，有着成熟的技术法则和丰富的艺术、哲学内涵。从木构体系来看，有其古老的“模数化”特点、结构关系明晰的木构体系、以“间”为单元的单体—群体空间构成等特色。“模数化”指的是传统木构建筑的用“材”

制度。宋李诫所著的《营造法式》,对木结构建筑的尺寸形制标准作了详细的阐述,在模数化基础上,中国传统木建筑的构件标准形成了一个标准统一而型制多变的建造体系,成为具有规范意义的国家建筑标准。"间"是中国传统木构建筑的基本单元。两列柱为一"间",水平方向按奇数扩展形成最小的建筑单体;建筑单体以院落为纽带联结成院;院在横向和纵向发展形成多进院落,最终形成大规模建筑群体。气势恢宏的故宫,就是中国传统建筑群的典型代表(图 1-14)。

图 1-13　中国古建筑斗拱

图 1-14　故宫建筑群鸟瞰

由于木材资源的缺乏及现代工业化发展的推动,除了少数地区的民居中仍少量采用木建筑外,我国大部分地区都在解放后的建造活动中逐步以现代工业化材料和现代建筑结构形式为主,形成了当代的建筑环境与景观。

1.2.4　现代建筑的设计发展思潮

资产阶级革命及工业大生产的发展,极大地促进了建筑业的发展。1851 年英国伦敦博览会中，由园艺师帕克斯顿(Paxton)设计的 74 400m^2 的“水晶宫”展览馆，以短短 8 个月的建造时间表现了工业化装配体系的效率优势；1889 年巴黎世界博览会的埃菲尔铁塔创造了当时世界最高(328m)的纪录，同时机械馆也创造了当时世界上最大建筑跨度(115m)的纪录。伴随着新材料、新技术、新建筑类型的出现，工程师在建筑设计中扮演了重要的创新作用，也由此带来古典传统与工业文化的对话。

19 世纪下半叶至 20 世纪初的西方建筑，是对新建筑的探求时期，也是向现代建筑的过渡时期。19 世纪 50 年代在英国出现的工艺美术运动，在建筑上主张建造“田园式”住宅，以摆脱古典建筑形式；19 世纪 80 年代始于比利时布鲁塞尔的“新艺术运动”，主张创造适应工业时代精神的简化装饰，以解决建筑和工艺品的艺术风格问题。例如，在简洁的建筑外形内大量使用模仿自然草木形状的曲线铁构件；以瓦格纳为首的维也纳学派，主张建筑以实用为主，反对推崇装饰，甚至提出“装饰是罪恶❶”……。此外，北欧建筑师反对折衷主义的建筑实践，美国芝加哥学派以工程技术发展为基础提出的“形式追随功能”，以及德意志制造联盟在建筑实践中对现代结构的表现，都推动了建筑的创新和发展。在这一时期，钢筋混凝土作为现代建筑材料开始崭露头角，在结构形式的创新运用及其艺术表现力方面，都有了长足的进展。

现代主义建筑思潮成熟于 20 世纪 20 年代，在 50～60 年代风行全世界。随后，在 60 年代，现代主义建筑开始出现不同的理解和看法，但是在设计思想上体现出共同点：强调建筑的发展应与工业化社会相适应，重视建筑的实用功能和经济问题，积极采纳和反映新技术特征，提倡建筑风格的时代性。期间，出现了建筑史上公认的现代建筑大师——格罗皮乌斯、柯布西耶、密斯及赖特，他们的设计思想和作品为现代建筑的发展进行了多种创作方法和理念的诠释。图 1-15～图 1-18为几位现代建筑大师的代表作品。格罗皮乌斯的包豪斯校舍，体现了他对建筑教育和设计改革的观念，包豪斯学校也堪称现代设计之源；柯布西耶的萨伏伊别墅，是他所提出的新建筑五点(底层架空、屋顶花园、自由平面、横向的长窗、自由立面)的典例；纽约的西格拉姆大厦，则是密斯追求理性风格的代表；著名的流水别墅，反映赖特对环境和结构的大胆构思，以及对有机的、诗意的建筑形式的追求。图 1-1c)朗香教堂是柯布西耶在形式创作中极富艺术想象力的作品，教堂被设计成一个“视觉领域的听觉器件”，似乎象征了人与上帝的沟通渠道。

❶ 此句话为一位维也纳建筑师路斯(Loos)的代表言论，其代表作品为“斯坦纳住宅”。

图 1-15　包豪斯校舍

图 1-16　萨伏伊别墅

图 1-17　西格拉姆大厦

图 1-18　流水别墅

第二次世界大战结束后，随着经济的恢复，工业生产和科学技术迅速发展，对建筑产生了极大的影响，现代主义建筑成为世界许多地区占主导地位的建筑潮流。发展至20世纪60年代以后，建筑思潮异常活跃，出现了一个建筑“多元化”的时代。主要体现在几个方面：“理性主义”的充实与提高，以及讲求技术精美、粗野主义、典雅主义、高度工业技术化、人情化与地方化、讲求个性与象征、后现代主义等各种倾向。建筑思潮多元化的局面，既是对建筑创作新的思考，也促使建筑在不同层面上强化了对形式的关注。建筑作品呈现出丰富多元的局面，对空间和形式的探讨，一直持续至今。

1.3　建筑的分类与分级

1.3.1　民用建筑的分类

建筑物按照它的使用性质，通常可分为生产性建筑——工业建筑、农业建筑，以及非生产性建筑——民用建筑。

民用建筑根据分类的方式不同，有以下几种分类：

(1)按照民用建筑的使用功能分类

①居住建筑：如住宅、集体宿舍等。

②公共建筑：如行政办公建筑、文教建筑、托幼建筑、医疗建筑、商业建筑、演出性建筑、体育建筑、展览建筑、旅馆建筑、交通建筑、通信建筑、园林建筑、纪念性建筑等。

(2)按照民用建筑的规模大小分类

①大量性建筑：指量大面广，与人们生活密切相关的那些建筑，如住宅、学校、商店、医院等。这些建筑在大中小城市和农村都是不可少的，修建的数量很大，故称为大量性建筑。

②大型性建筑：指规模宏大的建筑，如大型办公楼、大型体育馆、大型剧院、大型火车站和航空港、大型博览馆等。这些建筑规模巨大，耗资较大，与大量性建筑比起来，其修建量通常是很有限的。但这些建筑在一个国家或一个地区具有代表性，对城市的面貌影响也较大。

(3)按照民用建筑的层数或高度分类

根据现行《民用建筑设计通则》(GB 50352)、《高层民用建筑设计防火规范》(GB 50045)和《建筑设计防火规范》(GB 50016)的相关规定，民用建筑按地上层数或高度分类划分应符合下列规定：

①居住建筑按层数分类

1～3 层为低层住宅;

4～6 层为多层住宅;

7～9 层为中高层住宅;

10 层及 10 层以上为高层住宅(包括首层设置商业服务网点的住宅)。

②公共建筑按高度分类

普通建筑:建筑高度不大于 24m 的公共建筑和建筑高度大于 24m 的单层公共建筑。

高层建筑:建筑高度超过 24m 的公共建筑(不适用于单层主体建筑高度超过 24m 的体育馆、会堂、剧院等公共建筑,以及高层建筑中的人民防空地下室)。此外,高层建筑根据其使用性质、火灾危险性、疏散和扑救难度等进行分类,分为一类高层建筑和二类高层建筑。

超高层建筑:建筑高度大于 100m 或层数超过 40 层的民用建筑。

1.3.2 建筑的分级

除了分类,建筑物的分级也是一个重要的概念。分级是针对不同的重要性评判标准,对建筑物进行等级的划分。建筑物分级主要有设计使用年限、防火分级及工程等级分级等。

(1)设计使用年限

根据现行《民用建筑设计通则》(GB 50352)的相关规定,民用建筑的设计使用年限应符合表 1-1 的规定。

民用建筑设计使用年限分类 表 1-1

类　别	设计使用年限(年)	示　例
1	5	临时性建筑
2	25	易于替换结构构件的建筑
3	50	普通建筑和构筑物
4	100	纪念性建筑和特别重要的建筑

(2)耐火分级

在建筑设计中,应该对建筑的防火与安全给予足够的重视,特别是在选择结构材料和构造做法上,应根据其性质分别对待。《建筑设计防火规范》(GB 50016—2006)将建筑物的耐火等级划分成四级(表 1-2)。一级的耐火性能最好,四级最差。性质重要的或规模宏大的或具有代表性的建筑,通常按一、二级耐火等级进行设计，大量性的或一般的建筑按二、三级耐火等级设计，很次要的或临时建筑按四级耐火等级设计。

建筑物构件的燃烧性能和耐火极限(单位:h)　　表 1-2

名称		耐火等级			
构件		一级	二级	三级	四级
墙	防火墙	不燃烧体 3.00	不燃烧体 3.00	不燃烧体 3.00	不燃烧体 3.00
	承重墙	不燃烧体 3.00	不燃烧体 2.50	不燃烧体 2.00	难燃烧体 0.50
	非承重外墙	不燃烧体 1.00	不燃烧体 1.00	不燃烧体 0.50	燃烧体
	楼梯间的墙、电梯井的墙、住宅单元之间的墙、住宅分户墙	不燃烧体 2.00	不燃烧体 2.00	不燃烧体 1.50	难燃烧体 0.50
	疏散走道两侧的隔墙	不燃烧体 1.00	不燃烧体 1.00	不燃烧体 0.50	难燃烧体 0.25
	房间隔墙	不燃烧体 0.75	不燃烧体 0.50	难燃烧体 0.50	难燃烧体 0.25
柱		不燃烧体 3.00	不燃烧体 2.50	不燃烧体 2.00	难燃烧体 0.50
梁		不燃烧体 2.00	不燃烧体 1.50	不燃烧体 1.00	难燃烧体 0.50
楼板		不燃烧体 1.50	不燃烧体 1.00	不燃烧体 0.50	燃烧体
屋顶承重构件		不燃烧体 1.50	不燃烧体 1.00	燃烧体	燃烧体
疏散楼梯		不燃烧体 1.50	不燃烧体 1.00	不燃烧体 0.50	燃烧体
吊顶(包括吊顶搁栅)		不燃烧体 0.25	难燃烧体 0.25	难燃烧体 0.15	燃烧体

注:二级耐火等级建筑的吊顶采用不燃烧体时，其耐火极限不限。

关于建筑物的耐火等级是按组成房屋构件的耐火极限和燃烧性能这两个因素来确定的。

(3)工程等级

工程等级是根据建筑工程项目的社会影响及经济方面的重要性、技术复杂性等因素确定的等级评定方式，以便对项目提出规范性要求，并对设计、施工等从业人员的资质进行约束，见表 1-3。

建筑工程的等级划分　　表 1-3

工程等级	工程主要特征	工程范围举例
特级	1.列为国家重点项目或以国际性活动为主的特高级大型公共建筑。 2.有全国性历史意义或技术要求特别复杂的中小型建筑。 3.30 层以上的建筑。 4.高大空间有声、光等特殊要求的建筑物	国家大会堂、国际会议中心、重要历史纪念建筑、国家级图书馆、博物馆、剧院、音乐厅、三级以上人防工程

续上表

工程等级	工程主要特征	工程范围举例
一级	1.高级大型建筑。 2.有地区性历史意义或技术要求复杂的中小型建筑。 3.29层以下或超过50m高的公共建筑	高级宾馆、旅游宾馆、高级招待所、别墅、省级展览馆、大中型体育馆、室内游泳馆、候机楼、综合商业大楼、四级人防工程、五级平战结合人防工程
二级	1.大中型公共建筑。 2.技术要求较高的中小型建筑。 3.16层以上29层以下的住宅	大专院校教学楼、档案馆、礼堂、电影院、市级图书馆、少年宫、疗养院、报告厅、邮电局、多层综合商场、高级小住宅等
三级	1.中级、中型公共建筑。 2.7层(含7层)以上15层以下有电梯的住宅或框架结构建筑	重点中学、中等专业学校、教学楼、招待所、综合服务楼、一层或二层商场、多层食堂、小型车站等
四级	1.一般中小型公共建筑。 2.7层以下无电梯的住宅、宿舍或砖混结构建筑	一般办公楼、中小学教学楼、单层食堂、消防车库、粮站、阅览室等
五级	一、二层单功能、一般小跨度结构建筑	同特征

注:以上分级标准中,大型工程一般系指10000m^2以上的建筑,中型工程指3000~10000m^2的建筑,小型工程指3000m^2以下的建筑。

1.4 建筑工程项目的设计内容与设计阶段

1.4.1 建筑工程设计的内容

建筑工程设计是指设计一个建筑物或建筑群所要做的全部工作,一般包括建筑设计、结构设计、设备设计等几个方面的内容。

建筑设计在整个工程设计中起着主导和先行的作用,除考虑上述各种要求以外,还应考虑建筑与结构、建筑与各种设备等相关技术的综合协调,以及如何以更少的材料、劳动力、投资和时间来实现各种要求,使建筑物做到适用、经济、坚固、美观。建筑设计包括总体设计和个体设计两个方面,一般是由建筑师来完成。

结构设计主要是根据建筑设计选择切实可行的结构方案,进行结构计算及构件设计,结构布置及构造设计等,一般是由结构工程师来完成的。

设备设计主要包括给水排水、电气照明、通信、采暖、空调通风、动力等方面的设计,由有关的设备工程师配合建筑设计来完成。

以上几方面的工作既有分工，又密切配合，形成一个整体。各专业设计的图纸、计算书、说明书及预算书汇总，就构成一个建筑工程的完整文件，作为建筑工程施工的依据。

1.4.2 建筑工程设计的阶段划分

民用建筑工程一般应分为方案设计、初步设计和施工图设计三个阶段；对于技术要求简单的民用建筑工程，经有关主管部门同意，并且合同中有不做初步设计的约定，可在方案设计审批后直接进入施工图设计。各阶段设计文件编制深度有不同的规定。

方案设计阶段，主要体现为对建筑内外空间组织和造型的设计，主要由建筑师在这一阶段进行创造性的工作。方案设计文件的表达，应满足编制初步设计文件的需要(对于投标方案，设计文件深度同时应满足标书要求)。

初步设计阶段，是在方案设计成果达到相关要求后，通过技术综合的方式，对方案进行技术上的初步深入。初步设计文件应满足编制施工图设计文件的需要。

施工图设计阶段，是在初步设计的基础上，对建筑空间的尺度、建筑构配件设计、建筑细部设计等方面，结合结构技术、设备技术、材料技术的相关要求，通过详细的建筑、结构、设备等技术图纸进行充分的技术设计和表达。施工图设计文件应满足设备材料采购、非标准设备制作和施工的需要。对于将项目分别发包给几个设计单位或实施设计分包的情况，设计文件相互关联处的深度应当满足各承包或分包单位设计的需要。

复习思考题

1. 简述建筑的基本构成要素及其相互关系。

2. 试分析和比较西方传统石构建筑与中国传统木构建筑体系的特点与差异。

3. 简述现代建筑设计思潮的特点。

4. 民用建筑的分类方式有哪些?

5. 建筑的耐久等级是怎样进行规定的?

6. 什么是构件的耐火极限和燃烧性能?

7. 根据多层建筑构件的燃烧性能和耐火极限表，试分析建筑物各构件在耐火等级、燃烧性能、耐火极限方面的差异。

8. 建筑工程项目的工程等级分为几级？试举例说明。

9. 建筑工程设计分为几个阶段？各阶段的任务是什么?

第 2 章　建筑空间与建筑功能

通常，一幢建筑物是由若干单体空间有机组合起来的整体空间。这些单体空间根据其功能和作用的不同，可分为主要功能空间、辅助功能空间和交通联系空间，它们就像构成机体的各个器官，既密切联系而又互相制约，共同构成建筑的有机整体。建筑空间及其组合关系中反映出：建筑使用功能的要求，建筑内部各部分的特征及其相互关系，是否经济合理，建筑与周围环境的关系，同时还不同程度地反映出建筑空间艺术构思等。

2.1　单一建筑空间

2.1.1　建筑空间的类型

民用建筑类型繁多，各类型建筑空间的使用性质和组合方式也不相同。无论是由几个空间组成的小型建筑物，还是由几十个甚至上百个空间组成的大型建筑物，从组成建筑各部分功能特征来分析，均可归纳为以下两种类型，即使用空间和交通联系空间。

使用空间是指各类建筑物中的主要功能空间和辅助功能空间。

主要功能空间是建筑物的核心，由于它们的使用要求不同，形成了不同类型的建筑物，如住宅中的起居室、卧室，教学楼中的教室、办公室，商业建筑中的营业厅，影剧院的观众厅等，都是构成各类型建筑的基本空间。

辅助功能空间是为保证建筑物主要使用要求而设置的辅助服务性空间，与主要功能空间相比，则属于建筑物的次要部分，如公共建筑中的卫生间、储藏室及其他服务性空间，住宅建筑中的厨房、厕所，一些建筑物中的储藏室及各种电气、水、采暖、空调通风、消防等设备用房。

交通联系空间是建筑物中各空间之间、楼层之间和室内外之间相互联系的部分，如各类型建筑中的门厅、过厅、廊道、楼梯、电梯、自动扶梯等。

图 2-1 是某庭院式中学教学楼。该教学楼平面通过中部的门厅、礼堂、连廊和楼梯将各部分连接成有机整体。教室、办公室、实验室、礼堂是主要使用空间，男女

厕所是辅助使用空间，门厅、楼梯间、走道则起着交通联系的作用。以上几个部分，由于使用功能不同，在空间设计及平面布置上均有不同。设计中应根据不同要求区别对待，充分研究几个部分的特征和相互关系，以及建筑与周围环境的关系，在各种复杂的关系中找出空间设计的规律，使建筑能满足功能、技术、经济、美观的要求。

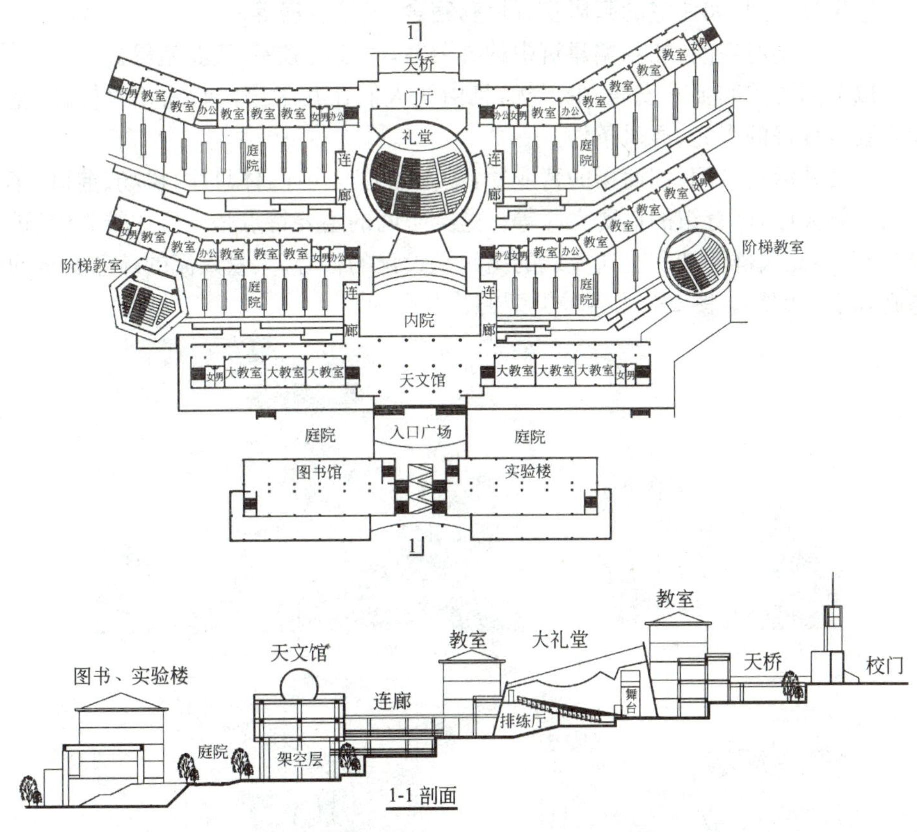

图 2-1 某庭院式中学教学楼

建筑空间和功能设计包括：单体空间设计及空间组合设计。

单体空间设计是在整体建筑合理而适用的基础上，确定空间的面积、形状、尺寸，以及门窗的大小和位置。

空间组合设计是根据各类建筑功能要求，抓住主要功能空间、辅助功能空间和交通联系空间的相互关系，结合基地环境及其他条件，采取不同的组合方式将各单体空间合理地组合起来。

建筑空间设计所涉及的因素很多，如空间的特征及其相互关系，建筑结构类型及其布局，建筑材料，施工技术，建筑造价，节约用地及建筑形象等问题。

2.1.2 主要功能空间

(1)主要功能空间的分类

从建筑空间的功能要求来分类有：

①生活空间：如住宅的起居室、卧室，宿舍，宾馆客房等。

②工作学习空间：如各类建筑中的办公室，学校的教室、实验室等。

以上两类空间要求安静、少干扰，且由于人们在其中停留时间相对较长，空间需要有良好的采光、通风条件。

③公共活动空间：如商场的营业厅，影剧院的观众厅、休息厅，机场、港口、车站的等候大厅，体育馆的比赛大厅等。这类空间的主要特点是人流比较集中、进出频繁，因此人群活动和交通流线的组织是设计的核心，大量人流的疏散安全问题必须妥善解决。图 2-2 为各种类型的公共空间。

a) 上海大剧院入口大厅

b) 首都机场 T3 航站楼出港大厅

c) 重庆美美百货营业厅

d) 北京地铁换乘站

e) 某综合办公楼门厅

f) 国家大剧院入口大厅

图 2-2 各种类型的公共空间

主要功能空间的设计应满足以下几方面要求：

①空间的形状、面积和尺寸要满足人的活动和家具、设备合理布置的要求；

②门窗的大小和位置，应满足人员疏散安全、出入方便，室内采光通风良好的要求；

③空间的构成应使结构布置合理，施工方便，也要有利于空间组合，所用材料要符合相应的建筑标准；

④空间的各界面即天棚、墙面、地面和构件细部，要考虑人们的使用和审美要求。

(2)空间的形状

空间的形状主要是根据其使用要求和特点来确定的。民用建筑常见的空间形状有矩形、方形、多边形、圆形等。在具体设计中，应从建筑使用功能、结构形式与结构布置、材料与施工、美观等方面综合考虑，选择合适的空间形状。

①使用功能要求

通常，人们生活中常见的建筑空间形状为矩形，这主要是因为：

a. 矩形空间形状简单，墙体平直，便于家具布置和设备的安排，使用上能充分利用室内有效面积，并且有较大的灵活性。

b. 其结构构件(即墙、柱、梁、楼板等)的形状规则、布置简单，便于施工。

c. 它便于统一开间、进深尺寸，有利于多个空间的组合。如学校、办公楼、旅馆等建筑常采用矩形空间沿走道一侧或两侧布置，统一的开间和进深使建筑平面布置紧凑，用地经济。

图 2-3 为某小型办公楼，主要空间形状以矩形为主，不同开间的办公室用统一的进深有机组合，平面形状规则、布置简单，同时满足功能要求。

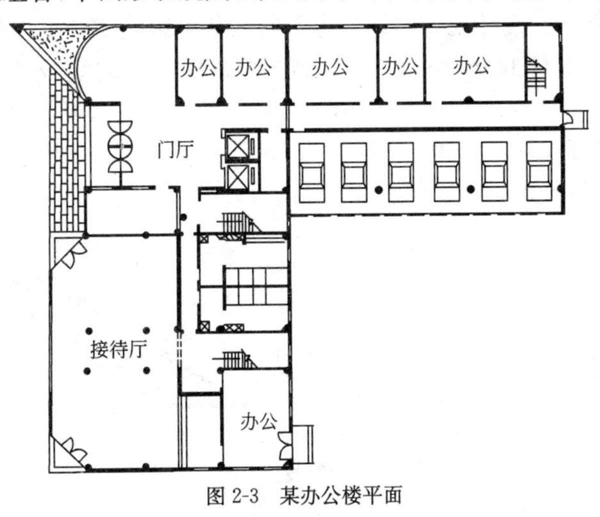

图 2-3　某办公楼平面

当然，矩形不是唯一的空间形状。对于有视线和音质等要求的空间，则应采用相应的空间形状。

有视线要求的空间，主要有体育馆的比赛大厅、教学楼的阶梯教室、影剧院的观众厅等。这类空间的平面形状、大小应满足相应的视距、视角要求，同时地面应有一定的坡度，以保证舒适、无遮挡地看清对象。以影剧院的观众厅为例，为获得良好的坐席区，随着观众席规模的增大，平面形状由矩形逐渐演变为钟形、扇形、六角形、椭圆形……，见图 2-4。

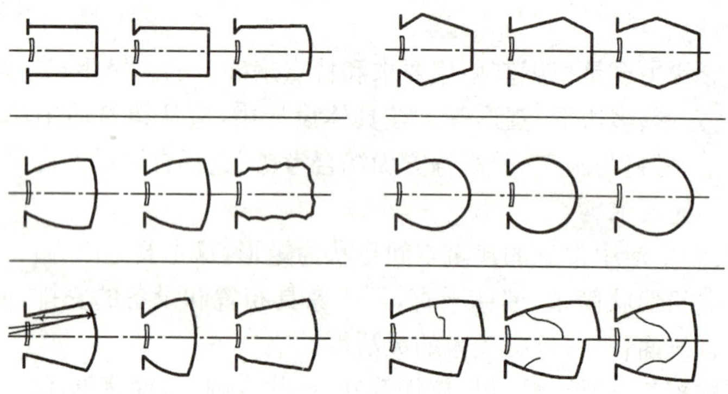

图 2-4　影剧院观众厅的平面形状

观众厅地面的升起坡度与设计视点的选择、座位的排列方式(即前、后排对位或错位排列)和排距、视线升高值 C(即后排与前排的视线升高差)等因素有关。

设计视点是指按设计要求所能看到的极限位置，是视线设计的主要依据。观看对象性质不同，设计视点的选择也不同。如电影院定在银幕底边的中点，以保证观众看清银幕的全部；体育馆则定在比赛场地边线或边线上空 300～500mm 处。设计视点的选择直接影响地面升起的坡度和经济性。设计视点愈低，视觉范围愈大，但地面升起坡度愈大；设计视点愈高，视野范围愈小，地面升起坡度愈平缓。图 2-5 为电影院和体育馆设计视点与地面坡度的关系。

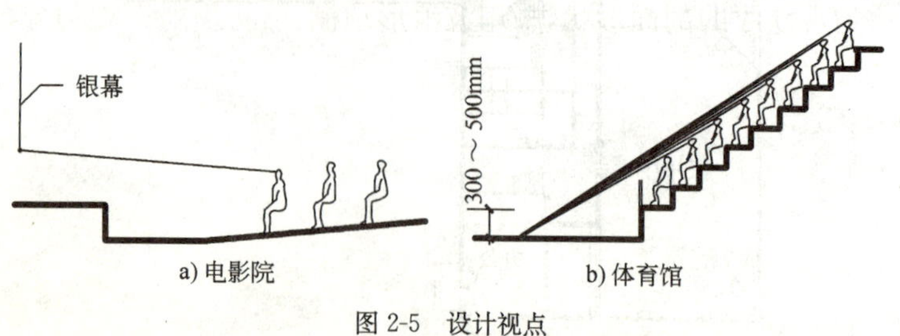

图 2-5　设计视点

视线升高值 C 的确定与人眼到头顶的高度和视觉标准有关，一般定为 120mm。当对位排列（即后排人的视线擦过前排人的头顶而过）时，见图 2-6a），C 值取 120mm；当错位排列（即后排人的视线擦过前面隔一排人的头顶而过）时，见图 2-6b），C 值取 60mm。

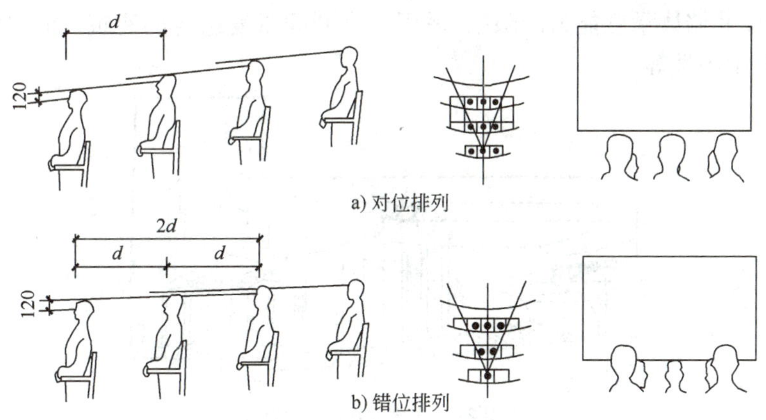

图 2-6　视线升高值 C（尺寸单位：mm）

有音质要求的空间，如剧院、电影院、会堂等，大厅的音质要求对空间的形状影响很大。为保证室内声场分布均匀，避免出现声空白区、声聚焦、回声等音质缺陷，空间的各界面，即顶棚、墙面和地面都应作相应的设计。

a. 为加强各处直达声，应使大厅地面逐渐升高，这与视线上的要求是一致的，按照视线要求设计的地面一般能满足声学要求。

b. 顶棚的高度和形状应使大厅各座位都能获得均匀的顶面反射声，同时能加强声场不足的部位。通常，凹面易产生聚焦，声场分布不均匀，凸面是声扩散面，不会产生聚焦，声场分布均匀。为此，大厅顶棚应尽量避免采用凹曲面或拱顶。

c. 墙面作为主要的声反射面之一，应使反射声场在大厅中分布均匀，同时采取相应的吸声处理。

图 2-7 为观众厅的剖面形状，采用波浪形顶棚，能将反射声均匀分布到大厅各座位。

②结构、材料和施工的影响

空间的形状应考虑结构类型、材料及施工等因素。设计时，优先选用矩形空间是因为它的形状规整简洁，有利于梁板式结构布置，同时施工也较简单。有特殊要求的空间，在满足使用要求的前提下，也宜优先考虑采用矩形。

一般民用建筑常采用砖混结构和钢筋混凝土框架结构，对空间形状起着不同的影响。图 2-8 为采用钢筋混凝土框架结构的某幼儿园平面图。一般钢筋混凝土框架结构的柱网尺寸在 5～8m 左右，柱网的布置相对灵活，能适应矩形、圆形、多边形等多种平面形状及其组合。图 2-9 为采用砖混结构的某医院门诊部平面图。墙承重体系的砖混结构建筑，空间形状多为矩形，房间的开间和进深受楼板跨度和墙体承载能力的限制，适用于小开间重复组合的建筑，如小型医院、办公楼、中小学等。

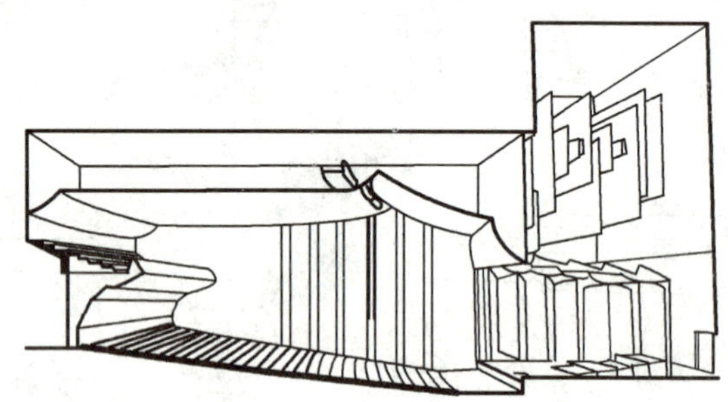

图 2-7　影剧院观众厅剖面

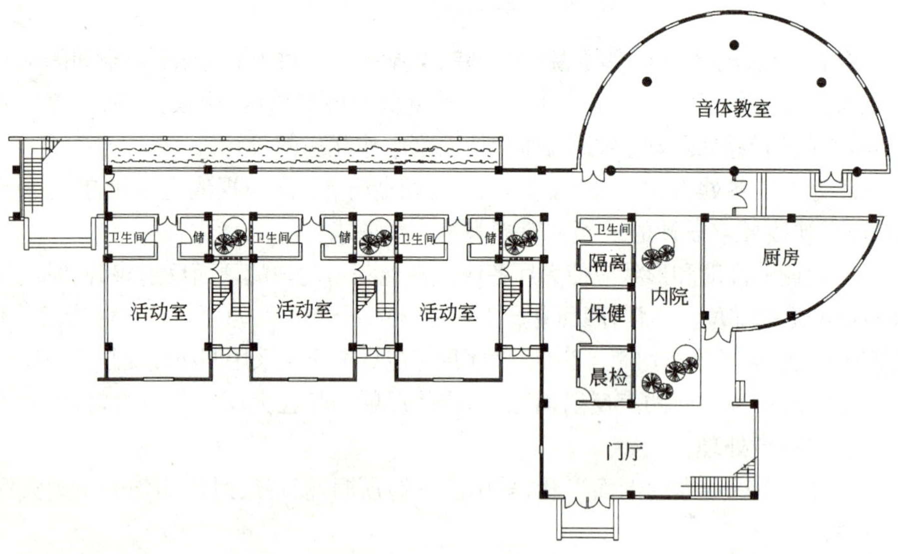

图 2-8　采用钢筋混凝土框架结构的某幼儿园平面图

大跨度建筑的空间形状取决于其结构形式，如拱、网架、悬索、张拉膜结构等，图 2-10 为大跨度结构的各种建筑形态。

③采光、通风的要求

一般进深不大的空间，侧窗采光和通风就能够满足室内卫生的要求。当空间进深较大，侧窗不能满足要求时，需设置各种形式的天窗，从而形成不同的空间形状，见图 2-11。

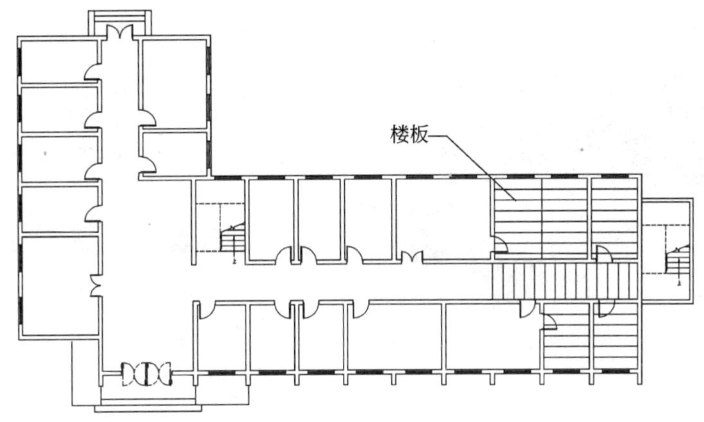

图 2-9 采用砖混结构的某医院门诊部平面图

图 2-10 大跨度结构的各种建筑形态

有的空间虽然进深不大，但有特殊的采光要求，如美术馆、展览馆的展示厅，为使室内照度均匀、稳定、柔和，同时减轻或消除眩光，避免直射光损害展示品，常设置各种形式的采光窗。图 2-12 为上海博物馆的中庭天窗，半球形的天窗与“天圆地方”的建筑形态相协调，既吻合了空间形状又创造出舒适柔和的室内照度环境。

a) 某博物馆的中庭天窗

b) 某汽车站大厅天窗

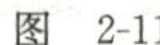

图 2-11

图 2-12 上海博物馆的中庭天窗

④空间造型与美观的要求

建筑物空间形状的确定，不仅仅取决于其功能、结构、建造材料和施工条件，也要考虑空间的艺术效果，使其形状有一定的变化，具有独特的风格。

图 2-13 为北京梅兰芳大剧院，作为重要的文化建筑，空间造型将传统文化元素与现代风格有机结合。

在空间组合中，常常将圆形、多边形及不规则形状的空间与矩形空间组合在一起，形成强烈的对比，丰富建筑造型，如图 2-14 所示。

(3)空间的面积和尺寸

①空间的面积

主要功能空间面积的大小，是由空间内部的活动特点、使用人数的多少、家具设备的数量和布置方式等多种因素决定的。例如，住宅的起居室、卧室面积相对较小;剧院、电影院的观众厅,除了人多、座椅多外,还要考虑人流迅速疏散的要求,所需的面积就大。又如,室内游泳池和健身房,由于使用活动的特点,要求有较大的面积。根据空间内部面积的使用特点,可将其分为以下几个部分,见图 2-15。

a.家具或设备所占面积;

b.人们在室内的使用活动面积(包括使用家具及设备时,周围所需的面积);

c.空间内部的交通面积。

图 2-13　北京梅兰芳大剧院

图 2-14　各种不同形态组合的建筑空间造型

从图 2-15 中可以看出空间面积的大小与使用要求有关,无论是家具设备所需的面积还是人们活动及交通面积,都与空间的规模及容纳人数有关。如设计一个教室,首先就必须弄清教室的规模、容纳多少学生上课、布置多少课桌椅;确定餐厅的面积大小，则主要取决于就餐人数及就餐方式；而图书馆的藏书量则取决于书库的面积大小。

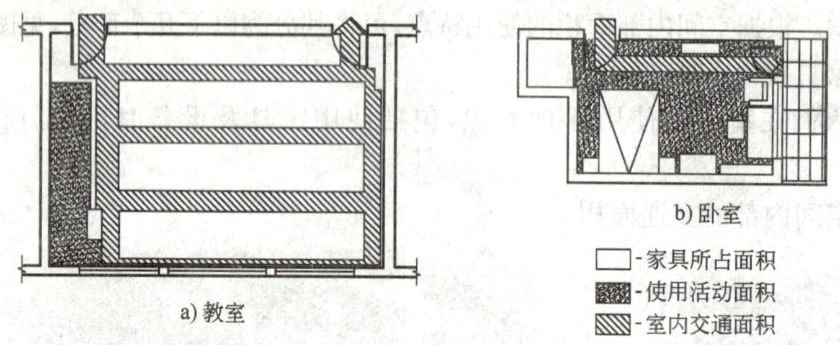

图 2-15　教室和住宅卧室中室内使用面积分析示意图

在实际工作中，空间面积的确定主要是依据我国有关部门及各地区制订的面积定额指标，根据空间的容纳人数及面积定额就可以计算出空间的总面积。有些建筑的面积定额指标未作规定，使用人数也不固定，如展览室、营业厅等，就要求设计人员根据设计任务书，对同类型、规模相近的建筑进行调查研究，充分掌握其使用特点，结合经济条件，通过分析比较得出合理的空间面积。

任何空间为满足使用要求，都需要有一定数量的家具、设备，并进行合理的布置。如卧室中有床、桌椅、柜子等，陈列室中有展板、陈列台、陈列柜等，教室中有课桌椅、黑板、讲台等，卫生间中有大小便器、洗脸盆等，这些家具、设备的数量及布置方式，人们使用它们所需的活动面积均与人体尺度有关（图 2-16），且直接影响到空间使用面积的大小。图 2-17 为人体各种姿态的尺度。

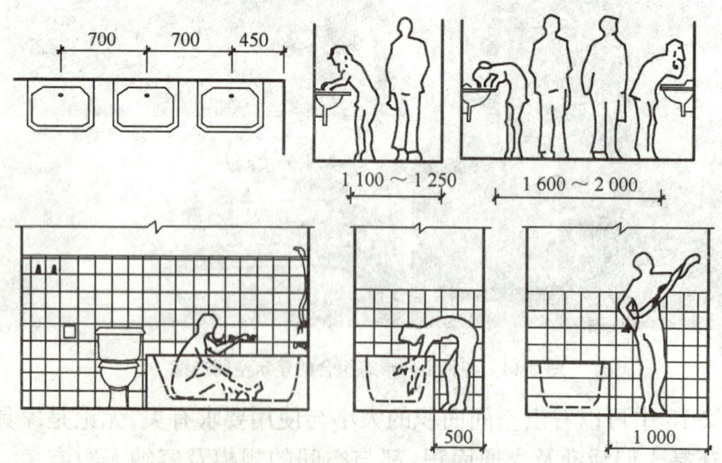

图 2-16　人体活动与卫生设备（尺寸单位：mm）

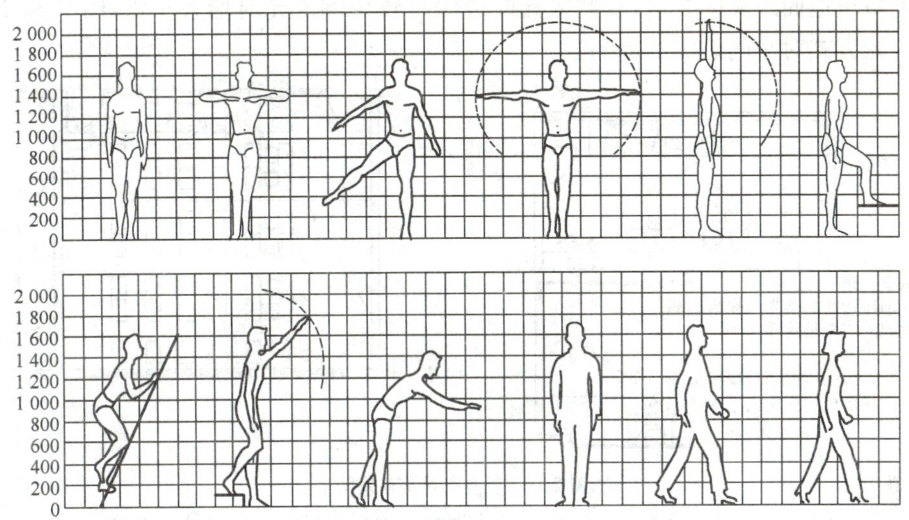

图 2-17　人体各种姿态的尺度(尺寸单位:mm)

②空间的尺寸

空间尺寸包括房间的面宽和进深、空间的高度、房屋的层数等。

房间的面宽和进深尺寸一般应从以下几方面进行综合考虑:

a. 满足家具设备布置及人们活动要求　如卧室的平面尺寸应考虑床的大小、家具的相互关系,提高床位布置的灵活性。图 2-18 为不同大小的卧室尺寸与家具的关系。

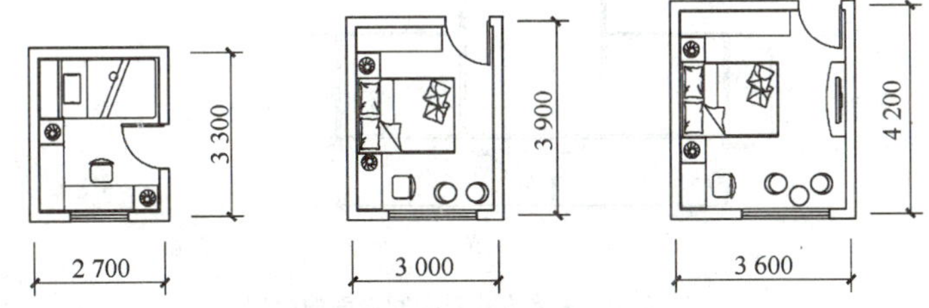

图 2-18　不同大小的卧室尺寸与家具的关系(尺寸单位:mm)

b. 满足视听要求　以教室为例,为使前排两侧座位不致太偏,后面座位不致太远,必须根据水平视角、视距、垂直视角的要求,充分研究座位的排列,确定适合的空间尺寸,见图 2-19。

c. 良好的天然采光　一般空间多采用单侧或双侧采光,因此,空间的深度常受到采光进深的限制。为保证室内采光的要求,一般单侧采光时进深不大于窗上口至地面距离的 2 倍，双侧采光时进深可较单侧采光时增大 1 倍，图 2-20 为采光方式对空间进深的影响。

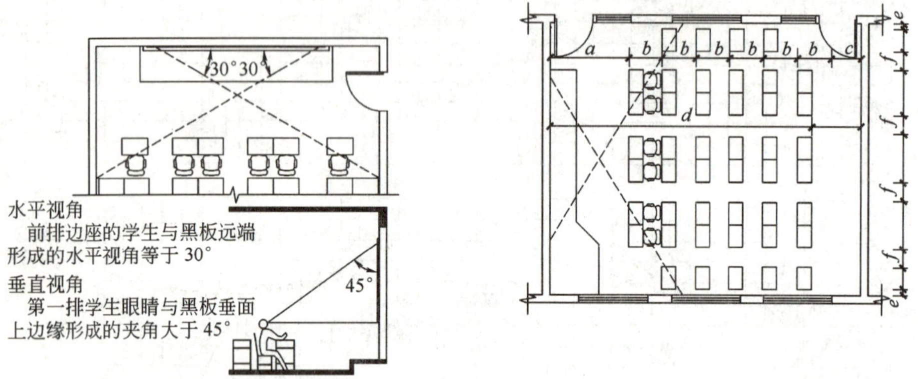

图 2-19 教室布置及有关尺寸

$a \geqslant 2\,000$mm；$b_{小学} > 850$mm，$b_{中学} > 900$mm；$c > 600$mm；$d_{小学} \leqslant 8\,000$mm，$d_{中学} \leqslant 8\,500$mm；$e > 120$mm；$f > 550$mm

注：布置应满足视听及书写要求，便于通行并尽量不跨座而直接就座

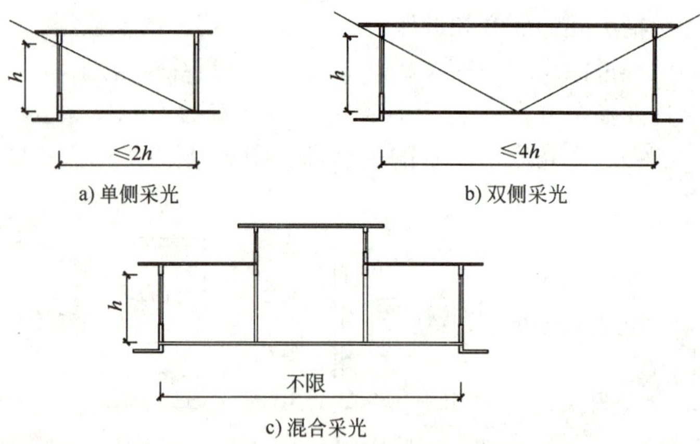

图 2-20 采光方式对空间进深的影响

d. 经济合理的结构布置，符合建筑模数协调统一标准的要求　空间的开间、进深尺寸应尽量使构件标准化，同时使梁板构件符合经济跨度要求。根据建筑模数协调统一标准的规定，空间的开间和进深一般以 300mm 为模数，如办公室、宿舍、旅馆客房等小开间的建筑，其开间尺寸常取 3.30～4.20m，住宅楼梯间的开间常取 2.70～3.30m 等。

空间高度的确定，即确定房屋的净高和层高，图 2-21 为净高与层高示意图。

净高是指楼地面面层到结构层(梁、板)底面或顶棚下表面之间的距离。层高是指该层楼地面到上一层楼面之间的距离。空间的高度恰当与否,直接影响到空间的使用、经济性及室内空间的艺术效果。通常,空间高度的确定主要考虑以下几个方面:

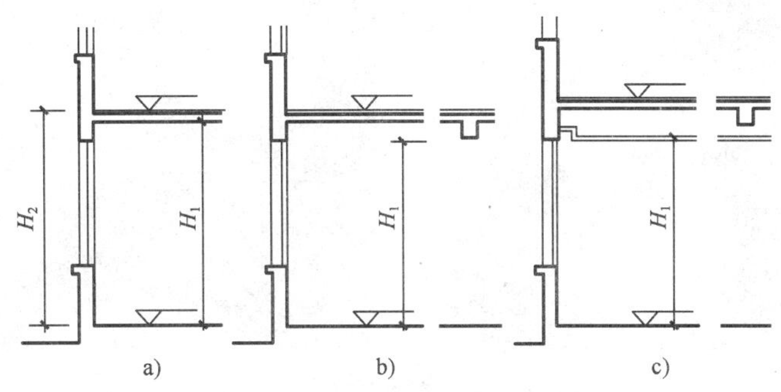

图 2-21　净高与层高

a. 人体活动及家具设备的要求　空间的净高与人体活动尺度有很大关系。通常,为保证人们的正常活动,室内最小净高应使人举手不接触到顶棚为宜,即空间净高不低于 2.20m。

不同类型的空间,由于使用人数、面积大小不同,对空间的净高要求也不相同。卧室使用人数少、面积不大,又无特殊要求,故净高较低,常取 2.6～3.0m,最低不小于 2.4m;教室使用人数多,面积相应增大,净高宜高一些,一般常取 3.30～3.60m;商店营业厅净高受面积规模、客流量、有无中央空调等因素的影响,大中型营业厅层高通常为 4.2～6.0m。图 2-22 为大中型公共建筑中设备管线所占的空间高度。

b. 采光、通风要求　空间的高度应有利于天然采光和自然通风,以保证空间必要的学习、生活及卫生条件。室内光线的强弱和照度是否均匀,除了和平面中窗户的宽度及位置有关外,还和窗户在剖面中的高低有关。空间里光线的照射深度,主要靠窗户的高度来解决,进深越大,要求窗户上沿的位置越高,即相应空间的净高也要高一些。当空间采用单侧采光时,通常窗户上沿离地的高度,应大于空间进深长度的一半,当空间允许两侧开窗时,空间的净高不小于总深度的 1/4,见图 2-20。

空间的通风要求、室内进出风口在剖面上的高低位置,也对空间净高有一定影响。潮湿和炎热地区的民用房屋,经常利用空气的气压差,来组织室内穿堂风,如在内墙上开设高窗,或在门上设置亮子等改善室内的通风条件,在这些情况下,空间净高就相应要高一些。

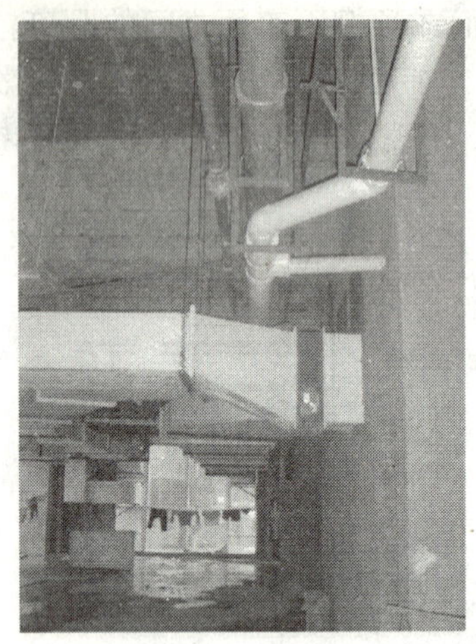

图 2-22　大中型公共建筑中设备管线所占的空间高度

除此以外，容纳人数较多的公共建筑，应考虑空间正常的气容量，保证必要的卫生条件。按照卫生要求，中小学教室每个学生气容量为 3～5m^3/人，电影院为 4～5m^3/人。根据空间的容纳人数、面积大小及气容量标准，可以确定出符合卫生要求的空间净高。

c. 结构高度及其布置方式的影响　由图 2-21 可知，层高等于净高加上楼板层（或屋顶结构层）的高度。因此，在满足空间净高要求的前提下，其层高尺寸随结构层的高度而变化。一般住宅建筑由于空间开间进深小，多采用墙体承重，在墙上直接搁板，由于结构高度小，层高可取得小一些。随着空间面积加大，如教室、餐厅、商店等，多采用梁板布置方式，板搁置在梁上，梁支承在墙上，确定层高时，应考虑梁所占的空间高度。图 2-23 为梁板结构高度对空间高度的影响。其中，图 2-23a）预制板直接搁置在墙上，节省了梁所占的空间；图 2-23b）因空间跨度增大而增加了大梁，板搁置在墙和梁上。可见，在相同净高的情况下，结构布置不同，房屋的层高也相应不同。

d. 建筑经济效果　层高是影响建筑造价的一个重要因素。因此，在满足使用要求和卫生要求的前提下，适当降低层高可相应减小房屋的间距，节约用地，减轻房屋自重，改善结构受力情况，节约材料。寒冷地区及有空调要求的建筑，从减少空调费用、节约能源的角度出发，层高也宜适当降低。实践表明，普通砖混结构的建筑物，层高每降低 100mm 可节省投资 1%。

e. 室内空间比例　按照上述要求在合理确定空间高度的同时，还应注意空间的高宽比例，给人以适宜的空间感觉。一般来说，面积大的空间高度要高一些，面积小的空间高度则可适当降低。同时，不同的比例尺度往往得出不同的心理效果。高而窄的比例易使人产生兴奋、激昂、向上的情绪，见图 2-24 上海金茂大厦的中庭；宽而矮的空间使人感觉宁静、开阔、亲切，见图 2-25。住宅建筑要求空间具有小巧、亲切、安静的气氛；纪念性建筑则要求高大的空间，以造成严肃、庄重的气氛；大型公共建筑的休息厅、门厅要求具有开阔、博大的气氛。巧妙地运用空间比例的变化，使物质功能与精神感受结合起来，就能获得理想的效果。

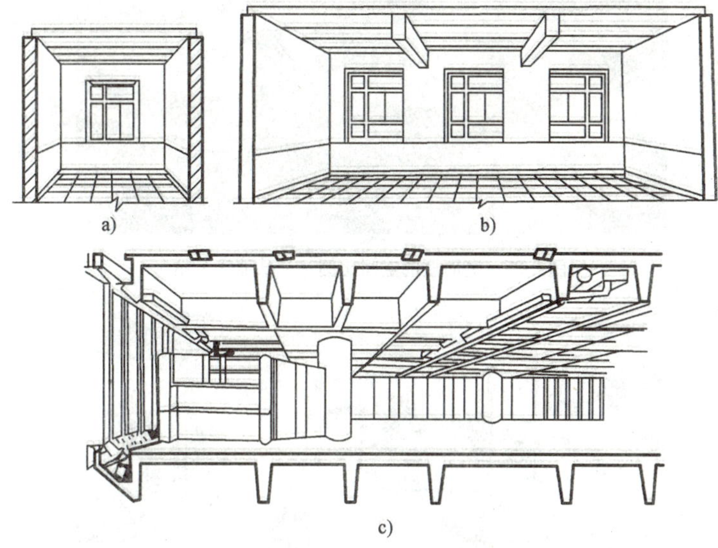

图 2-23　梁板结构高度对空间高度的影响

图 2-24　高而窄的空间比例——上海金茂大厦中庭

处理空间比例时，在不增加空间高度的情况下，可以借助以下手法来获得满意的空间效果：一是利用窗户的不同处理来调节空间的比例感，细而长的窗户使空间感觉高一些，宽而扁的窗户则感觉空间低一些，图 2-26 为现代建筑大师密斯设计的范斯沃斯住宅，宽而低矮的空间由于侧面开了一排落地窗，将窗外景色引入室内，增大了视野，起到了改变空间比例的效果。二是运用以低衬高的对比手法，将次要空间的顶棚降低，从而使主要空间显得更加高大，次要空间感到亲切宜人。

图 2-25 宽而矮的空间比例——某地铁车站

图 2-26 范斯沃斯住宅的室内空间

影响确定房屋层数的因素很多，概括起来有以下几方面。

a. 使用要求 住宅、办公楼、旅馆等建筑，使用人数不多、室内空间高度较低，多由若干面积不大的空间组成，即使是灵活分隔的大空间办公室，其空间高度、空间荷载也不大。因此，这一类建筑可采用多层和高层，利用楼梯、电梯作为垂直交通工具。

对于托儿所、幼儿园等建筑，考虑到儿童的生理特点和安全，同时为便于室内与室外活动场所的联系，其层数不宜超过三层。医院门诊部为方便病人就诊，层数也以不超过三层为宜。

影剧院、体育馆等一类公共建筑都具有面积和高度较大的空间，人流集中，为迅速而安全地进行疏散，宜建成低层。

b.建筑结构、材料和施工要求　建筑结构类型和材料是决定房屋层数的基本因素。如一般混合结构的建筑是以墙或柱承重的梁板结构体系，墙体材料多采用砖或砌块，自重大、整体性差，墙体厚度随层数的增加，下部墙体愈来愈厚，既费材料又减少有效的使用空间。因此，混合结构的建筑一般为1～6层，常用于一般大量性民用建筑，如住宅、宿舍、中小学教学楼、中小型办公楼、医院、食堂等。

多层和高层建筑，可采用梁柱承重的框架结构、剪力墙结构或框架-剪力墙结构等结构体系。表2-1分别表示各种结构体系的适用功能、层数及高度。

各种结构体系的适用功能、层数及高度　　表2-1

体系名称	框架	框架-剪力墙	剪力墙	框筒	筒体	筒中筒	束筒	带刚臂框筒	巨形支撑
适用功能	商业、娱乐、办公	酒店、办公	住宅、公寓	办公、酒店公寓	办公、酒店公寓	办公、酒店公寓	办公、酒店公寓	办公、酒店公寓	办公、酒店公寓
适用层数及高度(H)	12层，50m	24层，80m	40层，120m	30层，100m	100层，400m	110层，450m	110层，450m	120层，500m	150层，800m

空间结构体系，如薄壳、网架、悬索等则适用于低层大跨度建筑，如影剧院、体育馆、仓库、食堂等。

确定房屋层数，除受结构类型的影响外，建筑的施工条件、起重设备、吊装能力及施工方法等均对层数有所影响。如吊装能力的大小对构件的重量、建筑总高度的限制；又如滑模施工，由于是利用一套提升设备使模板随着浇筑的混凝土不断向上滑升，直至完成全部钢筋混凝土工程量，建筑结构整体性较预制装配好，同时可以节约大量模板，缩短工期，降低造价。因此，对于多层和高层钢筋混凝土结构的建筑是适宜的，而且层数愈多，经济效益也愈显著。

c.建筑基地环境与城市规划要求　房屋的层数与所在地段的大小、高低起伏变化有关。确定房屋的层数不能脱离一定的环境条件，特别是位于城市街道两侧、广场周围、风景园林区等，必须重视建筑与环境的关系，做到与周围建筑物、道路、绿化等协调一致。同时，还要符合各地区城市规划部门对整个城市面貌的统一要求。

d.建筑防火要求　按照《建筑设计防火规范》(GB 50016—2006)的规定，建筑物层数应根据不同建筑的耐火等级来决定。如一、二级耐火等级的民用建筑物，原则上层数不受限制；三级的民用建筑物，允许层数为1～5层。

(4)门窗设置

门的作用是供人出入各空间的交通联系，有时也兼采光和通风。窗的主要功能是采光、通风。同时门窗也是外围护结构的组成部分。门窗的大小、数量、位置及开启方式直接影响到空间的通风和采光、家具布置的灵活性、空间面积的有效利用、人流活动及交通疏散、建筑外观及经济性等各个方面。

①门的宽度及数量

门的最小宽度，是由人体尺寸、通过人流股数及家具设备的大小决定的。一般单股人流通行最小宽度取 550mm，一个人侧身通行需要 300mm 宽。因此，门的最小宽度一般为 700mm，用于住宅中的厕所、浴室。住宅中卧室、厨房、阳台的门，应考虑一人携带物品通行，常取 900mm。住宅入户门考虑家具尺寸增大的趋势，常取 1 000mm。普通教室、办公室等的门应考虑一人正在通行，另一人侧身通行，常采用 1 000mm。

当空间面积较大、使用人数较多时，单扇门宽度小，不能满足通行要求，为了开启方便和少占使用面积，当门宽大于 1 000mm 时，应根据使用要求采用双扇门、四扇门或者增加门的数量。双扇门的宽度可为 1 200～1 800mm，四扇门的宽度可为 2 400～3 600mm。

②窗的面积

窗口面积大小主要根据空间的使用要求、面积及当地日照情况等因素来考虑。不同使用要求的空间对采光要求不同。设计时可根据窗地面积比[窗洞口面积之和与房间地面净面积之比，可查阅国家标准《建筑采光设计标准》(GB/T 50033—2001)]进行窗口面积的估算，也可先确定窗口面积，然后按窗地面积比值进行验算。

当然，采光要求也不是确定窗口面积的唯一因素，还应结合通风要求、朝向、建筑节能、立面设计、建筑经济等因素综合考虑。南方地区气候炎热，可适当增大窗口面积以争取通风量，寒冷地区为防止冬季热量从窗口过多散失，可适当减小窗口面积。有时，为了取得一定立面效果，窗口面积可根据造型设计的要求统一考虑。

③门窗位置

门窗位置直接影响到家具布置、人流交通、采光、通风等。

a. 门窗位置应尽量使墙面完整，便于家具设备布置和合理地组织人行通道。

b. 门窗位置应有利于采光通风。

窗口的位置决定了光线的方向及室内采光的均匀性。

空间的自然通风由门窗来组织，门窗的位置决定了气流的走向，影响到室内通风的范围和效果。因此，门窗位置应尽量使气流通过活动区，加大通风范围，并应尽量使室内形成穿堂风。

c.门的位置及开启方向应方便交通，利于疏散。在使用人数较多的公共建筑中，为便于人流交通和紧急情况下人们迅速、安全地疏散，门的位置必须与室内走道紧密配合，使通行线路简捷。门的开启方向一般有外开和内开，大多数的门采用内开方式，可防止门开启时影响室外的人行交通。

2.1.3 辅助使用空间

辅助使用空间的设计原理、原则和方法与主要使用空间基本相同，但由于在这类空间中常常布置有较多的管道、设备，因此空间的大小及布置均受到设备尺寸的影响，如厕所、盥洗室、浴室、厨房、通风机房、水泵房、配电房、锅炉房等。

不同类型的建筑，辅助用房的内容、大小、形式均有所不同，其中厕所、盥洗室、浴室、厨房是最为常见的。辅助用房设计往往不为人们所重视，而它们又是一些不可缺少的服务性空间，所以辅助用房的设计也是建筑设计中不可忽视的一部分。

(1)厕所

厕所按其使用特点，有专用厕所和公用厕所之分。

①厕所设备及数量

厕所卫生设备主要有大便器、小便器、洗手盆、污水池等。

大便器有蹲式和坐式两种，可根据建筑标准及使用习惯分别选用。蹲式大便器使用卫生，便于清洁，对于使用频繁的公共建筑，如学校、医院、办公楼、车站等尤其适用。而标准较高，使用人数少或老年人使用的厕所，如宾馆、敬老院等，则宜采用坐式大便器。图 2-27 为厕所卫生设备使用所需的尺寸。

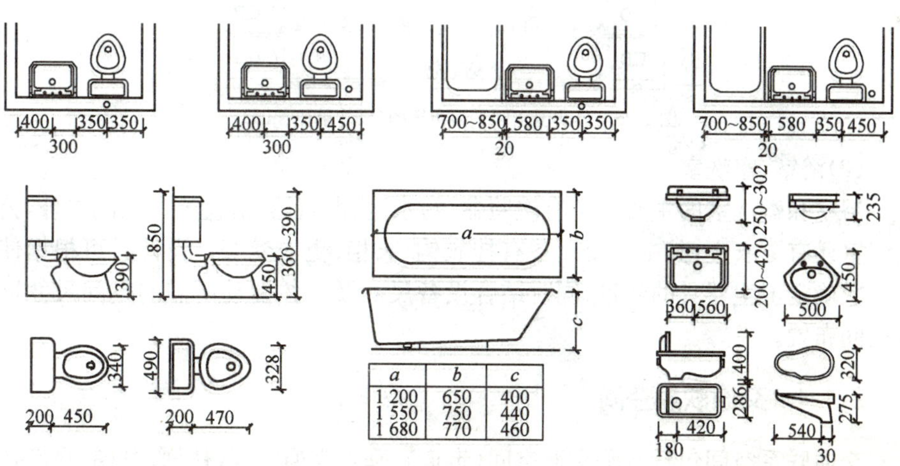

a	b	c
1 200	650	400
1 550	750	440
1 680	770	460

图 2-27 厕所卫生设备使用所需的尺寸(尺寸单位:mm)

卫生设备的数量主要取决于使用人数、使用对象、使用特点。

②厕所的布置

厕所的平面形式可分为两种，一种是公共厕所，公共厕所应设置前室，可以改善通往厕所的走道和过厅的卫生条件，并有利于厕所的隐蔽。前室内一般设有洗手盆及污水池，为保证必要的使用空间，前室的深度应不小于 1.5～2.0m。另一种是专用厕所，这类厕所由于使用的人少，因此往往是盥洗、浴室、厕所三个部分组成一个卫生间，如住宅、旅馆等。图 2-28 为住宅卫生间的平面布置实例，图 2-29 为公共卫生间布置实例。

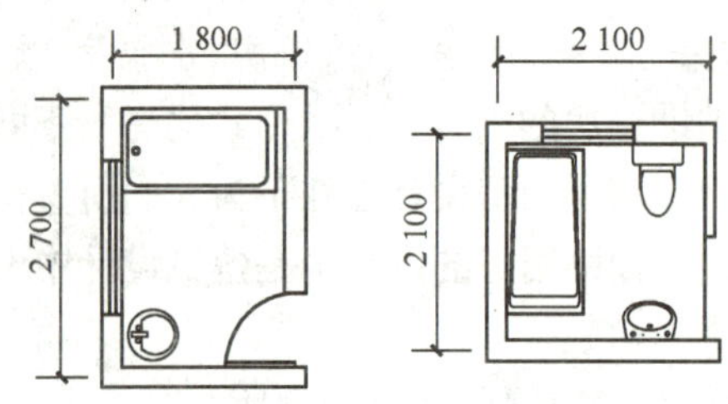

图 2-28　住宅卫生间平面布置图(尺寸单位:mm)

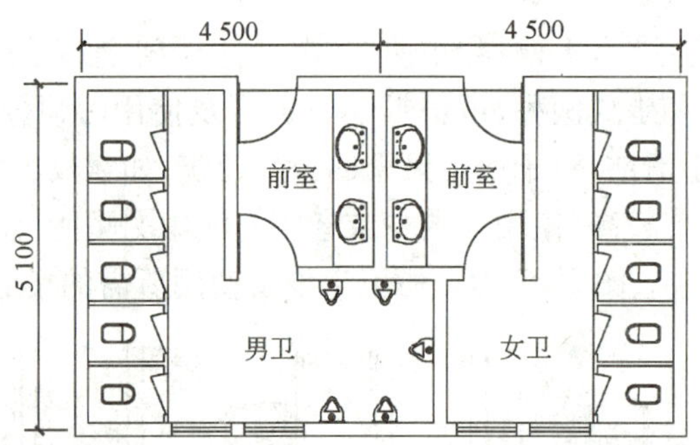

图 2-29　公共卫生间平面布置图(尺寸单位:mm)

(2)浴室、盥洗室

浴室和盥洗室的主要设备有洗脸盆、污水池、淋浴器、浴盆等。除此以外，公共浴室还有更衣室，其中主要设备有挂衣钩、衣柜、更衣凳等。设计时可根据使用人数确定卫生器具的数量，同时结合设备尺寸及人体活动所需的空间尺寸进行空间布置。

2.1.4　交通联系空间

交通联系空间包括水平交通空间(走道)、垂直交通空间(楼梯、电梯、自动扶梯、坡道)、交通枢纽空间(门厅、过厅)等。一幢建筑物是否适用，除主要使用空间和辅助使用空间本身及其位置是否恰当外，很大程度上取决于主要使用空间、辅助使用空间与交通联系空间相互位置是否恰当，以及交通联系空间本身是否使用方便。

交通联系空间的设计要求有足够的通行宽度，联系便捷，互不干扰，通风采光良好等。此外，在满足使用需要的前提下，要尽量减少交通面积以提高平面的利用率。

(1)门厅

门厅作为交通枢纽，其主要作用是接纳、分配人流，室内外空间过渡及各方面交通(过道、楼梯等)的衔接。同时，根据建筑物使用性质不同，门厅还兼有其他功能，如医院门厅常设挂号、收费、取药的空间，旅馆门厅兼有休息、会客、接待、登记、小卖部等功能。除此以外，门厅作为建筑物的主要出入口，其不同空间处理可体现出不同的意境和形象，诸如庄严、雄伟与小巧、亲切等不同气氛。因此，民用建筑中，门厅是建筑设计重点处理的部分。门厅的大小应根据各类建筑的使用性质、规模及质量标准等因素来确定。

门厅的布局可分为对称式与非对称式两种。对称式的布置常采用轴线的方法表示空间的方向感，将楼梯布置在主轴线上或对称布置在主轴线两侧，具有严肃的气氛；非对称式门厅布置没有明显的轴线，布置灵活，楼梯可根据人流交通布置在大厅中任意位置，室内空间富有变化。在建筑设计中，常常由于自然地形、布局特点、功能要求、建筑性格等各种因素的影响而采用对称式门厅(图2-30、图2-31)或非对称式门厅(图2-32、图2-33)。

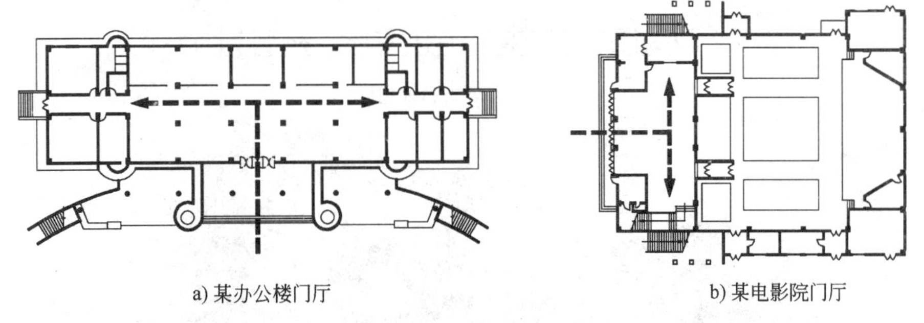

a) 某办公楼门厅　　b) 某电影院门厅

图2-30　对称式门厅

门厅设计应注意：

①门厅应处于总平面中明显而突出的位置，一般应面向主干道，使人流出入方便；

②门厅内部设计要有明确的导向性，同时交通流线组织简明醒目，减少相互

干扰或不知所以的现象；

③由于门厅是人们进入建筑物首先到达、经常停留的地方，因此门厅的设计，除了合理地解决好交通枢纽等功能要求外，门厅内的空间组合和建筑造型要求，也是公共建筑中重要的设计内容之一；

④门厅对外出口的宽度按防火规范的要求不得小于通向该门厅的走道、楼梯宽度的总和；

⑤外门的开启方向一般应向外或采用弹簧门。

(2)走道

走道又称为过道、走廊。凡走道一侧或两侧空旷者称为走廊。走道是用来联系同层内各大小空间用的，有时也兼有其他的从属功能。

图 2-31　北京融科资讯中心大楼门厅(对称)

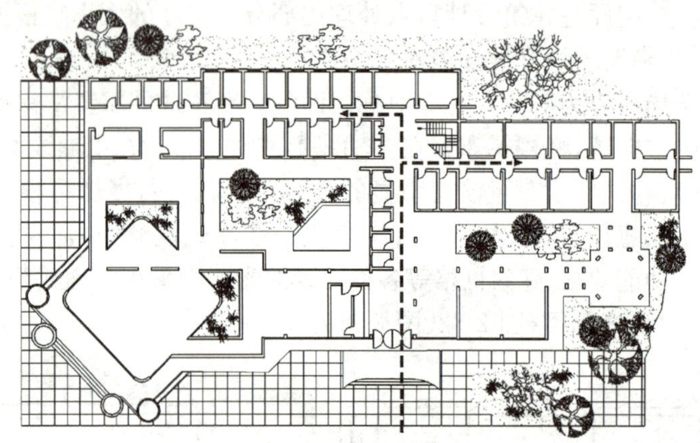

图 2-32　非对称式门厅

图 2-33　沈阳建筑大学教学楼的门厅(非对称)

按走道的使用性质不同，可以分为以下三种情况：

①完全为交通需要而设置的走道，如办公楼、旅馆、电影院、体育馆的安全走道等都是供人流集散用的，这类走道一般不允许安排作其他功能的用途。

②主要为交通联系同时也兼有其他功能的走道，如教学楼中的走道，除作为学生课间休息活动的场所外，还可布置陈列橱窗及黑板；医院门诊部走道可作人流通行和候诊之用。这时过道的宽度和面积应相应增加。

③多种功能综合使用的走道，如展览馆的走道应满足边走边看的要求。

走道的宽度和长度主要根据人流通行、安全疏散、防火规范、走道性质、空间感受来综合考虑。

为了满足人的行走和紧急情况下的疏散要求，我国《建筑设计防火规范》(GB 50016—2006)规定学校、商店、办公楼等建筑的疏散走道、疏散楼梯、房间疏散门、安全出口的各自总宽度不应低于表 2-2 的规定。

疏散走道、疏散楼梯、房间疏散门、安全出口的宽度指标 表 2-2

耐火等级 / 宽度指标(m/百人) / 层数	一、二级	三级	四级
地上一、二层	0.65	0.75	1.00
地上三层	0.75	1.00	—
地上四层及四层以上各层	1.00	1.25	—

综上所述，一般民用建筑常用走道宽度如下：当走道两侧布置空间时，学校为 2.10～3.00m，门诊部为 2.40～3.00m，办公楼为 2.10～2.40m，旅馆为 1.5～2.10m，作为局部联系或住宅内部走道宽度不应小于 0.90m；当走道一侧布置空间时，其走道的宽度应相应减小。

走道的长度应根据建筑性质、耐火等级及防火规范来确定。按照《建筑设计防火规范》(GB 50016—2006)的要求，最远房间出入口到楼梯间安全出入口的距离必须控制在一定的范围内，见图 2-34 和表 2-3。

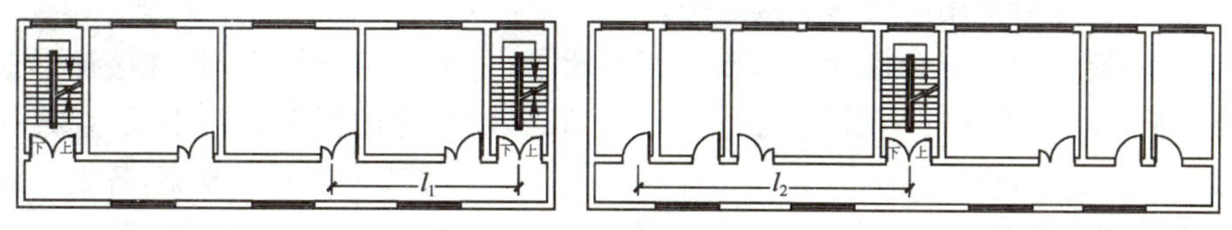

图 2-34 走道长度的控制

直通疏散走道的房间疏散门至最近安全出口的最大距离(单位:m)　表 2-3

名　称	位于两个外部出口或楼梯之间的空间(l_1)			位于袋形走道两侧或尽端的空间(l_2)		
	耐火等级			耐火等级		
	一、二级	三级	四级	一、二级	三级	四级
托儿所、幼儿园	25	20	—	20	15	—
医院、疗养院	35	30	—	20	15	—
学校	35	30	—	22	20	—
其他民用建筑	40	35	25	22	20	15

走道的采光和通风主要依靠天然采光和自然通风。外走道由于只有一侧布置空间,可以获得较好的采光通风效果。内走道由于两侧均布置有空间,如果设计不当,就会造成光线不足、通风较差。一般是通过走道尽端开窗,利用楼梯间、门厅或走道两侧空间设高窗来解决。

(3)楼梯

楼梯是多层建筑中常用的垂直交通联系手段,应根据使用要求选择合适的形式、布置恰当的位置,根据使用性质、人流通行情况及防火规范综合确定楼梯的宽度及数量,并根据使用对象和使用场合选择最舒适的坡度。

①楼梯的形式与位置

楼梯的形式丰富多样,常见的有以下几种:

a. 直行单跑楼梯　如图 2-35a)所示,此种楼梯无中间平台,由于单跑楼段踏步数一般不超过 18 级,故仅用于层高不大的建筑。

b. 直行多跑楼梯　如图 2-35b)所示,此种楼梯是直行单跑楼梯的延伸,仅增设了中间平台,将单梯段变为多梯段。一般为双跑梯段,适用于层高较大的建筑。

直行多跑楼梯给人以直接、顺畅的感觉,导向性强,在公共建筑中常用于人流较多的大厅。但是,由于其缺乏方位上回围上升的连续性,当用于需上多层楼面的建筑,会增加交通面积并加长人流行走距离。

c. 平行双跑楼梯　如图 2-35c)所示,此种楼梯由于上完一层楼刚好回到原起步方位,与楼梯上升的空间回转往复性吻合,比直跑楼梯节约面积并缩短人流行走距离,是最常用的楼梯形式之一。

d. 平行双分、双合楼梯　如图 2-35d)所示,为平行双分楼梯,此种楼梯形式是在平行双跑楼梯的基础上演变产生的。其梯段平行而行走方向相反,且第一跑在中部上行,然后其中间平台处往两边以第一跑的二分之一梯段宽,各上一跑到楼层面。通常在人流多,楼段宽度较大时采用。由于其造型的对称严谨性,常用作办公类建筑的主要楼梯。

a) 直行单跑楼梯　b) 直行双跑楼梯　c) 平行双跑楼梯
d) 平行双分楼梯　e) 平行双合楼梯　f) 折行双跑楼梯
g) 折行三跑楼梯　h) 剪刀楼梯　i) 螺旋形楼梯
j) 弧形楼梯

图 2-35　各种楼梯形式

如图 2-35e)所示，此种楼梯与平行双分楼梯类似，区别仅在于楼层平台起步第一跑梯段前者在中而后者在两边。

e. 折行多跑楼梯　如图 2-35f)所示，为折行双跑楼梯，此种楼梯人流导向较自由，折角可变，可为 90°，也可大于或小于 90°。当折角＞90°时，由于其行进方向类似直行双跑楼梯，故常用于仅上一层楼的影剧院、体育馆等建筑的门厅中。当折角＜90°时，其行进方向回转延续性有所改观，形成三角形楼梯间，可用于上多层楼的建筑中。

如图 2-35g)所示，为折行三跑楼梯，此种楼梯中部形成较大梯井，在设有电梯的建筑中，可利用梯井作电梯井。三跑梯段常用于层高较大的公共建筑。这种楼梯因楼梯井较大，不安全，供少年儿童使用的建筑不应采用此种楼梯。

f. 交叉跑(剪刀)楼梯　如图 2-35h)所示交叉跑楼梯，又称剪刀梯，当层高较大时，设置中间平台，中间平台为人流变换行进方向提供了条件，适用于层高较大且有楼层人流多向性选择要求的建筑，如商场、多层食堂等。

g. 螺旋形楼梯　如图 2-35i)所示，此种楼梯通常是围绕一根单柱布置，平面呈圆形。其平台和踏步均为扇形平面，踏步内侧宽度很小，并形成较陡的坡度，行走时不安全，且构造较复杂。这种楼梯不能作为主要人流交通和疏散楼梯，但由于其流线型造型美观，常作为建筑小品布置在庭院或室内。

为了克服螺旋形楼梯内侧坡度过陡的缺点，在较大型的楼梯中，可将其中间的单柱变为群柱或筒形空间。

h. 弧形楼梯　如图 2-35j)所示，弧形楼梯与螺旋形楼梯的不同之处在于它围绕一较大的轴心空间旋转，未构成水平投影圆，仅为一段弧环，并且曲率半径较大。其扇形踏步的内侧宽度也较大，使坡度不至于过陡，可以用来通行较多的人流。弧形楼梯也是折行楼梯的演变形式，当布置在公共建筑的门厅时，具有明显的导向性和优美轻盈的造型。但其结构和施工难度较大，通常采用现浇钢筋混凝土结构。

民用建筑楼梯的位置按其使用性质可分为主要楼梯、次要楼梯、消防楼梯等。实例见图 2-36 某公寓式办公楼平面图中楼梯间的布置。

②楼梯的宽度和数量

楼梯的宽度和数量主要根据其使用性质、使用人数和防火规范来确定。一般供单人通行的楼梯宽度应不小于 850mm，双人通行为 1 100～1 200mm。一般民用建筑楼梯的最小净宽应满足两股人流疏散要求，但住宅内部楼梯可减小到 850～900mm。所有楼梯梯段宽度的总和应按照现行《建筑设计防火规范》(GB

50016)和《高层民用建筑设计防火规范》(GB 50045)的最小宽度进行校核，见表 2-4。

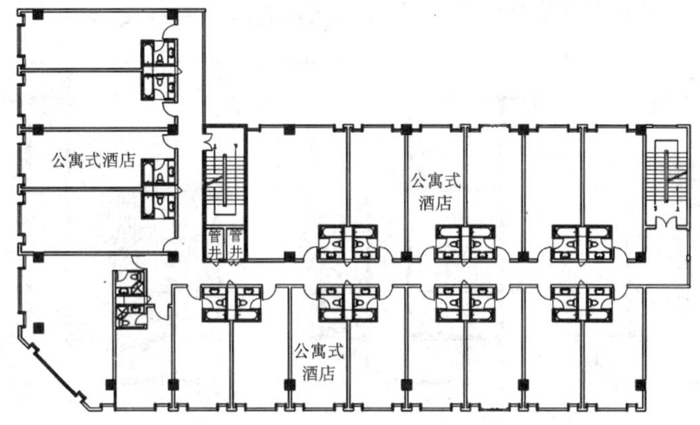

图 2-36　某公寓式办公楼平面图中楼梯间的布置

疏散楼梯的最小净宽度　　表 2-4

高层建筑	疏散楼梯的最小净宽度(m)	高层建筑	疏散楼梯的最小净宽度(m)
医院病房楼	1.30	其他建筑	1.20
居住建筑	1.10		

楼梯的数量应根据使用人数及防火规范的要求来确定，且必须满足关于走道内空间门至楼梯间的最大距离的限制(见表 2-3)。通常情况下，每一幢公共建筑应设两部楼梯。

(4)电梯

电梯按其使用性质可分为乘客电梯、载货电梯、消防电梯、客货两用电梯、杂物梯等几类。高层建筑的发展，使电梯成为不可缺少的垂直交通设施。高层建筑的垂直交通以电梯为主，其他有特殊功能要求的多层建筑，如大型宾馆、百货公司、医院等，除设计楼梯外，还需设置电梯以解决垂直交通的需要。除此以外，对高度超过 24m 的重要建筑，12 层以上的住宅及高度超过 32m 的其他建筑，还应设置消防电梯。

确定电梯间的位置及布置方式时，应充分考虑以下几点要求：

①电梯间应布置在人流集中的地方，如门厅、出入口等，位置要明显，电梯前面应有足够的等候面积，以免造成拥挤和堵塞。

②按防火规范的要求，设计电梯时应配置辅助楼梯，供电梯发生故障时使用。布置时可将两者靠近，以便灵活使用，并有利于安全疏散。

③电梯井道无天然采光要求，布置较为灵活，通常主要考虑人流交通方便、通畅。

电梯的布置形式一般有单面式和对面式，图2-37为常见的电梯厅布置方式。

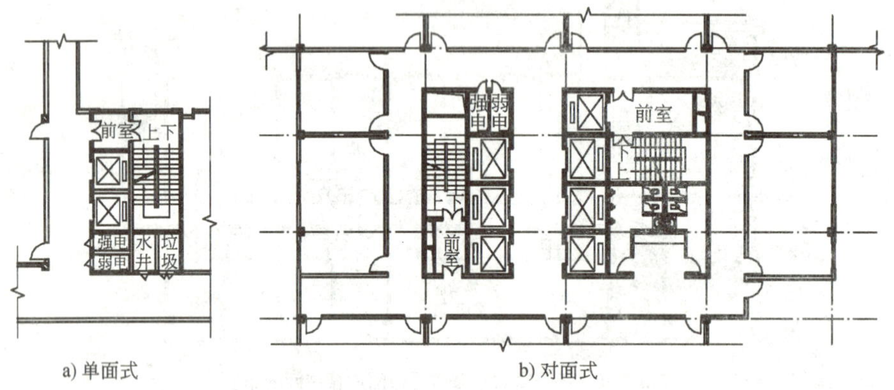

图2-37　常见的电梯厅布置方式

(5)扶梯及坡道

自动扶梯是一种在一定方向上能大量、连续输送流动客流的装置。除了供乘客方便、舒适地上下楼层外，自动扶梯还可引导乘客走一些既定路线，以引导乘客和顾客游览、购物，并具有良好的装饰效果。在具有频繁而连续人流的大型公共建筑中，如百货大楼、展览馆、博物馆、火车站、地铁站、航空港等建筑将自动扶梯作为主要垂直交通工具考虑。图2-38为首都机场T3航站楼出港大厅的垂直交通扶梯，图2-39为巴黎卢浮宫金字塔内的扶梯。

图2-38　首都机场T3航站楼出港大厅扶梯

自动扶梯的驱动速度一般为0.45～0.5m/s，可正向、逆向运行。由于自动扶梯运行的人流都是单向，不存在侧身避让的问题，因此，其梯段宽度较楼梯更小，通常为600～1 000m。

垂直交通联系空间，除楼梯、电梯和自动扶梯外，还有坡道。室内坡道的特点是上下比较省力(楼梯的坡度在30°～40°左右，室内坡道的坡度通常<10°)，通行人流的能力几乎和平地相当(人群密集时，楼梯由上往下人流通行速度为10m/min，坡道人流通行速度接近于平地的16m/min)，但是坡道的最大缺点是所占面积比楼梯面积大得多。一些医院为了病人上下和手推车通行的方便，可采用坡道；为儿童上下的建筑物，也可采用坡道；有些人流量集中的公共建筑，如

大型体育馆的部分疏散通道，也可用坡道来解决重直交通联系。图 2-40 为沈阳“九一八”历史博物馆的入口台阶及坡道。

图 2-39　巴黎卢浮宫金字塔内的扶梯

图 2-40　沈阳“九一八”历史博物馆的入口台阶及坡道

2.2　建筑空间组合

每一幢建筑物都是由若干空间组合而成。建筑空间组合就是根据内部使用要求，结合基地环境、使用功能、物质技术、建筑美观、经济条件等将各种不同形状、大小、高低的空间组合起来，使之成为使用方便、结构合理、体形简洁完美的整体。空间组合包括水平方向及垂直方向的组合关系，前者除反映功能关系外，还反映出结构关系及空间的艺术构思，而剖面的空间关系也在一定程度上反映出平面关系，因而将两方面结合起来就成为一个完整的空间概念。

2.2.1 建筑空间组合的基本原理

(1)使用功能

不同的建筑有不同的功能要求,一幢建筑物的合理性不仅体现在单个空间上,还在很大程度上取决于各种空间按功能要求的组合上。如教学楼设计中,虽然教室、办公室本身的大小、形状、门窗布置均满足使用要求,但它们之间的相互关系及走道、门厅、楼梯的布置不合理,就会造成不同程度的干扰,人流交叉,使用不便。

平面组合的优劣主要体现在合理的功能分区及明确的流线组织两个方面。当然,采光、通风、朝向等要求也应予以充分的重视。

①合理的功能分区

合理的功能分区是将建筑物若干部分按不同的功能要求进行分类,并根据它们之间的密切程度加以划分,使之分区明确,联系方便。在分析功能关系时,常借助于功能分析图来形象地表示各类建筑的功能关系及联系顺序。按照功能分析图将性质相同、联系密切的空间邻近布置或组合在一起,将使用中有干扰的部分适当分隔。这样,既满足联系密切的要求,又能创造相对独立的使用环境。

具体设计时,可根据建筑物不同的功能特征,从以下几个方面进行分析:

a. 主次关系　组成建筑物的各空间,按其使用性质及重要性,必然存在着主次之分。在平面组合时应分清主次、合理安排。如教学楼中,教室、实验室是主要使用空间;办公室、管理室、厕所等则属于次要空间。居住建筑中的居室是主要空间,厨房、厕所、储藏室是次要空间,见图 2-41。商业建筑中的营业厅是主要空间,值班、仓库、行政办公等是次要空间,见图 2-42。在平面组合中,一般是将主要使用空间布置在朝向较好的位置,靠近主要出入口,并有良好的采光通风条件,次要空间可布置在条件较差的位置。

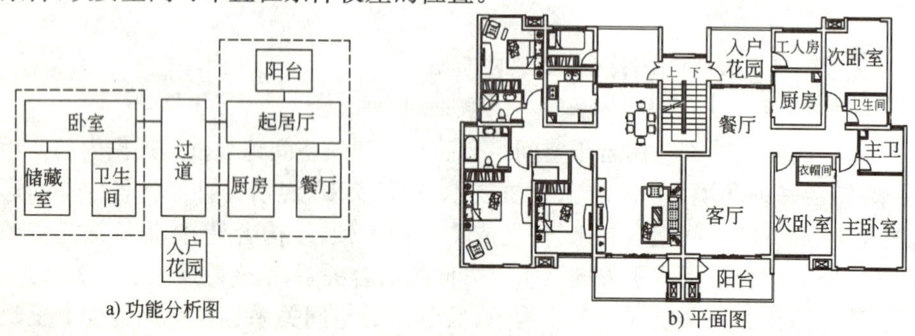

图 2-41　居住建筑空间的主次关系

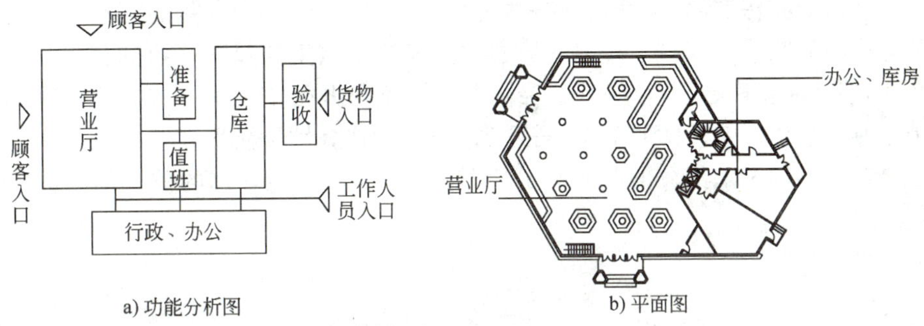

a) 功能分析图　　b) 平面图

图 2-42　商业建筑空间的主次关系

b. 内外关系　各类建筑的组成空间中，有的对外联系密切，直接为公众服务，有的对内关系密切，供内部使用。例如，办公楼中的接待室、传达室是对外的，而各种办公室是对内的。又如，影剧院的观众厅、售票房、休息厅、公共厕所是对外的，而办公室、管理室、储藏室是对内的。平面组合时应妥善处理功能分区的内外关系，一般是将对外联系密切的空间布置在交通枢纽附近，位置明显便于直接对外，而将对内性强的空间布置在较隐蔽的位置。图 2-43 表示食堂空间的内外关系。对于食堂建筑，餐厅是对外的，人流量大，应布置在交通方便、位置明显处，而对内性强的厨房等部分布置在后部，次要入口面向内院较隐蔽的场所。

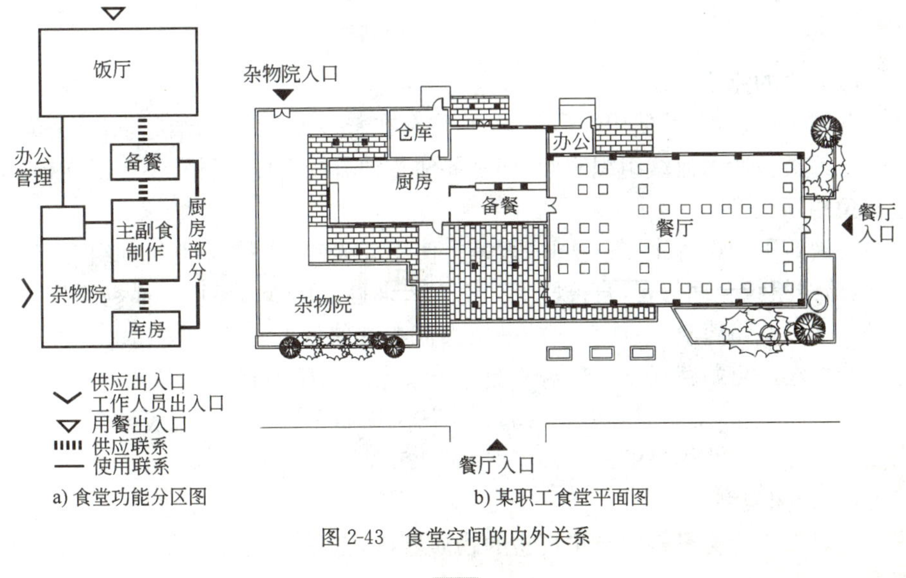

a) 食堂功能分区图　　b) 某职工食堂平面图

图 2-43　食堂空间的内外关系

c.联系与分隔　在分析功能关系时，常根据空间的使用性质，如“闹”与“静”、“清”与“污”等方面反映的特性进行功能分区，使其既分隔而互不干扰，且又有适当的联系。如教学楼中的普通教室和音乐教室同属教室，它们之间联系密切，但为防止声音干扰，必须适当隔开。教室与办公室之间要求方便联系，但为了避免学生影响教师的工作，需适当隔开。因此，教学楼平面组合设计中，对以上三个不同要求部分的联系与分隔处理，是促使功能合理的重要问题，见图2-44。

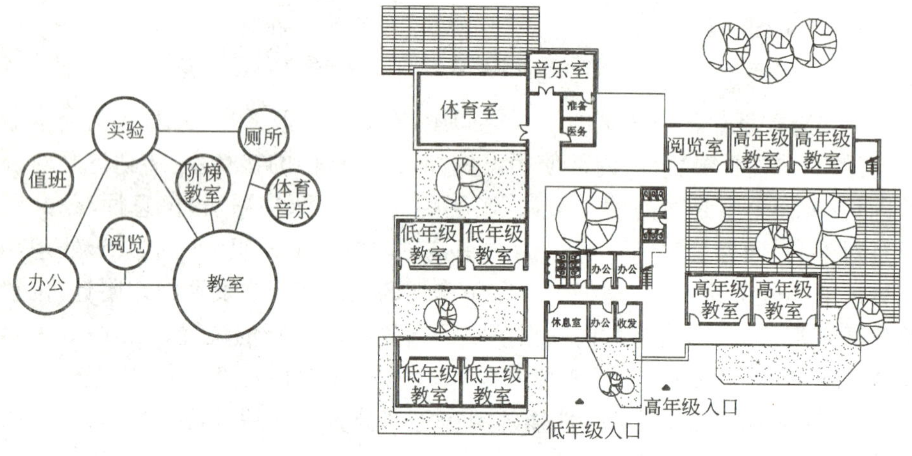

a) 教学楼各房间的功能关系　　b) 某小学体育室、音乐室布置在教学楼一端

图 2-44　教学楼空间的联系与分隔

②明确的流线组织

各类民用建筑，因使用性质不同，往往存在着多种流线，归纳起来，分为人流及货流两类。所谓流线组织明确，即是要使各种流线简捷、通畅，不迂回逆行，尽量避免相互交叉。

在建筑平面设计中，各空间一般是按使用流线的顺序关系有机地组合起来。因此，流线组织合理与否，直接影响到平面组合是否紧凑、合理，平面利用是否经济等。如展览馆建筑，各展室常常是按人流参观路线的顺序连贯起来。火车站建筑有旅客进出站路线、行包线，人流路线按先后顺序为到站—问讯—售票—候车—检票—上车，出站时经由站台验票出站。平面布置时以人流线为主，使进出站及行包线分开并尽量缩短各种流线的长度，见图 2-45。

(2)结构类型

建筑结构与材料是构成建筑物的物质基础，在很大程度上影响着建筑的平面组合。因此，平面组合在考虑满足使用功能要求的前提下，应选择经济合理的结构方案，并使平面组合与结构布置协调一致。

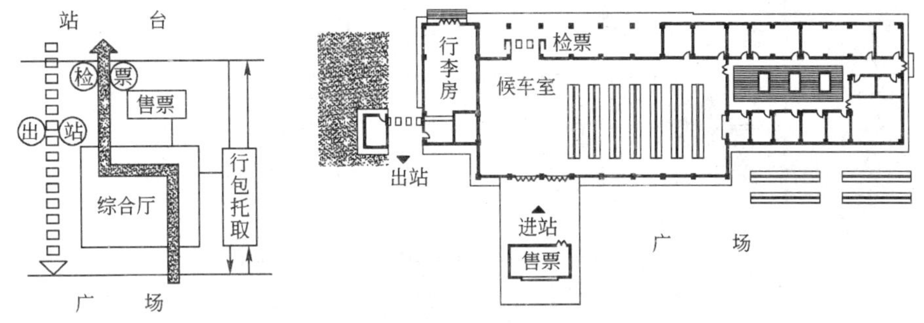

a) 小型火车站流线关系示意图

b)400 人火车站设计方案平面图

图 2-45 小型火车站流线关系及平面图

目前，民用建筑常用的结构类型有三种，即砖混结构、钢筋混凝土框架结构、空间结构。

①砖混结构

建筑物以砖墙和钢筋混凝土梁板为主要承重构件。这种结构形式的优点是构造简单、造价较低，其缺点是空间尺寸受钢筋混凝土梁板经济跨度的限制，室内空间小，开窗也受到限制，仅适用于空间开间和进深尺寸较小、层数不多的中小型民用建筑，如住宅、中小学校、医院及办公楼等。

砖混结构根据受力方式可分为横墙承重、纵墙承重、纵横墙承重等三种方式。对于房间开间尺寸基本相同，且符合钢筋混凝土楼板经济跨度的重复小间建筑，常采用横墙承重。当房间进深较统一，且符合钢筋混凝土楼板的经济跨度，但开间尺寸多样，要求布置灵活时，可采用纵墙承重，如要求开间较大的教学楼、办公楼等。如图 2-46 所示为某小型医院的门诊楼，采用小开间横墙承重，统一房间的进深，平面简单，施工方便。

②框架结构

框架结构的主要特点是承重系统与非承重系统有明确的分工。支承建筑空间的骨架如梁、柱是承重系统，而分隔室内外空间的围护结构和轻质隔墙是不承重的。这种结构形式强度高，整体性好，刚度大，抗震性好，平面布局灵活性大，开窗较自由，但钢材、水泥用量大，造价较高，适用于开间、进深较大的商店、教学楼、图书馆之类的公共建筑，以及多、高层住宅旅馆等。如图 2-47 所示为某高校图书馆，采用钢筋混凝土框架结构，可根据各功能空间（如阅览室、书库、会议室、办公室、卫生间等）的要求，灵活布置柱网，进行空间组合。

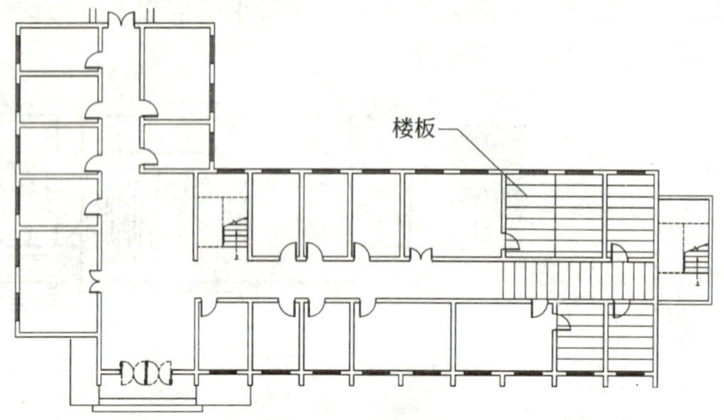

图 2-46 采用墙体承重的某门诊部平面

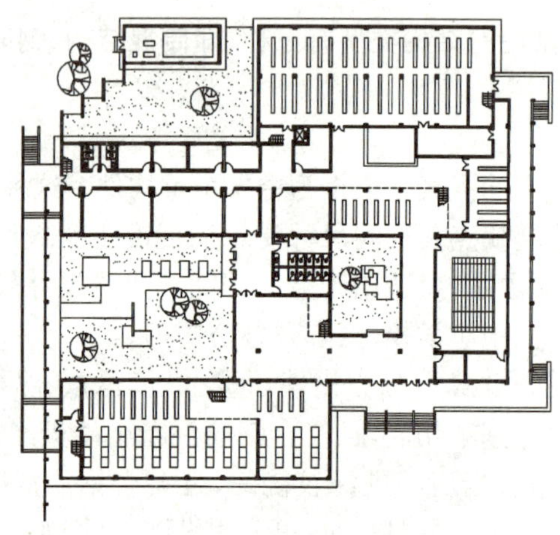

图 2-47 采用框架结构的某高校图书馆平面

③空间结构

随着建筑技术、建筑材料和结构理论的进步，促使新型高效的结构有了飞速的发展，出现了各种大跨度的新型空间结构，如薄壳、悬索、网架等。这为解决大规模、大尺度的公共建筑提供了有效途径。

(3)设备管线

民用建筑中的设备管线主要包括给水、排水、采暖、空气调节及电气、照明、通信等所需的设备管线，它们都占有一定的空间。在进行平面组合时，除应考虑一定的设备位置，恰当地布置相应的空间，如厕所、盥洗、配电房、空调机房、水泵房等以外，对于设备管线比较多的空间，如住宅中的厨房、厕所，学校、办公楼中的厕所、盥洗间，旅馆中的客房卫生间、公共卫生间等。在满足使用要求的同时，应尽量将设备管线集中布置、上下对齐，方便使用，有利施工和节约管线。

图 2-48 中旅馆的卫生间成组布置，利用两个卫生间中间的竖井作为管道垂直方向布置的空间，管道井上下叠合，管线布置集中。

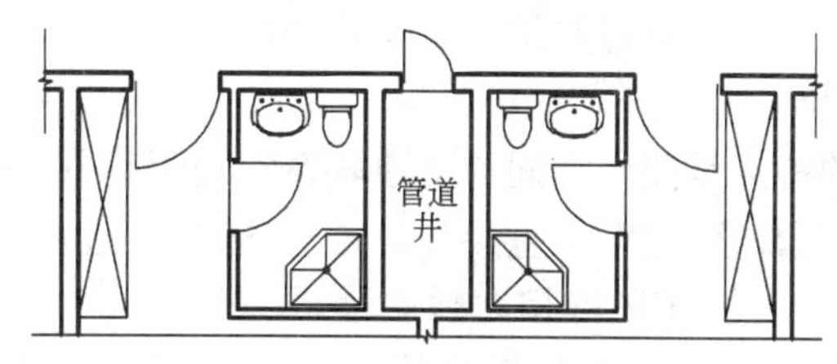

a) 旅馆卫生间集中设置管道间

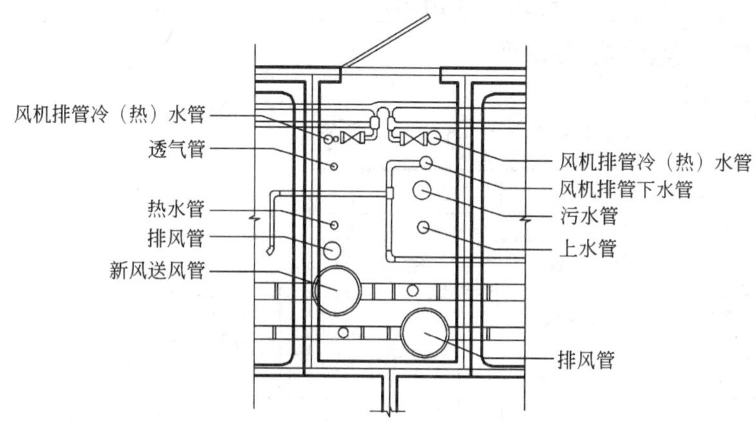

b) 管道间内管道系统示意图

图 2-48 旅馆卫生间成组布置

(4)建筑造型

建筑平面组合除受到使用功能、结构类型、设备管线的影响外，建筑造型在一定程度上也影响到平面组合。当然，造型本身是离不开功能要求的，它一般是内部空间的直接反映，但是，简洁、完美的造型要求及不同建筑的外部性格特征又会反过来影响到平面布局及平面形状。一般来说，简洁、完整的建筑造型无论对缩短内部交通流线，还是对于结构简化、节约用地、降低造价及抗震性能等都是极为有利的。

2.2.2 平面空间组合的类型

各类建筑由于使用功能不同，空间之间的相互关系也不同。有的建筑由一个个大小相同的重复空间组合而成，它们彼此之间无一定的使用顺序关系，各空间形成既联系又相对独立的封闭空间，如学校、办公楼；有的建筑主要有一个大空间，其他均为从属空间，环绕着这个大空间布置，如电影院、体育馆；有的建筑，空间按一定序列排列而成，即排列顺序完全按使用联系顺序而定，如展览馆、火车站等。平面组合就是根据使用功能特点及交通路线的组织，将不同空间组合起来。这些平面组合大致可以归纳为如下几种形式：

(1)走道式组合

走道式组合的特点是使用空间与交通联系空间明确分开，各空间沿走道(走廊)一侧或两侧并列布置，空间门直接开向走道，通过走道相互联系；各空间基本上不被交通穿越，能较好地保持相对独立性，见图2-49。走道式组合的优点是各空间有直接的天然采光和通风，结构简单，施工方便等。因此，这种形式广泛应用于一般性的民用建筑，特别适用于空间面积不大、数量较多的重复空间组合，如学校、宿舍、医院、旅馆等。

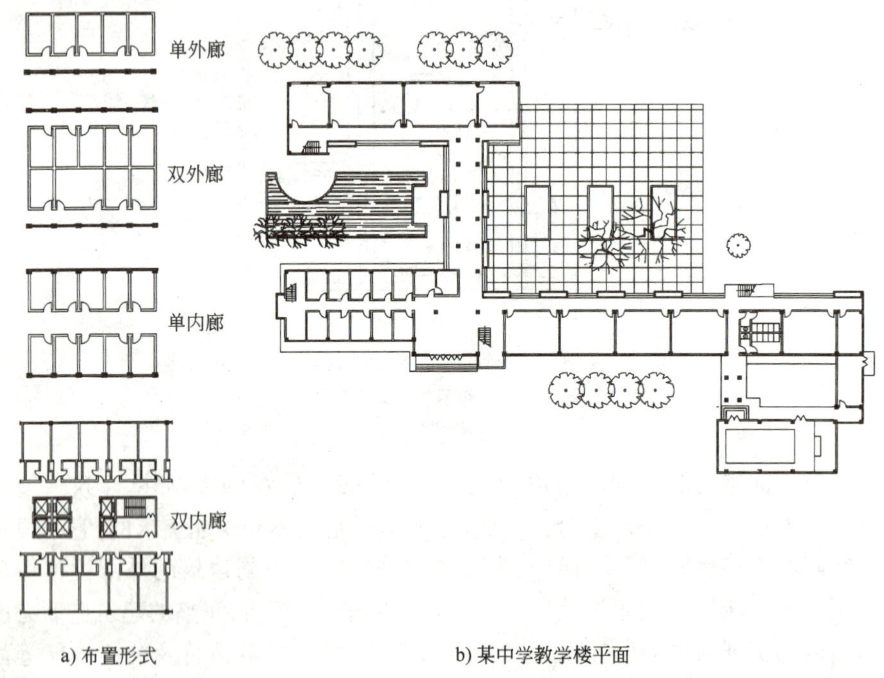

a) 布置形式　　b) 某中学教学楼平面

图2-49　走道式组合实例

(2)套间式组合

套间式组合的特点是用穿套的方式按一定的序列组织空间，空间与空间之间相互穿套，不再通过走道联系。这种形式通常适用于空间的使用顺序和连续性较强，使用空间不需要单独分隔的情况下形成的组合方式，如展览馆、火车站、浴室等建筑类型。套间式组合按其空间序列的不同，又可分为串联式和放射式两种。串联式是按一定的顺序关系将空间连接起来，见图 2-50a)；放射式将各空间围绕交通枢纽呈放射状布置，见图 2-50b)。

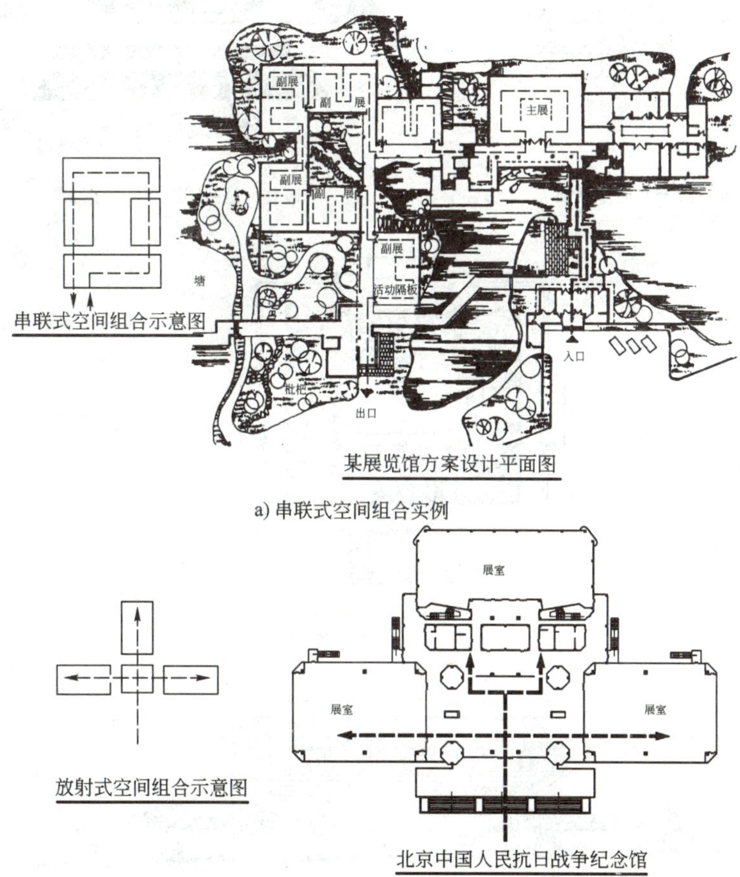

b) 放射式空间组合实例

图 2-50　套间式组合

(3)大厅式组合

大厅式组合是以公共活动的大厅为主穿插布置辅助空间。这种组合的特点是主体空间使用人数多、面积大、层高大，辅助空间与大厅相比，尺寸大小悬殊，常布置在大厅周围并与主体空间保持一定的联系，见图 2-51。

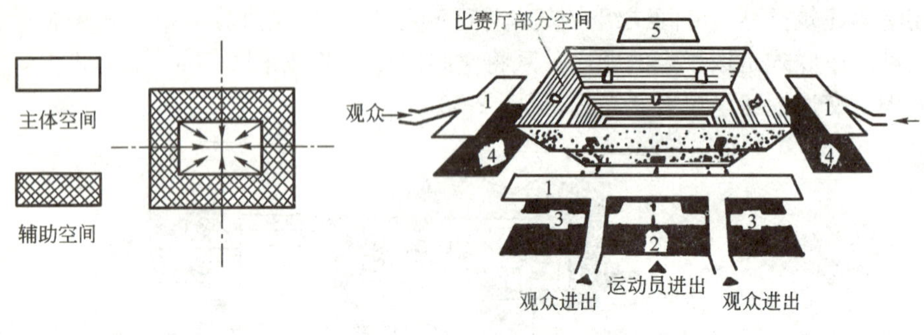

a) 大厅式组合示意图　　b) 体育馆空间组合分析示意图

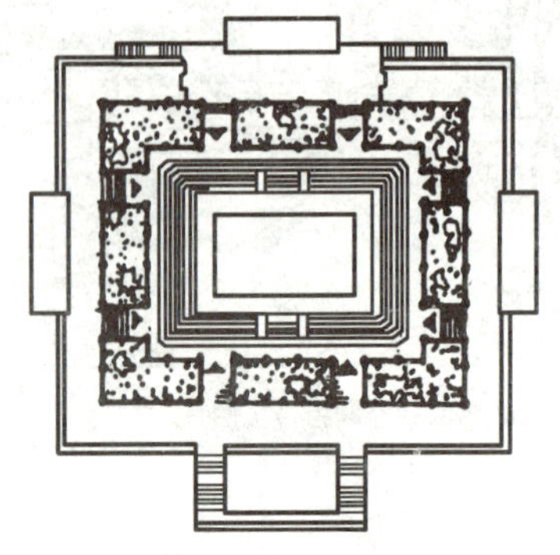

c) 某体育馆二层平面图

d) 某体育馆剖面图

图 2-51　大厅式组合形式

1-门厅、休息厅；2-运动员活动部分；3-淋浴；4-辅助、管理用房；5-贵宾室

(4)单元式组合

将关系密切的空间组合在一起成为一个相对独立的整体，称为单元。将一种或多种单元按地形和环境情况在水平或垂直方向重复组合起来成为一幢建筑，这种组合方式称为单元式组合，见图 2-52。

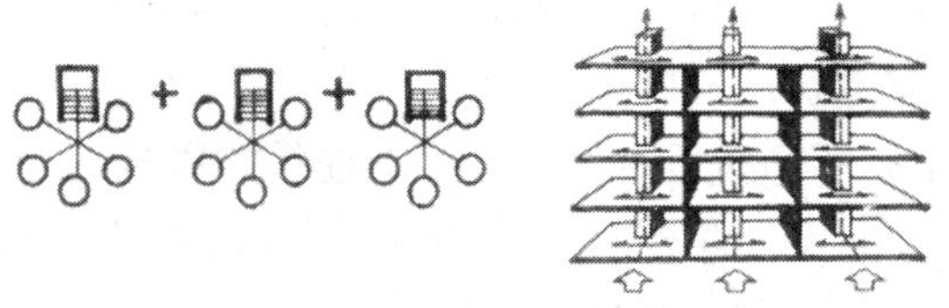

a)单元组合及交通组织示意图

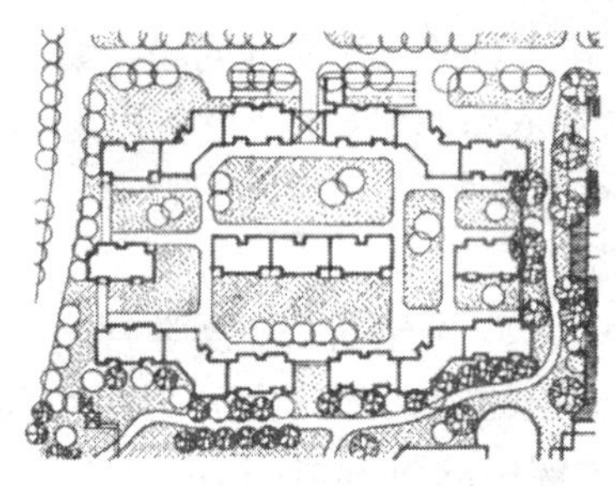

b)单元拼接方式

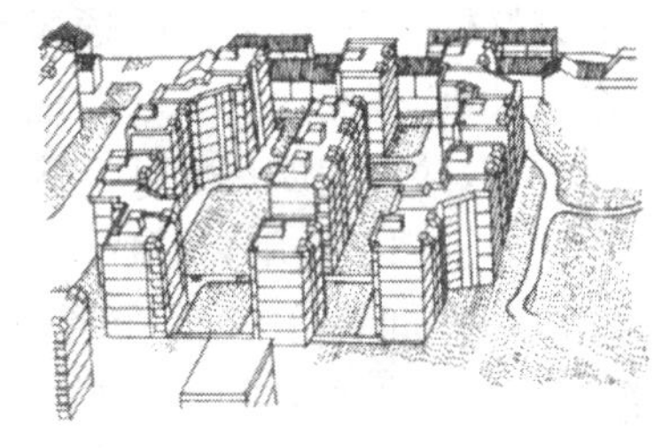

c)透视图

图 2-52 单元式住宅组合形式

单元式组合的优点是能提高建筑标准化，节省设计工作量，简化施工，同时功能分区明确，平面布置紧凑，单元与单元之间相对独立，互不干扰。除此以外，单元式组合布局灵活，能适应不同的地形，形成多种不同组合形式，因此，广泛用于大量性民用建筑，如住宅、学校、医院等。

以上是民用建筑常用的平面组合形式，随着时代的前进，使用功能也必然会发展变化，加上新结构、新材料、新设备的不断出现，新的形式将会层出不穷。例如，自由灵活的大空间分隔形式及庭园式空间组合形式等。

2.2.3 剖面空间的组合

在进行建筑空间组合时，应根据使用性质和使用特点将各空间进行合理的垂直分区，做到分区明确，使用方便，流线清晰，合理利用空间；同时应注意结构合理，设备管线集中。对于不同空间类型的建筑也应采取不同的组合方式。

①重复小空间的组合

这类空间的特点是大小、高度相等或相近，在一幢建筑物内空间的数量较多，功能要求各房间应相对独立。因此，常采用走道式和单元式的组合方式，如住宅、医院、学校、办公楼等。组合中常将高度相同、使用性质相近的空间组合在同一层上，以楼梯将各垂直排列的空间联系起来构成一个整体。由于空间的大小、高低相等，对于统一各层楼地面标高、简化结构是有利的。

②大小、高低相差悬殊的空间组合

a. 以大空间为主体穿插布置小空间　有的建筑如影剧院、体育馆等，虽然有多个空间，但其中有一个空间是建筑主要功能所在，其面积和高度都比其他空间大得多。空间组合常以大空间（观众厅和比赛大厅）为中心，因其周围布置小空间，或将小空间布置在大厅看台下面，充分利用看台下的结构空间。这种组合方式应处理好辅助空间的采光、通风及运动员、工作人员的人流交通问题。如天津市体育馆，以比赛大厅为中心将运动员休息室、更衣室、贵宾室及设备用房等布置在看台下，并利用四周的休息廊将辅助空间和比赛大厅、门厅联系起来。这样布置既充分利用了空间，又利于比赛大厅的保温。

b. 以小空间为主灵活布置大空间　某些类型的建筑，如教学楼、办公楼、旅馆、临街带商店的住宅等，虽然构成建筑物的绝大部分空间为小空间，但由于功能要求还需布置少量大空间，如教学楼中的阶梯教室，办公楼中的大会议室，旅馆中的餐厅，临街住宅中的营业厅等。这类建筑在空间组合中常以小空间为主形成主体，将大空间附建于主体建筑旁，从而不受层高与结构的限制；或将大小空间上下叠合起来，分别将大空间布置在顶层或一、二层。

c. 综合性空间组合　有的建筑由于满足多种功能的要求，常由若干大小、高低不同的空间组合起来形成多种空间的组合形式。如文化宫建筑中有较大空间的电影厅、餐厅、健身房等，又有阅览室、门厅、办公等空间要求不同的空间。又如图书馆建筑中的阅览室、书库、办公等用房在空间要求上也不一致。阅览室要求较好的天然采光和自然通风，层高一般 4～5m，而书库是为了保证最大限度的藏书及取用方便，一般层高 2.2～2.5m。对于这一类复杂空间的组合不能仅局限于一种方式，必须根据使用要求，采用与之相适应的多种组合方式。

③错层式空间组合

有的建筑由于使用要求或空间大小不同，出现了高低差别。如图 2-53 所示重庆大学 B 区图书馆，阅览室和书库由于使用性质不同，阅览室的层高相应比书库大。为了节约空间、降低造价，可将它们分别集中布置，采取不同的层高，以楼梯或踏步来解决两部分空间的联系。

图 2-53　重庆大学 B 区图书馆阅览室与书库的错层式空间组合

当建筑物内部出现高低差，或由于地形的变化使房屋几部分空间的楼地面出现高低错落现象时，可采用错层的处理方式使空间取得和谐统一，具体处理方式如下：

a. 以踏步或楼梯联系各层楼地面以解决错层高差　有的公共建筑，如教学楼、办公楼、旅馆等主要使用空间的空间高度并不高，为了丰富门厅空间变化并得到合适的空间比例，常将门厅地面降低。这种高差不大的空间联系常借助于少量踏步来解决。

当组成建筑物的两部分空间高差较大，或由于地形起伏变化，房屋几部分之间楼地面高低错落，这时常利用楼梯间解决错层高差。通过调整梯段踏步的数量，使楼梯平台与错层楼地面标高一致。这种方法能够较好地结合地形，灵活地解决纵横向的错层高差。

b. 以室外台阶解决错层高差　当住宅建筑垂直等高线布置时，各单元垂直错落，错层高差为一层，均由室外台阶到达楼梯间。这种错层方式较自由，可以随地形变化相当灵活地进行随意错落。

④台阶式空间组合

台阶式空间组合的特点是建筑由下至上形成内收的剖面形式，从而为人们提供了进行户外活动及绿化布置的露天平台。此种建筑形式如用于连排的总体布置中，可以减少房屋间距，取得节约用地的效果。同时由于台阶式建筑采用了竖向叠层、向上内收、垂直绿化等手法，从而丰富了建筑外观形象。

2.3　建筑与环境

2.3.1　建筑与环境的关系

建筑离不开其所处的环境，环境是建筑所依存的条件。建筑是空间构筑艺术，作为城市景观的一种形式也包含了一定的社会文化和地域特征，体现了时代的特点和人们的生活水平。建筑艺术美的最根本精神功能在于陶冶人的心灵，激发人的聪明才智，它在很大程度上要受到自然环境的制约和影响，因此，要求建筑与自然环境协调。协调并不是单单只求形式表面的相同或相近，建筑环境美的奥妙在于结合，协调是一种结合，对比也是一种结合。不但要创造和谐统一，而且还要创造丰富多彩的建筑环境艺术。

环境分为自然环境和人为环境。自然环境是指自然界，山川、河流、地形、地貌、植被及一切生物所构成的地域空间。人为环境是指人类改造自然界而形成的人为地域空间，包括城市、乡村、建筑、道路、桥梁等。自然环境与人为环境都是物质存在物，是可认知和体验到的室外空间。

(1)建筑与自然环境

建筑作为城市的载体，就要利用自然、保护自然、融入自然，成为与自然环境相协调的机体，创造优美的整体环境。比如，我国常见的背山面水的城镇、村落，本身就是一个具有生态学意义的典型环境。其科学价值是背后靠山，有利于抵挡冬季北来的寒风；面朝流水，既能接纳夏日南来的凉风，又能享有灌溉、养殖之利；朝阳之势，便于得到良好的日照；缓坡阶地，则可避免淹涝之灾；周围植被郁郁，既可涵养水源，保持水土，又能调节小气候。这些不同特征的环境因素综合在一起，便造就了一个有机的生态环境。

(2)建筑与人为环境

人为环境是指人类改造自然界而形成的人为地域空间，如城市、乡村、建筑、道路、桥梁等。城市作为人类文明的产物，也是人们依据自然规律、利用自然资源创造出来的一种人为环境。作为体现城市形象的建筑，有责任去继承和维护城市的和谐统一与历史延续。每一个城市都是在各自不同的自然条件和历史文化背景下形成的，有着各自的历史渊源，也有其独自的特点，而其中每一项新的建筑则形成了城市新的人文景观，对其环境时刻产生着影响。且建筑性格是内在的、相对稳定的，取决于一个地方所特有的环境特征、文化基因及价值取向。比如，上海“新天地”的传统和时尚、外滩的古典和浪漫、陆家嘴的高度和速度，体现了不同的建筑性格，从一个侧面反映了城市精神。

2.3.2 建筑的总平面

任何一幢建筑物(或建筑群)都不是孤立存在的，而是处于一个特定的环境之中，它在基地上的位置、形状、平面组合、朝向、出入口的布置及建筑造型等都必然受到总体规划及基地条件的制约。由于基地条件不同，相同类型和规模的建筑会有不同的组合形式，即使是基地条件相同，由于周围环境不同，其组合也不会相同。为使建筑既满足使用要求，又能与基地环境协调一致，首先必须做好总平面设计，即根据使用功能要求，结合城市规划的要求、场地的地形地质条件、朝向、绿化及周围建筑等因地制宜地进行总体布置，确定主要出入口的位置，进行总平面功能分区，在功能分区的基础上进一步确定单体建筑的布置。

(1)功能分区的基地环境

总平面功能分区是将各部分建筑按不同的功能要求进行分类，将性质相同、功能相近、联系密切、对环境要求一致的部分划分在一起，组成不同的功能区，各区相对独立并成为一个有机的整体。

进行总平面功能分区，一般应考虑以下几点要求：

①各区之间相互联系的要求。如中学教室、实验室、办公室、操场等之间是如何联系的，它们之间的交通关系又是如何组织的。

②各区相对独立与分隔的要求。如学校的教师用房(办公、备课及教工宿舍)，既要考虑与教室有较方便的联系，又要求有相对的独立性，避免干扰，并适当分隔。

③室内用房与室外场地的关系，需通过交通组织，合理布置各出入口来加以解决。

(2)朝向

建筑物的朝向主要是考虑太阳辐射强度、日照时间、主导风向、建筑使用要求及地形条件等综合因素来确定的。

我国大部分地区处于夏热冬冷的状况，为了改善室内卫生条件，人们常将主要空间朝南或南偏东、偏西少许。在我国，夏季南向太阳高度角大，射入室内光线很少、深度小，冬季太阳高度角小，射入室内光线多、深度大，南向有利于做到冬暖夏凉。

在确定建筑朝向时，还需根据主导风向的不同适当加以调整，这样可以改变室内气候条件，创造舒适的室内环境。

在严寒地区，由于冬季寒冷时间长、夏季不热，应尽可能争取日照，建筑朝向以东、南、西为宜，同时避免正对冬季的主导风向。

对于人流集中的公共建筑，房屋朝向主要考虑人流来向、周边道路和邻近建筑的关系。对于风景区的建筑，则应以创造优美的景观作为考虑朝向的主要因素。

(3)间距

建筑物之间的距离，主要根据日照、通风等卫生条件与建筑防火安全要求来确定。除此以外，还应综合考虑防止声音和视线干扰，绿化、道路及室外工程所需要的间距，以及地形利用、建筑空间处理等问题。

从卫生的角度考虑，建筑物的间距主要取决于日照和通风两个因素。

①日照

日照间距是为了保证空间有一定的日照时间，建筑物彼此互不遮挡所必须具备的距离。日照间距的计算一般以冬至日正午12时南向太阳能照到建筑底层窗台的高度为设计依据。结合不同纬度的太阳高度角，计算建筑的日照间距公式为：

$$L = \frac{H}{\tan h}$$

式中：L——房屋间距；

H——南向前排房屋檐口至后排房屋底层窗台的高度；

h——冬至日正午的太阳高度角(当房屋正南向时)，见图 2-54。

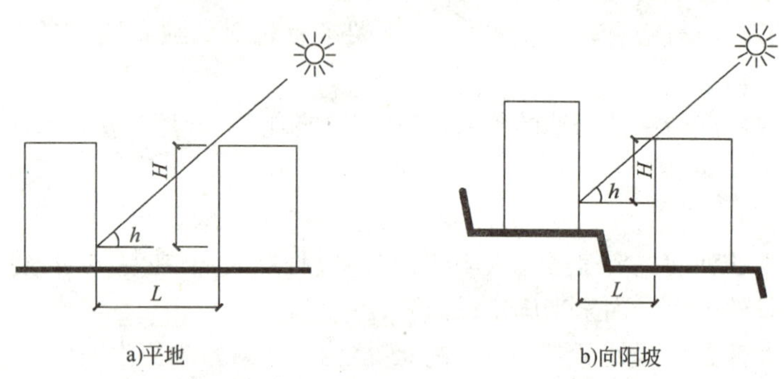

图 2-54 建筑物的日照间距

根据上述日照计算，我国大部分地区日照间距约为 1.0H～1.7H。愈往南日照间距愈小，愈往北则日照间距愈大，这是因为太阳高度角在南方要大于北方的原因。

②通风

在夏季炎热地区，为了使建筑物获得良好的自然通风，周围建筑应保持合理的通风间距。为了节约用地而又能获得较为理想的通风效果，呈并列布置的建筑群，其迎风面最好与夏季主导风向成 30°～60°角，这时建筑的通风间距取 1∶1.3H～1∶1.5H 为宜。

在寒冷地区，建筑朝向需避开冬季主导风向，以节省能耗提高室内舒适性。

③防火

根据我国现行的防火设计规范，建筑之间的防火间距由相邻建筑的耐火等级决定，详见表 2-5。

多层民用建筑之间的防火间距(单位：m)　　表 2-5

耐火等级	一、二级	三级	四级
一、二级	6	7	9
三级	7	8	10
四级	9	10	12

对于大多数的民用建筑，日照是确定房屋间距的主要依据，因为在一般情况下，只要满足了日照间距，其他要求如通风、防火等也就能满足。

复习思考题

1. 确定空间面积大小时应考虑哪些因素？试举例分析。
2. 影响空间形状的因素有哪些？试举例说明为什么矩形空间被广泛采用。
3. 空间尺寸指的是什么？确定空间尺寸应考虑哪些因素？
4. 辅助使用空间包括哪些空间？辅助使用空间设计应注意哪些问题？
5. 交通联系部分包括哪些内容？如何确定楼梯的数量、宽度？如何选择楼梯的形式？
6. 影响建筑空间组合的因素有哪些？如何运用功能分析法进行平面组合？
7. 走道式、套间式、大厅式、单元式等各种组合形式的特点和适用范围是什么？
8. 基地环境对平面组合有什么影响？试举例说明。
9. 建筑物如何争取好的朝向？建筑物之间的间距如何确定？

第3章　建筑造型与欣赏

建筑，从广义的角度来理解，可以把它看成是一种人造的空间环境。它不仅要满足人们生产、生活等物质功能要求，而且还要满足人们精神文化方面的要求。为此，不仅要赋予它实用的属性，同时还要赋予它美观的属性。建筑的美观主要是通过内部空间及外部造型的艺术处理来体现，同时也涉及建筑的群体空间布局，而其中建筑物的外观形象经常、广泛地被人们所接触，对人的精神感受的影响尤为深刻。比如，轻巧、活泼、通透的园林建筑，雄伟、庄严、肃穆的纪念性建筑，朴素、亲切、宁静的居住建筑，以及简洁、完整、挺拔的高层公共建筑等。这些不同的感受和情绪，都是直接借助独特的建筑形象的激发而产生的。

任何艺术创作都十分强调立意，所谓“意”，就是借助物质的、形式的某些特征来传递的一种信息。艺术家不但创造了艺术作品，实现了自己的价值情感，同时还产生了艺术作品的欣赏者。欣赏者通过自己再创造的欣赏过程，一方面陶冶了自己的情操，另一方面也实现了对艺术作品的审美价值。所以艺术欣赏与艺术创作都是一种创造性的活动，欣赏是创作活动的延续与深化。但是，艺术欣赏的创造性并不是漫无边际随意展开的，欣赏是建立在创作的“意向”基础之上的。对于建筑欣赏而言，这种意向是由设计者发出的，并通过一定的建筑形式使之及于大众。如果这种信息能够被人们所感应、所接受、所理解，那么设计者和大众之间就会产生共鸣。这种共鸣正是艺术感染力的一种表现。共鸣的程度越大，感染力就越强。

3.1　建筑造型与建筑欣赏的基本原则

建筑造型设计着重研究建筑物的体量大小、体形组合、立面及细部处理等。在满足实用功能和经济合理的前提下，运用不同的材料、结构形式、装饰细部、构图手法等创造出建筑的意境，从而不同程度地给人以庄严、挺拔、明朗、简洁、朴素、大方、亲切的印象。加上建筑物通常具有一定的体量，与人们目光接触频繁，因此具有独特的表现力和感染力。

建筑造型设计不能离开物质技术发展水平和特定的功能、环境而任意塑造，它在很大程度上要受到使用功能、材料、结构施工技术及周围环境的制约。因此，每一栋建筑物都具有自己独特的形式和特点。除此之外，还要受到不同国家的社会条件、生活习惯和历史传统等各方面综合因素的影响，建筑外形不可避免地要反映出特定历史时期、特定民族和地区的特点，使之具有时代气息、民族风格和地区特色。只有全面考虑上述因素，运用建筑艺术造型构图规律来塑造建筑体形，才能创造出真实、纯洁、具有强烈感染力的建筑形象。

由此可见，人们在欣赏建筑艺术的时候，应当全面地、综合地、理性地分析建筑的各方面影响因素，以不同的角度和不同的层次为着眼点，辩证地进行审美。既要全面地看问题，又要抓住重点，注重建筑的社会、经济和环境的综合效益，这样才能对建筑艺术有一个相对客观而全面的评价。

3.1.1 建筑艺术的形式美法则

在日常生活中，人们对一幢建筑的外观形象总是会产生美与不美的印象。究竟什么样的建筑才算美？如何才能创造形式美的建筑？这是每一个设计人员都非常关心的问题。人们要创造出美的建筑，就必须遵循建筑美的法则，如统一、均衡、稳定、对比、韵律、比例、尺度等。不同时代、不同地区、不同民族，尽管建筑形式千差万别，尽管人们的审美观各不相同，但这些建筑美的基本法则都是一致的，是被人们普遍承认的客观规律，因而具有普遍性。

(1)统一与变化

建筑物在客观上普遍存在着统一与变化的因素。一座建筑物的不同组成构件，如何处理它们之间的相互关系，就成为建筑造型中的一个非常重要的问题。所谓“多样统一”、“统一中有变化”、“变化中求统一”都是为了取得整齐、简洁、秩序而又不至于单调、呆板，体形丰富而又不致杂乱无章的建筑形象。

统一与变化是古今中外优秀建筑师必然要遵循的一个共同准则，是建筑形式美的一条重要原则，也是艺术领域里各种艺术形式都要遵循的一般原则。它是一切形式美的基本规律，具有广泛的普遍性和概括性。其他如主从、对比、比例、均衡等构图要点，实际上是统一与变化在某一方面的体现，或者说是作为达到统一与变化的手段。

①以简单的几何形状求统一

任何简单的容易被人们辨认的几何形体都具有一种抽象的一致性，如圆柱体、圆锥体、长方体、正方体、球体等，这些形体常常用于建筑上。由于它们的形状简单、明确与肯定，是统一和完整的象征，因而可以引起人的美感。古代许多著名建筑都曾借这些简单的几何形状而获得高度的统一，如我国古代的天坛(图

3-1)、罗马的万神庙(图 3-2)均以简单的几何形体而给人以明确统一的印象。

图 3-1　天坛

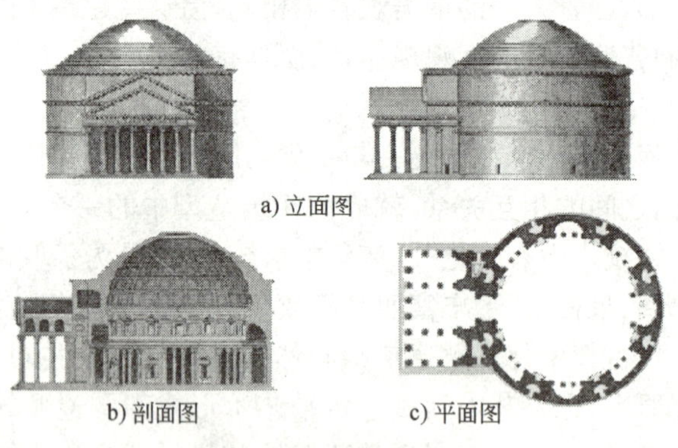

a) 立面图

b) 剖面图

c) 平面图

图 3-2　罗马的万神庙

②主从分明，以陪衬求统一

复杂体量的建筑，根据对其功能的要求，常包括有主要部分和从属部分，如果不加以区别对待，则建筑必然显得平淡、松散，缺乏统一性。在外形设计中，恰当地处理好主要与从属、重点与一般的关系，使建筑形成主从分明，以次衬主，就可以加强建筑的表现力，取得完整统一的效果。如意大利文艺复兴时期建造的圆厅别墅，以高大的圆厅位于中央，四周各依附一个门廊，无论是平面布局或是形体组合，都匀称严谨，主从分明，具有高度的完整统一性(图 3-3)。斯德哥尔摩市政厅，低矮的两翼依附于转角处的高塔，虽然左右不对称，但主从关系确是十分明确的（图 3-4）。

图 3-3　圆厅别墅

图 3-4　斯德哥尔摩市政厅

（2）均衡与稳定

均衡与稳定也是建筑构图中的一个重要原则。均衡主要是研究建筑物各部分前后左右的轻重关系，并使其组合起来给人以安定、平稳的感觉；稳定则指建筑整体上下之间的轻重关系，应给人以安全可靠，坚如磐石的效果。均衡与稳定是相互联系的。

静态的均衡有两种基本形式：一种是对称形式，另一种是非对称的形式。对称的建筑是绝对均衡的，通常以中轴线为中心两侧对称，取得完整统一的效果，给人以端庄、雄伟、严肃的感觉，常用于纪念性建筑或者其他需要表现庄严、隆重的公共建筑，如日本东京都新市政厅大厦(图 3-5)。不对称的均衡虽然相互之间的制约关系不像对称形式那样明显、严格，形式却更加生动活泼，如雅典卫城山门，沿轴线两侧的建筑并不对称，胜利神庙与山门略呈偏斜的位置，削弱自己独立性而却取得了均衡(图 3-6)。

图 3-5　日本东京都新市政厅大厦

图 3-6　雅典卫城山门

古典建筑较多地追求静态的均衡，而很多近现代建筑还常常从动态的均衡来塑造建筑形体。如悉尼歌剧院，建筑伸向水中，采用三组薄壳作为屋顶，效仿船帆的形式，既保持了均衡，又有强烈的动感(图 3-7)。莱特设计的古根汉姆美术馆，螺旋形的展厅上大下小，而且偏于建筑物的一侧，如果用评价古典建筑的观点来看，既不稳定又不均衡，但联系到近代技术的发展和人们审美观的变化，从动态均衡的观点来看则全然没有上述缺陷，反而使人感受到一种活力(图 3-8)。

图 3-7　悉尼歌剧院

图 3-8　古根汉姆美术馆

(3)韵律

韵律是任何物体各要素重复或渐变出现所形成的一种特性，这种有规律的变化和有秩序的重复所形成的节奏，能产生以条理性、重复性、连续性为特征的韵律感，给人以美的享受。

建筑物由于使用功能的要求和结构技术的影响，存在着很多重复的因素，如建筑形体、空间、构件乃至门窗、阳台、凹廊、雨篷、色彩等，这就为建筑造型提供了很多有规律的依据，在建筑构图中，有意识地对这些构图因素进行重复或渐变的处理，能使建筑形体以至于细部给人以更加强烈而深刻的印象。图 3-9 为上海金茂大厦，逐渐收缩的檐口不仅使建筑形体具有渐变的韵律，还丰富了高层建筑的外轮廓线。

图 3-9 上海金茂大厦

(4)对比

对比是指要素之间显著的差异。对比借相互的差异互相烘托、陪衬而突出各自的特点以求得变化。在彼此衬托下，其形、色更加鲜明，大者更觉其大，小者更觉其小，深者更觉其深，浅者更觉其浅，给人以强烈的感受、深刻的印象。

建筑造型设计中的对比，具体表现在体量大小、高低，不同形状、方向，线条曲直横竖，虚实、色彩、质地、光影等方面。对比强烈，则变化大，感觉明显，建筑中很多重点突出的处理手法往往是采取强烈对比的结果；对比小，则变化小，易于取得相互呼应、和谐、协调统一的效果。因此，在建筑设计中恰当地运用对比的强弱是取得统一与变化的有效手段。如著名建筑师贝聿铭设计的肯尼迪图书馆具有鲜明的雕塑性，白色的实墙与深灰色的玻璃形成了强烈的对比，更为图书馆的建筑风格增添了戏剧性(图 3-10)。

(5)比例

比例是指长、宽、高三个方向度量之间的大小关系。在建筑中，无论是整体还是局部，或是整体与局部之间、局部与局部之间都存在着比例关系。良好的比例能给人以和谐、完美的感受；反之，比例失调就无法使人产生美感。

图 3-10　肯尼迪图书馆

一般来说，以几何关系的制约性来处理建筑可获得良好的比例。如圆形、正方形、正三角形等简单的几何图形，由于具有确定的比率而产生和谐统一的效果。如图 3-11 所示巴黎凯旋门，建筑物的整体轮廓为一正方形，立面上若干控制点分别与几个同心圆或正方形相重合，因而它的比例具有严谨的形式美。另外，“黄金分割”的比例关系（即长宽之比为 1∶1.618）被认为是最理想的长方形；大小不同的相似形，它们之间对角线互相垂直或平行，由于具有“比率”相等而使比例关系协调。因此，在建筑中，有意识地注意几何形体的相似关系，对于推敲和谐的比例是有帮助的。

图 3-11　巴黎凯旋门

(6)尺度

和比例相联系的另一个范畴是尺度。尺度所研究的是建筑物整体与局部给人感觉上的大小与其真实大小之间的关系。这两者如果统一,建筑形象就可以反映出建筑物的真实大小;如果不统一,建筑物的真实大小就会被歪曲。

在建筑中,人们常常以人或与人体活动有关的一些不变因素如门、台阶、栏杆等作为比较标准,通过与它们的对比而获得一定的尺度感。如窗台、栏杆高度一般为900～1 000mm,门扇高度为2 000～2 400mm,踏步高为150～175mm等,通过这些固定的尺度或人与建筑整体或局部进行比较,就会得出很鲜明的尺度感。在建筑造型中,尺度的处理通常有三种方法:

①自然的尺度。以人体大小来度量建筑物的实际大小,从而给人的印象与建筑物真实大小一致,常用于住宅、办公楼、学校等建筑。

②夸张的尺度。运用夸张的手法给人以超过真实大小的尺度感,常用于纪念性建筑或大型公共建筑,以表现庄严、雄伟的气氛,如南京中山陵(图3-12)。

图3-12　南京中山陵

③亲切的尺度。以较小的尺度获得小于真实的感觉,从而给人以亲切宜人的尺度感,常用来创造小巧、亲切、舒适的气氛,如园林建筑(图3-13)。

图3-13　园林建筑

3.1.2 建筑欣赏

艺术创造的目的，主要是实现它的审美价值，满足人们的心灵渴求和精神需要。艺术在其发展的过程中，形成了诸多的表现形式，建筑也是其中一种古老的艺术，常常被人们誉为“凝固的音乐”。建筑艺术与人们的生活息息相关，它是艺术和技术的高度结合。建筑在为人类创造丰富多彩的物质空间的同时，也在为人类创造美的精神生活。特别在我国当今社会发展的情况下，人们的物质生活已经得到了相当程度的满足，对精神文化的追求成为更高的生活目标。这样，对于人们来说，学会欣赏周围时时接触的、与自己生活密切相关的建筑艺术，具有非常重要的现实意义。

(1)从社会历史文化层面进行建筑欣赏

建筑风格也和所有的艺术一样，总离不开人们所处的社会历史背景。古希腊罗马柱式严谨地模仿了人体的度量关系，充满了对现世人体的热情讴歌，如图3-14所示雅典卫城帕提农神庙复原图，采用多立克柱式，展现建筑如同男性一般的阳刚之美，反映了对人本主义世界观和对理性美的崇拜。而到了19世纪，由于工业革命、机械化大生产给人类社会带来巨大的成果，在建筑领域也崇尚“机器美学”，摆脱传统建筑形式的束缚，适应于工业化社会的条件和要求的国际式的方盒子建筑因此而生。现代建筑大师柯布西耶就宣称“建筑是居住的机器”，并设计了著名的马赛公寓(图3-15)，具有鲜明的理性主义和激进的色彩。

图3-14 雅典卫城帕提农神庙复原图

不同国度、不同地域、不同民族，经过长期的实践和发展形成各自不同的建筑风格。中国古典建筑以木材为建筑材料，充分发挥木结构的可能性和特点，创造了细致、深秀、坚韧、柔美的建筑风格。同时重视多个建筑之间整体的有机安排，运用婉转、舒缓的建筑节奏韵律和凝重、自然的建筑装饰设计，给人以亲切、安闲、舒适的审美心理感受，体现了中国思想文化的“天人合一”与含蓄之美(图 3-16)。西方古典建筑运用石头、混凝土等建筑材料，以夸张的造型和撼人的尺度展示建筑的永恒与崇高。那些精密的几何比例，那些充满张力的穹窿与尖项，那些傲然屹立的神殿、庙坛，处处皆显示出一种与自然的对立和征服。每一座单体建筑，都不遗余力地表现自己的风格魅力，反映了西方传统文化中重视主体意识，强调个体观念的文化思想(图 3-17)。

图 3-15　马赛公寓

图 3-16　承德避暑山庄

图 3-17　米兰大教堂

(2)从建筑技术层面进行建筑欣赏

建筑技术的进步不仅促成了建筑艺术的发展，而且往往成为建筑艺术发展的前提和依据。从我国传统建筑历史来看，早期的大体量建筑无法用木结构来实现，秦汉的宫室就以高台式的处理来满足建筑艺术上的需要；当以斗拱为技术核心的木结构体系成熟之后，唐宋时期建筑艺术成就才达到极高境界(图3-18)。从西

图 3-18　应县木塔

方建筑历史来看，金属工具、运输技术、雕刻工艺造就了古希腊神庙的典雅；拱券结构和天然混凝土的应用造就了古罗马建筑的宏伟，使集中式构图的艺术处理手法趋于完善(图 3-19)；肋骨拱、飞扶壁等技术的采用使哥特建筑影响空前；生铁和钢的工业化生产，使水晶宫这样崭新的建筑形象成为可能(图 3-20)；而钢筋混凝土结构技术、钢结构技术、玻璃技术的发展和成熟已经把人类带进了现代建筑的全新领域。

图 3-19　罗马斗兽场

图 3-20　伦敦水晶宫

(3)从建筑美学的多元化倾向进行建筑欣赏

由于当代审美观和建筑美学追求的多元化倾向，传统建筑美学着重研究的“美感”范畴已被拓展。与构图均衡、比例和谐及视觉上的舒适度这些传统要素相比，当代审美观更加重视建筑艺术的“表现力”。例如，弗兰克·盖里设计的毕尔巴鄂古根海姆博物馆，自由的扭曲、翻转、切割表达了解构主义建筑师对建筑本质和审美体系的重新定义，反映了建筑师的情感和思想，具有强烈的表现力（图 3-21）。新锐建筑师扎哈·哈迪德的建筑常以夸张的变形、强烈的动感，表现一种“具有倾向性的张力”，给人们带来前所未有的压倒性的视觉冲击力（图 3-22）。对这类建筑的欣赏不能简单地评价其是否优美，应当看到它们为我们提供了一个以往不曾涉及和想象的空间和渠道，因此具有不同程度上的美学价值，这也是当代多元审美观的重要方面。

图 3-21　毕尔巴鄂古根海姆博物馆

图 3-22　维特拉消防站

建筑艺术风格的多元化也和社会意识形态、经济形态多元化一样，是时代的要求，是发展的必然结果，人们总是希望生活能够丰富多彩，对建筑艺术的欣赏也就往往取决于人们不同的审美趣味。只有全面、综合、理性、辩证地分析建筑各方面的影响因素，才能对建筑艺术有一个相对客观而全面的评价。

3.2 建筑功能与造型

建筑是为了满足人们生产和生活需要而创造出的物质空间环境。一定的功能目的,需要与之相应的平面与空间形式。建筑形象反映建筑内部空间的组合特点,建筑造型紧密地结合功能要求,这正是建筑艺术有别于其他艺术的特点之一。根据使用功能的要求,结合物质技术、环境条件确定房间的形状、大小高低,并进行房间的组合。而室内空间与外部体形又是互相制约不可分割的两个方面。因此,各类建筑由于使用功能的千差万别,要求的室内空间不同,必然导致不同的外部体形及立面特征。

3.2.1 现代城市住宅的造型

现代住宅是城市中建设量最大的建筑类型,往往最能反映城市的形象、风格和特点。

(1)现代城市住宅的造型特点

现代城市住宅大多采用单元式组合方式,是以一户或几户为一个完整的功能单元,最后组合叠加而成的。由于户型中的各个房间都要求采光、通风,因而形成了立面的规律性强,开窗大小都一样,同时具有简洁、干净、明快的立面特征(图 3-23、图 3-24)。

图 3-23 澳大利亚悉尼的高层住宅

随着建筑业的蓬勃发展,异彩纷呈的建筑作品在各地大量涌现。住宅作为其中开发量最大的建筑类型,尤其如此。

具有现代主义思想的现代风格的住宅,是目前采用比较多的建筑形式。一般和都市生活方式相符合,追求视觉美的感受、外貌特征的别具一格,讲求式样新颖、独特个性，以焕发出建筑艺术的光彩与魅力。大量住宅在立面上采用水平线脚、屋顶装饰、明快的色彩等，充分体现其大胆、开放、明快和奔放的都市气息(图 3-25、图 3-26)。深圳金海湾高层住宅(图 3-27)，建筑外观形象表现为反映海湾波浪的曲线形形体，在建筑主体采用同一平面叠加的方式，表达出简洁、统一的外观形象，而建筑上部作略微变化的平面叠加，并在阳台及窗上作适当的改变，使建筑的形象变得生动、活泼，取得了很好的效果。

图 3-24　某高层住宅

图 3-25　欧州某住宅

图 3-26　某多层住宅

(2)现代城市住宅顶部处理

现代城市住宅为丰富立面造型形成自身的特色，通常在顶部和底层作重点处理，形成三段式(图 3-28)。

图 3-27　深圳金海湾高层住宅

图 3-28　万科某住宅

住宅顶部以其自身的构成形态对建筑整体的形象产生巨大的影响，是建筑一个极其重要的要素，不同风格的建筑顶部形式是以各个时代和地区为背景的，并具有一定的演变规律和继承关系。建筑顶部的形体是由多种元素共同构建的，所以建筑顶部形体的设计手法也极为丰富。住宅顶端最早的处理方式“平顶式”，如图 3-28 所示。图 3-29 深圳“鸿瑞花园”住宅的坡顶是具有斜面视觉特征的一种原始而古老的屋顶形式，它在功能上最适宜于排水、减少积雪厚度，可用多种材料及不同色彩做出各种形式，形象异常丰富，有时还具有尖顶的意味。

图 3-29　深圳“鸿瑞花园”住宅

深圳蔚蓝海岸高层住宅紧临深圳湾，因位置独特，设计者为了表达亲水建筑的外观形象，在板式建筑的顶部使用了波浪形飘板的设计手法，寓意滔滔江水，形象独特(图 3-30)。

图 3-30　深圳蔚蓝海岸高层住宅

(3)现代城市住宅底部处理

现代城市住宅底部就像一个坚实的基座，它的“生根站稳”，不只在于视觉造型上的要求，而更重要的是要赋予建筑物底部合理的功能。“底”部空间设计的合理、造型意念的不俗，还会令人心旷神怡，使整个建筑充满活力、生机勃勃，因而应对底部空间作重点处理。

建筑的入口门厅外部加设门翩、雨棚等造型来强调入口，能减少压抑感并起到提示作用。底部的色彩与材质一般与主体的色彩与材质相似或相近，其形式则呼应整体的建筑风格。

如图 3-31 所示某住宅，底部附加了入口门廊，并用颜色加以区分各幢建筑，具有很强的标志性。

图 3-31　某住宅入口

不少高层住宅在入口底部一层以至几层做架空处理，其空间常常作为绿化、休息场所、儿童游戏场、楼房的入口等(图 3-32、图 3-33)。这种底部形式具有通透感强，布置灵活，弱化入口压抑感，与小区庭院空间、绿化、环境等相互渗透和呼应等特点，能有效地起到扩充城市过渡空间的作用。

图 3-32　某住宅底层架空

3.2.2 公共建筑造型艺术

公共建筑的类型很多，由于内部功能空间要求不同，造型也有很大的差异。

现代办公建筑、宾馆酒店建筑，除在局部设置较大尺度的会议室（厅）外，其内部房间基本一致，因而外形比较规整，通常在平整外形的基础上再通达某些线条、门窗的变化，使建筑物脱颖而出，给人一种清朗、简朴的造型，表达一种大度、高尚的意境。香港中银大厦（图3-34）共70层，体形简洁，是一个以三角形为主题组合的玻璃盒子，由著名华人建筑大师贝聿铭设计，它的最大特色是在形体处理上，设计成由四组向上伸展的三棱柱组合体，产生生动的外观。设计师从中国古代哲学中寻求灵感，从民间谚语“芝麻开花节节高”中得到启发，使建筑体现了某种隐喻，表达了人们追求步步高的美好愿望，展示中国银行的未来前程。

图 3-33　某高层住宅底部架空

图 3-34　香港中银大厦

商业建筑首要的是讲求商业效益，迎合大众口味。它不仅是购物与营销场所，而且还与人们的生活密切相关。现代商业建筑在追求商业利益的同时也特别关注社会价值、公共利益和文化品位，它强烈地影响着人们的生活模式。现代商业建筑除了一般的百货商场、商店外，一些大型、超大型的购物中心也应运而生，商业建筑已从简单的售卖空间扩展成为多样化的消费娱乐场所。重庆北城天街（图 3-35）位于重庆江北区观音桥商圈核心区域，一线黄金走廊，为了吸引购物者，设计为中央步行街。

a) 外观

b) 中央步行街

图 3-35　重庆北城天街

博览建筑是陈列、展览有关自然、历史、文化艺术、科学技术等方面的实物或标本的公共建筑。由于墙面下部需布置展品不能开窗和室内通风采光的要求，内部空间高度较高，因而体量庞大，外形较封闭。造型大多寓意馆的性质，突出内部功能特点。如自贡恐龙博物馆外形为抽象的恐龙（图 3-36）。重庆市中国三峡博物馆主体建筑气势宏伟，除正面与人民广场、人民大礼堂保持一体外，其余部分均顺地势地貌而建，并与山体融为一体，呈现出山水主题的园林景观，舒展平缓变化的体量，似从山体中生长雕琢而成（图 3-37）。

图 3-36　自贡恐龙博物馆

影剧院建筑作为一个地区或城市的大型文化设施，是群众文化娱乐活动的重要场所。由于剧场的大空间和高大突出的舞台，形成了独特的造型，大量人流的迅速集散要求有明确、宽敞的出入口和较大的室外场地；观众厅地面的起坡往往产生较大的室内外高差而形成高大的台阶，有的将观众厅地面坡度加大，利用后座底部空间作为门厅，从而节约了建筑空间和占地面积，这些都是剧场建筑功能要求所反映的造型特征。如上海大剧院（图 3-38），整幢建筑物晶莹、透明、典雅、壮观，其屋顶利用反凹曲面向天空展开，犹如中华民族的聚宝盆，承接来自宇宙对人类的恩则与智慧，象征着上海对世界文化艺术的热情追求。又如国家大剧院（图 3-39），建筑屋面呈半椭圆形，由具有柔和色调和光泽的钛金属覆盖，前后两侧有两个类似三角形的玻璃幕墙切面，整个建筑漂浮于人造水面之上，行人需从一条 80m 长的水下通道进入演出大厅；大剧院造型新颖、前卫，构思独特，是传统与现代、浪漫与现实的结合。

图 3-37　中国三峡博物馆

图 3-38　上海大剧院

交通建筑包含汽车站、火车站、海港码头、航站楼等，其造型与内部空间和外部交通组织的关系密切。大型交通建筑占地面积大，平面空间围绕旅客流线组织，形成了开阔、豪放的特有体形。上海浦东国际机场（图 3-40）位于长江入海口南岸的濒海地带，一半为海滩发育形成，一半为围海促淤造成，地势平坦。机场主楼建筑外形犹如一只展翅的巨型海鸥，具有很强的时代感和象征意义。

图 3-39　国家大剧院

图 3-40　上海浦东国际机场

3.3　建筑结构与造型

建筑造型是通过建筑实体来表达的，而建筑又是通过合理的技术手段来实现的。建筑与结构如同空间与实体，是相互依存、互为补充的关系，不同结构形式反映出不同的建筑造型特点。和谐的建筑蕴含着合理的结构，而合理的结构也能反映出和谐的建筑。当代建筑结构设计也已超越单纯的“结构支撑”，越来越重视结构本身的表现性，技术与艺术的有机交融构成了结构表现的主要内涵，如图 3-41 所示。

图 3-41　结构之美——雅典奥林匹克艺术长廊

3.3.1　不同结构形式的建筑造型特点

(1)木结构建筑的造型

木结构建筑类型丰富、结构和构造做法各异，具有很高的历史和艺术价值。由于木材自身的结构特点，其受弯、受压、受拉等力学性能很好，这给建筑艺术的创造带来了很大的余地，可创造出轻盈而多变的建筑造型。

中国传统的木构建筑在第一章已作了详细的叙述，除建筑个体的独特风姿外，充分适应自然地形条件，与周围环境融合在一起，也是木结构建筑造型的重要特征。重庆忠县石宝寨(图 3-42)，寨楼依山而建，飞檐展翼，极为壮观。建筑总体布局依山就势，局部处理灵活巧妙，创新大胆，匠心独具，是我国仅存的几座高层木结构建筑中，唯一用穿斗木结构的建筑。

图 3-42　忠县石宝寨

现代建筑中也有很多优秀木结构(或木结构与其他材料组合)建筑，如比利时马尔什昂法梅纳的林业培育材料 Wallon 分部(图 3-43),就是一座被木结构拱顶覆盖的建筑。结构的基本构件是双层的拱,由不同尺寸的长方形木条组成。建筑造型优美,光影丰富,暴露的木结构带来了丰富的美感,形成了一座近似于工艺品的作品。

a)外观

b)内部空间

图 3-43　法梅纳的林业培育材料 Wallon 分部

汉诺威世博会的大屋顶(图 3-44)把木构件拼接成一个兼具技术意象和艺术美感的作品。设计首先将木材制作成不同曲率的条形构件,然后依据各自在空间中的定位互相拼接,互相交叉的木骨架重复构成多层次的节奏感,无论从什么角度观察,这种形式的重复与变化带来的效果都非常成功。

图 3-44　汉诺威世博会的大屋顶

(2)砖混结构建筑的造型

中国传统砖石结构的运用历史悠久,大量使用砖始于秦朝,有秦砖汉瓦之说。由于砖石材料与木材相比更加坚固耐久,因而古代存留下来的各类砖石建筑的数量很多,如万里长城、古陵墓、纪念碑、石窟、民居等,有很高的历史和艺术价值。建于北魏正光元年嵩岳寺塔(图 3-45),是我国现存年代最早的密檐式砖塔,大塔整个外形呈现出优美的抛物线形，设计绝妙，堪称密檐式塔的经典之作。

图 3-45　嵩岳寺塔

现代砖石与钢筋混凝土混合结构(简称砖混结构)一般为中小型民用建筑所采用。由于受到墙体承重及梁板跨度的局限，室内空间较小，层数不多，开窗面积受到限制。这类建筑的立面处理通常由外墙面的色彩、材料质感、水平与垂直线条及门窗的合理组织等来表现。砖混结构建筑具有简洁、朴素、稳重的外观特征，常用于多层住宅和多办公建筑。图 3-46 为砖混结构多层住宅。

(3)钢筋混凝土框架结构建筑的造型

图 3-46　砖混结构多层住宅

钢筋混凝土框架结构由于墙体仅起围护作用，这就给空间处理赋予了较大的灵活性。由于它的立面开窗较自由，既可形成大面积独立窗，也可组成带形窗，甚至底层可以全部取消窗间墙而形成完全通透的形式。框架结构建筑具有简洁、明快、轻巧的外观形象，大量用于住宅、办公、教学楼。重庆大学建筑系馆(图 3-47)采用钢筋混凝土框架结构，设计结合地形高差，运用内庭院组织功能，创造了良好的室内外环境。该建筑造型简洁，体积感强，外墙饰面砖色彩与校园原有旧建筑一致，既取得了与老建筑的协调，又作为校园现代主义建筑的代表，成为校园一景。

图 3-47　重庆大学建筑系馆

(4)高层与新型结构建筑的造型

图 3-48　芝加哥西尔斯大厦

高层建筑造型由于建筑功能、建筑所处环境、观看建筑的视觉效果和技术等因素影响而有所不同。然而不论是在什么时期，也不论其风格流派如何变化，从高层建筑的视觉效果分析，不难看出，由于近距离很难反映高层建筑的全貌，因而高层建筑造型比较注重建筑的整体性、简洁性和可识别性。特别是一些超高层重要建筑，为了突出其标志性，强调建筑的顶部处埋，以突出在城市中的识别性。如1974 年建成的芝加哥西尔斯大厦(图 3-48)，高 443m，地上 110 层，地下 3 层；由 9 个相同的正方形组成，每个正方形边长 23m；在 51 层以上切去两个对角正方形，67 层以上切去另外两个对角正方形，91 层以上又切去三个正方形，只剩下两个正方形到顶，这样随层数增加而分段收缩，符合结构要求，造型也独具特色。

近年来，随着材料、结构、技术的飞跃发展，各种新型结构的大量运用，更加丰富了建筑物的外观形象，使建筑造型千姿百态。位于西班牙加那利群岛的特内里费音乐厅(图 3-49)，由容纳 1 800 人的礼堂和一间可容纳 400 人的室内音乐厅构成。屋顶的形状由两个交叉的圆锥体构成，高 50m 且相互对称的内部框架外形是由一条曲线旋转而画出的椭圆。这一建筑的大部分空间使用混凝土建造，使得它的轮廓在很远的地方就可以看得到，特别是屋顶，就像一道翻滚的海浪从底部升起。

图 3-49　特内里费音乐厅

佐治亚穹顶(图 3-50)是目前世界上最大的索穹顶结构，1996 年被用于亚特兰大奥运会主体育馆，双曲抛物线形全张力穹顶的索穹顶结构，其屋盖平面为 240m×193m 的椭圆形，屋面有多个不同坡度的凸起，铺上特氟隆玻璃纤维材料后远看像群山起伏，俯瞰像钻石。

图 3-50　佐治亚穹顶

CCTV 新大楼(图 3-51)用两条高 14 层、跨度分别达到 67m 和 75m 的悬臂在 162m 的高空连接的做法构成整个建筑的体量，惊世骇俗的结构造型在带来前所未有的建造难度的同时，也代表着 CCTV 和“大国崛起”的勃勃雄心。

图 3-51　CCTV 新大楼

上海世博会中国馆(图 3-52)用

巨型梁柱构件组合一座“形如冠盖,层叠出挑,制拟斗拱”的建筑,四面出挑 35m 的结构由层叠的横梁组成,外观以“东方之冠”的构思主题,表达中国文化的精神与气质。

图 3-52 上海世博会中国馆

3.3.2 外露结构体现建筑的特殊造型

结构的美在于其对科学的表达,通过对结构体系的暴露,向人们传达结构的理性和特色,因为很多结构构件本身就具有非常优美的形态,值得作为重点来表现。被暴露出来的结构往往能反映建筑内部特有的功能,表达建筑的高科技、高技术和特殊的美。很多建筑,我们能够从其造型,或者仅仅从其立面上就能感受到结构与力的关系。大跨度大空间结构建筑因其本身结构所占比重较大,而坦率地把结构暴露在外,自然形成了建筑的外观,而高层建筑受到垂直受力特点的影响,在暴露结构与形式构成方面也有其特殊优势。

由诺曼·福斯特设计的香港汇丰银行大楼(图 3-53)高 178.8m,共 54 层,采用了新式的悬挂结构体系,建筑造型别具一格。大楼在竖向被分为数个区间,各区间楼层悬挂在两层高的巨型桁架上,再由桁架传递到跨度 18.4m 的 8 组组合钢柱上。这座建筑的巨型桁架梁和巨型组合钢柱外露,其强劲的建筑造型反映了结构的内涵和力的传递,展示了现代科技发展的成果和技术至上的设计思想。日本东京世纪塔(图 3-54),也采用了巨型桁架体系。该建筑的桁架结构体系在建筑的内外部被完整地暴露,特别是建筑正面上的巨型桁架,给建筑带来了巨大的尺度感,立面构成简洁,充分显示了现代感与标志感。

图 3-53 香港汇丰银行大楼

图 3-54 日本东京世纪塔

巴黎蓬皮杜文化中心(图 3-55)外部造型独到、别致,颇具现代风韵。这座博物馆将所有柱子、楼梯、管道等一律请出室外,整座大厦看上去犹如一座被五颜六色的管道和钢筋缠绕起来的庞大的化工厂房,使蓬皮杜文化中心与周围古典风格的建筑形成鲜明对比。

图 3-55 蓬皮杜文化中心

瓦伦西亚科学城的科学博物馆(图 3-56)将悬臂梁、斜梁、拱梁、V 形支柱等构件处理成动物骨骼的形状,然后有机结合在一起,形成一副巨大的动物骨架。这座建筑的结构构件处理得相当细致:斜梁为平缓的曲线,拱梁截面四角都做了圆滑的倒角,处理后的构件已成为建筑中的展品。

图 3-56　瓦伦西亚科学城的科学博物馆

3.4　建筑文化与造型

建筑作为一种文化,有两重性质。它既是文化的重要组成部分,又是文化的“载体”。建筑既能满足人们衣食住行的物质需要,更能体现政治、经济、科学、技术、宗教、哲学、艺术、美学等精神需求,还会表明不同时代、不同地域、不同民族的生活方式、思维方式、风俗习惯、社会心理的要求。这种综合性使建筑作为重要的载体,构成一个国家、民族的历史形象,成为人类历史阶段发展水平的重要标志。

现代建筑文化与传统建筑文化的区别,在于文化发展、演进过程中的开放性和交流性。传统建筑文化通常是在不同程度的相对封闭的状态下的重复的自我循环和演进,体现了强烈的区域性的影响——世界各地传统的民族建筑、地域建筑,就反映了区域性的历史特征。现代建筑文化的特点是开放的时代性要求下的多元兼容,强调交流和共生,体现多元文化的“和而不同”。

宗教文化对建筑文化的影响是比较特殊的例子。宗教文化本身具有相对的独立性和特殊的传承性。宗教文化的发展与时代性和地域性都有关联,但在时代性中又具有更严谨的延续性,在受地域性影响的同时具有超越地域环境的共性。

3.4.1 宗教文化与建筑造型

宗教建筑是各种宗教活动的场所要素。作为一种意识形态的客观存在，不同的宗教文化，其宗教思想、宗教感情、宗教信仰、宗教仪式等要素，在宗教建筑的建造和使用过程中具有重要的影响。随着现代社会生活和思想意识的演进发展，宗教的理论和礼仪也在逐渐演进。不同的宗教文化，对宗教场所以外的世俗生活场所和建筑文化，也有不同程度的影响。

(1)基督教文化与教堂建筑

基督教是一神论的宗教，在历史进程中分化为许多派别。其主要的宗教聚会场所是教堂。欧洲古代的建筑历史在相当长的历史时期都是由教堂扮演了主角。教堂的重要作用是作为聚众讲道的场所，其平面形式主要有厅堂式、集中式和十字式。十字式的平面因为有特殊的宗教寓意而被广泛采用。

不论其平面形式如何，在漫长的历史演进过程中，教堂始终都坚持了对于集中式厅堂大空间的追求。拜占庭时期的教堂为此增加或者扩大了方形厅堂上方的穹窿，并使它成为建筑造型的中心。如著名的圣索菲亚大教堂(图 3-57)，位于土耳其的伊斯坦布尔，公六 335 年由君士坦丁大帝首建，其大圆顶下室内无柱的大空间，让人联想和仰望天界的美好与神圣。圣索菲亚大教堂的大圆顶离地 55m 高，而且在 17 世纪圣彼得大教堂完成前，它一直是世界上最大的教堂。这座教堂 15 世纪后改建成为伊斯兰教的清真寺，增加了四座尖塔。这种在方形厅上加穹窿的做法在随后东欧的教堂中被广为效仿。而穹顶最著名的例子是后来文艺复兴时期伯鲁乃涅斯基在 1420 年设计的意大利佛罗伦斯大教堂的穹顶(图 3-58)，使这一教堂成为几个世纪里的标志性建筑。

图 3-57　圣索菲亚大教堂

图 3-58　意大利佛罗伦斯大教堂的穹顶

基督教建筑艺术里最具有艺术魅力的是哥特式建筑。早期的教堂，其建筑厅堂部分的结构为梁柱结构，后来转而使用便于创造大空间的拱结构。为减轻结构自重，拱结构又逐渐向肋架拱转变。哥特时期为平衡拱的推力，创造性地在肋架拱的基础上使用了尖拱和飞扶壁组合的方式，教堂的内部空间被拉高，而飞扶壁解放了原有的承重外墙，彩色的花窗替代了墙，光线以瑰丽的形式进入了原来教堂里阴暗的空间，改变了罗马风时期教堂内部晦暗的景象。室内空间在尖璇的引导下高不可攀、轻灵浮动，似乎指向神圣飘渺的天国，产生接近神灵的感觉。教堂建筑内外空间的塑造与技术和宗教文化实现了完美的结合，造型追求轻盈、飞升的强烈动感，成为哥特式建筑最大特点，如著名的巴黎圣母院(图 3-59)。哥特式教堂也以其独特的宗教魅力的塑造，成为中世纪基督教教堂造型的典范。由于哥特式教堂的结构荷载最终传递给了底层的外墙，使得它们的外墙非常厚重。为了避免厚墙的压抑感，底层入口的门往往做成层层推进的样式，并进行精细的雕饰，与模仿内部尖璇空间的窗棂一起，成为哥特式教堂特有的外部表情。图 3-59b)为巴黎圣母院的主入口门洞，呈尖拱状与室内造型呼应，门头线层层后退，形成深深凹入的门龛。中间的门龛最大，中心是基督的人像柱，门龛雕饰的内容是“最后的审判”。

在罗马风时期，教堂前两侧开始修建钟塔。后来，随着哥特式建筑追求高耸向上的视觉动感，钟塔在一些教堂中越来越高，夸张的钟塔在宗教十字式平面的建筑中甚至成为造型的主体，“消隐”掉背后的建筑体量。图 3-60 为著名的德国科隆大教堂。这座哥特式天主教堂，有一对雄健高耸的尖顶钟塔，给人留下很深刻的印象。钟塔是当时法国普遍采用的屋顶方式。

a)巴黎圣母院钟塔立面

b)巴黎圣母院入口的门龛造型

图 3-59　巴黎圣母院

a)科隆大教堂鸟瞰

b)科隆大教堂尖塔

图 3-60　科隆大教堂

(2)伊斯兰文化与建筑造型

伊斯兰教形成于公元 7 世纪的西亚,是融东西方文化、由麦加人穆罕默德创立的一神教,信奉安拉为唯一的真神。建筑是伊斯兰民族和文明共同个性的体现。伊斯兰建筑庄重而富于变化,雄健而不失雅致。虽然由于地区和年代的不同而形式各异,但仍保持着鲜明的宗教和民族共性,主要体现在韵味十足的穹窿、多种拱造型的门窗和长廊,以及装饰艺术中丰富灿烂的伊斯兰式纹样。

用大小穹顶覆盖主要空间是伊斯兰建筑造型的重要特征。纪念性建筑的穹顶位于中央部位，力求高耸，穹顶下加一个鼓座，成为整个建筑造型的中心。清真寺是伊斯兰建筑的最突出代表。通常，清真寺的中心是一座有巨型穹顶的集中式形制大殿，周围有若干小穹顶环抱，大殿前有一个开阔的广场，尖塔矗立四边。伊斯兰教的膜拜方向只能朝向麦加的卡巴神殿，并在膜拜的墙面设一个"神龛"。神龛旁有高高的讲坛，庭中有清泉一道，供膜拜前净身。庭院和水是伊斯兰建筑中重要的场所要素，具有丰富的空间意向。

清真寺中的宣礼塔是清真寺建筑的装饰艺术和标志之一。图 3-57 圣索菲亚大教堂从基督教堂改为伊斯兰教的清真寺后，就增加了四座尖塔。各寺中塔的数量不等，布局多样。图 3-61 是位于土耳其伊斯坦布尔的蓝色清真寺，是伊斯兰世界最奢华、宏美的建筑之一，完工于 1617 年。它拥有六座尖塔，其内壁的两万多块蓝色调的彩釉瓷砖嵌饰，阳光通过透光性能极强的 260 扇窗户射入使彩釉内壁色彩灿烂，熠熠生辉。

图 3-61　伊斯坦布尔蓝色清真寺

伊斯兰建筑有着韵味十足装饰灿烂的建筑细部，其门窗开口多采用拱形的凹入式造型，为建筑带来虚实变幻的立体感，长廊的造型也以各种拱形相呼应。著名的泰姬玛哈陵(图 3-62)是伊斯兰建筑的优美典范。这是莫卧儿王朝第五代君王沙・贾汗历时 20 多年动用 2 万名工匠为他美丽的妻子泰姬・玛哈尔修建的陵墓。陵墓的东西两侧屹立着两座形式相同的清真寺翼殿，用红砂石筑成，顶部是典型的白色圆顶。泰姬陵位于傍河的花园正中，四周有四座高约 41m 的岗哨似的宣礼塔，主体建筑呈八角形，中央是高达 62m 的半球形圆顶，中心的亭阁由四座八角形的塔支撑，正立面一个巨大敞开的穹窿门厅升高成为立面的中心。宽阔的台基、全身洁白的大理石、均匀对称的形体，倒映在建筑前方的水面上，使泰姬陵具有一种寂静的、令人屏息的完美，被泰戈尔形容为“永恒面颊上的一滴眼泪”。

图 3-62 泰姬陵

(3)佛教文化与建筑

佛教产生于公元前 6 世纪末的古印度，随后流传和盛行于东亚地区，与基督教、伊斯兰教并称为世界三大宗教。佛教东传后，在吸收了各地文化的基础上进行了不同的演化。

佛教看轻物质，提出“四大皆空”，并不注重佛教建筑物质形态的严格性，东传后“入乡随俗”，加入了诸多的本土文化内容。如中国最著名的古代建筑之一——藏传佛教圣地布达拉宫，就是藏式建筑的杰出代表(图 3-63)。这里是西藏历代达赖喇嘛进行政治、宗教活动和居住的场所，是集合了宫殿、佛堂和灵塔殿等的多层建筑群。整个建筑依山修建，规模宏大，巍峨壮观，被誉为世界屋脊的明珠。而中国中原地区佛教寺庙基本多采取内向的多进院落形式，和同时期传统建筑空间形态一致。其殿堂建筑也反映中国同时期传统建筑的技术和空间造型。图 3-64 为中国现存最古老的木建筑——山西五台县的南禅寺大佛殿。日本的建筑文化深受中国历史文化的影响。图 3-65 为日本法隆寺的金堂和五重塔，建于公元 607 年，相传其佛寺及佛塔的建造技术及风格受到同时期中国建筑的影响。在禅宗的影响下，日本本土建筑文化开辟了新纪元。禅宗美学意识中的“空”和“寂”，深深地融入到日本社会文化生活的各个层面。在建筑创作中，则是追求一种静、虚、空灵的境界。

图 3-63　中国拉萨布达拉宫建筑群

图 3-64　中国山西五台南禅寺大佛殿

图 3-65　日本法隆寺的金堂和五重塔

佛塔是佛教建筑中非常重要的构成。在佛教兴盛的时代，各处都兴建寺庙，有寺必有塔。“窣堵坡”是最早的佛塔。印度桑奇窣堵波(图 3-66)是现存最早、最大而且最完整的佛塔，距今已有 2 000 多年的历史，是一个半球形、缺乏内部空间但却十分独特的建筑物。其造型借鉴了古印度北方竹编抹泥的半球形房舍，中央是覆钵形的砖石砌成的半球体坟冢，球体直径 32m，高 12.8m，立在一个直径 36.6m、高 4.3m 的圆形台基上，表面镶贴着一层红色砂石。其整体造型中的不同部分含有佛教中的相关寓意，具有浓厚的象征主义色彩。桑奇窣堵波在笃信佛教的印度人民心目中享有极其崇高的地位。

图 3-66 印度桑奇窣堵波

佛塔本来是埋藏佛骨舍利子的，传入中国后历经演变，既有周边地区佛塔风格的传承和延续，也创造了新的风格。如图 3-67～图 3-70 分别为中国佛塔形式

图 3-67 北京真觉寺金刚宝座塔

中常见的金刚宝座塔、楼阁式塔、密檐塔、喇嘛塔。除了这些在我国常见的佛塔形式，随着佛教的广为流传，还有其他许多具有丰富象征意义的佛塔形态，尺度和形制不一，展现了多彩的佛教建筑艺术。

图 3-68　西安大雁塔

图 3-69　北京天宁寺塔

图 3-70　喇嘛塔

3.4.2　传统地域文化与建筑造型

地域文化是建筑文化的重要构成，也是特定地域的历史文化积淀在一定空间范围的体现。客观存在的地域条件，在不同的地理环境、自然气候下，通过长期栖息于此的人们在生活、生产过程中不断积淀，形成独特的地域文化，也造就了建筑的地域特色。

中国丰富的传统地域建筑文化，就促成了丰富多姿的传统地域建筑创造。中国幅员辽阔，气候条件和地形地貌多样，并且具有相对完整和独立的多民族文化构成。传统地域文化对民居在造型艺术方面也产生了重要的影响，形成了丰富多彩的民居建筑。如北方的四合院、窑居，南方的徽居、苏居、客家民居，以及具有民族和地域特色的蒙古包、吊脚楼、“一颗印”、竹楼、碉楼、“阿以旺”等建筑类型。

中国北方的四合院以北京四合院为代表。这种民居有正房(北房)、倒座(南座)、东厢房和西厢房四座房屋在四面围合，形成一个口字形，里面是一个中心庭院。北京四合院在房屋功能布局、出入口定位、内外空间序列组织等方面形成了中国内向型院落建筑的规整形制，蕴含了中国传统建筑文化的哲学观，并合于礼制需要，充分体现了中国宗法社会居住习俗对空间形式的影响(图 3-71)。

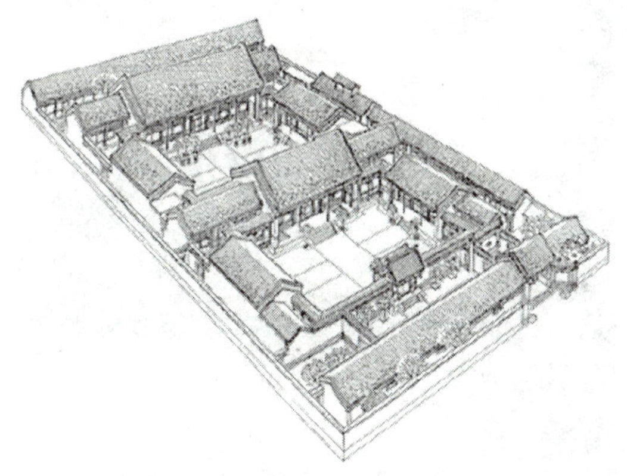

图 3-71　北京四合院

同样是院落民居，徽居与北方四合院却风格迥异。徽居指安徽南部徽州地区保留至今的明末清初住宅，一般是有狭小天井的四合院或三合院，以 2 层楼房为主。形式简单而变化丰富的马头墙是徽居外部造型的一大特色。在聚居的情况下，为了避免火患的蔓延，外部用高于屋面的阶梯形或弓形马头墙使建筑相互隔断，因此也称作封火墙。图 3-72 是常见的一种马头墙形式。马头墙上设瓦檐，在层层叠落中显得错落有致、黑白辉映，具有明朗素雅、层次分明的韵律美。曾有诗非常贴切地描述徽居的建筑特色:“青砖小瓦马头墙，回廊挂落花格窗”。图 3-73 是被列为世界文化遗产的安徽黟县宏村传统民居。

图 3-72　具有隔火作用的马头墙

图 3-73　安徽宏村传统民居

客家土楼是具有“防御性”的聚族而居的传统民居代表。土楼主要分布在福建省的龙岩、漳州等地区。客家人每到一处，本姓本家人总要聚居在一起。而由中原迁移到闽南，带来中原的四合院形式，又因客家人居住的大多是偏僻的山区或深山密林之中，出于防卫需要建造厚土墙，形成了对外封闭对内开敞的城堡式居住建筑(图 3-74)。客家土楼有方楼和圆楼两种。同样是生土建筑，窑洞式民居则是在黄土断崖地区挖掘横向洞穴作为居室，或者与地面房屋结合形成院落，也可以在平地上向下挖深坑形成地坑院。

图 3-74　福建南靖土楼群

干栏建筑是中国西南传统民居中的主要类型。这些地区地处热带和亚热带，山峦重叠，气候炎热，雨水充足，植物生长旺盛，但平地少，湿度大，为了躲避蛇兽，建筑底层采用架空的方式，架空部分作为畜圈或者储藏杂物，人一般居住在二楼。西双版纳的傣族民居就是典型的干栏建筑(图 3-75)。吊脚楼则是西南山地传统民居中对干栏建筑的一种变化形式。山区平坝极为珍贵，居民建房时，多选择半山坡地以给耕作留出最大的平坦地块。由于在坡地上建造，一层正屋部分沿等高线布置，两侧的厢房多垂直于等高线扩展，往往利用坡地建吊脚楼，以吊脚的高低适应坡地变化，可以最大限度地减少建造的土方量，同时取得良好的防潮通风效果。这一客观条件促进了吊脚楼的发展和延续。吊脚楼被苗族、壮族、布依族、侗族、水族、土家族等民族在山地建筑中广泛采用，但由于民族文化的差异，在建筑布局和风格上有所差异。其屋顶和屋架形式、转角出挑、外廊细部、门窗、檐口等，都是各种吊脚楼造型处理的重要部位。由于吊脚楼的柱脚高低不同而建筑的主体标高平整统一，使得建筑整体造型得到“天平地不平”的形象描绘(图 3-76、图 3-77)。

图 3-75　傣族民居

图 3-76　渝东南土家族吊脚楼

图 3-77　吊脚楼适应地形高差的“吊脚”

我国西部的藏、羌民居因为其特殊的海拔高度，采用了具有气候适应性和防卫性的碉房式民居，如图 3-78 所示。碉房式民居是高原的住宅形式，用土或石砌筑，形似碉堡。西部高原多石少雨，属于干冷干热气候区，日温差变化较大。碉房一般为 2～3 层，有的在底层养牲畜，平屋顶用作晒台。2～3 层往往有木构挑楼伸出墙外。外墙下宽上窄，有明显收分，这样的收分有助于加强石砌建筑的抗震性能。碉房建筑聚落中最引人注目的是高高耸立雄伟挺拔的具有防卫功能的碉楼，如图 3-79 所示。

图 3-78 石砌碉房

图 3-79 羌寨碉楼和碉房

传统地域文化在世界各地都造就了丰富的传统地域建筑，是人类文化的珍贵财富，也给现代建筑提供了学习和借鉴。

3.4.3 现代多元建筑文化与建筑造型

广义的现代建筑文化包括了近代、现代和当代三个时期。现代建筑文化是以传统时期各区域所形成的区域性建筑文化的交流或交融为主要特征，传统时期所形成的区域性界限被冲破，且逐渐淡化。在现代建筑文化的发展交流中，呈现了前所未有的多元化局面。体现在建筑造型语言上，主要有对工业文化和新技术的表达、对地域文化和历史文脉的表现，以及对设计表现手法的各种探索。

对地域文化和历史文脉的表现，是建筑师在国际化大趋势下对地域化的追求和反思。

气候作为重要的环境因素具有相对的稳定性，深深地影响着地域建筑文化的形成。现代建筑对地域文化的传承与再创造中，气候、阳光、温度等自然地理条件成为建筑设计的一个重要出发点。成功的现代地域建筑的创造，表达出设计师对于建筑所处自然环境的一种被动的、低能耗的选择。如埃及建筑师哈桑法赛在设计中对传统土坯建筑的借鉴(图 3-80)。埃及传统的土坯墙导热性差，保温时间长，适于炎热而干燥的气候。哈桑法赛在此基础上改进为轻型土坯砖，并利用和革新传统建筑的通风效果，对木板帘、捕风窗和拱顶等传统建筑设计手法重新评价和利用，对传统空间形式进行改造、提升，使之符合现代生活方式又具有传统建筑的自然性。由于对本土建筑的积极尝试和成果，哈桑法赛于 1980 年获阿卡·汗建筑奖。1998 年建成的吉巴欧文化中心(图 3-81)，也是回应地域建筑文化的成功作品。该建筑位于南太平洋中心一个美丽的小岛上。设计师研究了当地传统棚屋建筑形式，结合当地生态环境和气候特点提取出“编织”的构

图 3-80 哈桑法赛的新地域建筑

筑模式，运用木材与不锈钢组合的结构形式，采用现代技术建造一组巨大“棚屋”，同时巧妙地将竹篓式造型与自然通风结合，极具当地土著文化的魅力。

图 3-81 吉巴欧文化中心

对地域文化和历史文脉的追求，还体现在造型上对传统建筑元素的提炼和运用、对传统文化的隐喻和象征。2004 年落成的台北国际金融中心(TAUPEI 101)(图 3-82)，以 508m 的结构高度成为新的世界第一高楼。它的塔楼造型设计中充满了对中国传统文化元素的提取和隐喻：在设计中运用了中国文化中“台”的观念；节节拔高代表了竹子节节高升和生生不息的重复伸展；主体塔楼构成“台”的每 8 层为一个单元，取自东方文化中“八为一斗”的吉祥含义；在“斗”的基本造型上以“如意”、“龙头”等中国吉祥图案进行细部装饰，赋予高楼外表以传统图腾的意义。设计者希望通过这些手法在代表现代技术的摩天大楼上营造中国式“喜悦的、热闹的、欢愉的、节庆的”意向，使其反映本土的文化特色。

图 3-82 台北国际金融中心

设计思潮和审美价值观念的多元化也带来造型创作手法的多元化，如解构主义建筑。解构主义建筑是一个从 20 世纪 80 年代晚期开始的后现代建筑思潮，作为后现代时期的设计探索形式之一而产生。它的特点是把整体破碎化(解构)。其主要的外观特点是建筑元素之间关系的变形与移位，与现代主义建筑显著的水平、垂直形体相比，解构主义的建筑具有不安定且富有运动感的形态的倾向。曼彻斯特帝国战争博物馆（图 3-83）是建筑师丹尼尔·利伯斯金设计的解构主义建筑，其刻意倾斜歪倒状的造型，来源于设计师脑中出现一个“地球散成碎片的意象”。图 3-84 是建筑师弗兰克·盖里为 MIT 设计的史塔特科技中心。这个巨大的建筑在其临街面和背街的广场呈现了纷繁各异的材质、色彩和体量表情，使得环绕建筑的参观变成一种有趣和“疯狂”的体验。

图 3-83　曼彻斯特帝国战争博物馆

图 3-84　MIT 的史塔特科技中心（建筑沿街及各局部立面）

复习思考题

1. 简述建筑艺术的形式美法则。
2. 我们应从哪些方面欣赏建筑艺术?
3. 举列说明建筑的均衡与稳定。
4. 举列说明建筑的对比。
5. 简述现代城市住宅的造型特点。
6. 举列说明不同结构形式的建筑各有哪些造型特征。
7. 简述哥特式教堂的造型特点。
8. 列举三种有明显地域特点的传统民居形式并阐述其地域差异。
9. 举出一个你喜欢的当代建筑师或者当代建筑作品,并阐述其特点。

第 4 章　建筑构造综述

4.1　概述

建筑构造是研究建筑物的构造组成及各构成部分的组合原理与构造方法的学科。其主要任务是，在建筑设计过程中综合考虑使用功能、艺术造型、技术经济等诸多方面的因素，并运用物质技术手段，适当地选择并正确地决定建筑的构造方案和构配件组成，以及进行细部节点构造处理等。

4.1.1　建筑物的体系构成

建筑物的体系构成是依据建筑物的机能来进行划分的，包括结构体系、围护体系和设备体系三大组成部分。

建筑物作为区别于自然环境的人工环境，应该为人类提供安全、舒适、便捷的工作和生活环境。在人类漫长的生存发展历史中，无论是最初的“穴居”、“巢居”，还是当今各种各样的建筑类型，都是在安全、舒适的原则下建造的。其基本的组成就是结构体系和围护体系，结构体系是完成建筑物承载机能的主体，必须安全、牢固；围护体系围护分隔空间，将人类同自然环境分隔，提供基本舒适的庇护空间。

用冰制冷、用竹筒引水等为人类提供舒适环境、便捷生活的各种措施在建筑史上虽有出现，但现代意义上的建筑设备体系是在工业革命后产生的，主要是为了适应新的建筑类型和人类不断增长的环境舒适和生活便捷的要求。从 19 世纪初到 20 世纪初逐步建立了建筑给排水、建筑电气和暖通空调等技术系统。在当代建筑的发展中，设备体系也是非常活跃的部分，随着人类社会进入信息时代，智能建筑的兴起，以及绿色建筑的倡导都必然促进建筑设备体系的迅猛发展，对建筑物这个人工环境的控制也更加精确和复杂。

(1)结构体系

建筑结构体系是支撑建筑空间的关键部分，是完成建筑物承载机能的主体。结构体系是由基础、承重墙、柱、楼盖和屋盖等结构构件组成的一个空间整体结构，用以承受作用在建筑物上的全部荷载，并通过基础将所有荷载传递给地基。

建筑物的结构体系需要承受垂直和水平方向的作用力，垂直力是指因地球万有引力产生的重力，水平力主要指地震的水平作用和风力。在多层建筑中，垂直力是建筑物的主要受力，同时也应考虑地震和风力的作用；在高层建筑中，水平力成为控制性要素，高层建筑结构体系的特征就是要发展出各种高效的抗侧力体系；在大跨度建筑中，除了需要抵抗垂直力以外，由于建筑形态的特征，风力的作用明显，对于结构的稳定影响很大。

抵抗垂直力的结构体系主要可分为墙承重体系和框架体系，见图 4-1。

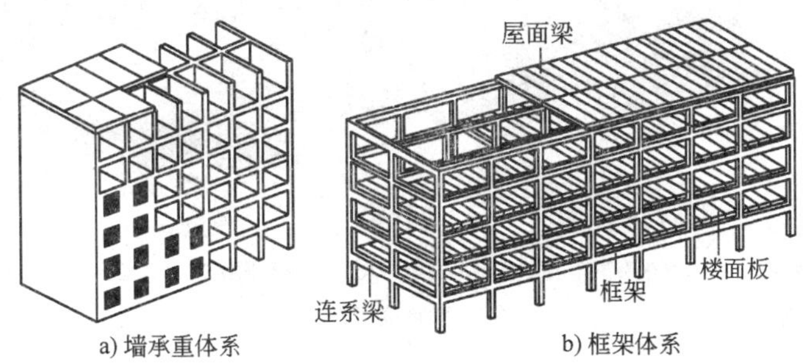

图 4-1　抵抗垂直力的结构体系

抵抗水平力的结构体系主要可分为剪力墙体系、筒体体系和支撑体系，见图4-2。

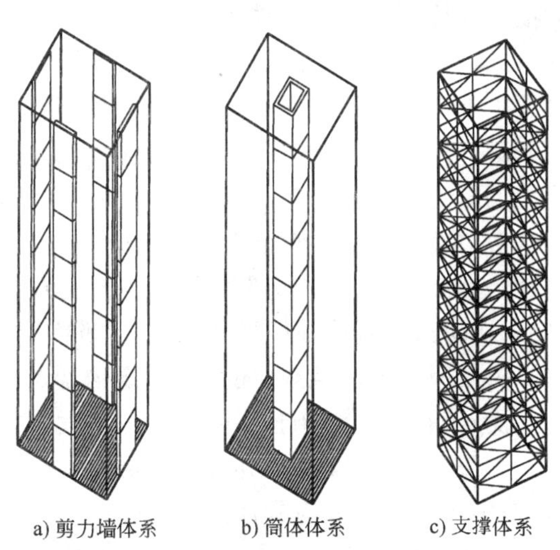

图 4-2　抵抗水平力的结构体系

大跨度建筑因其跨度很大，通常采用的空间结构体系主要有网架结构、悬索结构、薄壳结构等，见图 4-3。

a) 薄壳结构（法国国家工业技术展览中心）

b) 网架结构（哈尔滨东安汽车发动机制造有限公司）

c) 悬索结构（美国耶鲁大学冰球馆）

图 4-3 大跨度建筑实例

(2)围护体系

建筑围护体系的机能首先是从自然环境中围合出人工环境，庇护人类，提供安全；其次是在人工环境中分隔出不同的空间，满足不同的使用功能；最后是围护体系要有一定的抵抗外界环境变化的能力，为人类提供基本舒适的环境。依据围护体系机能的不同，它又可分为外围护体系和内分隔体系两大组成部分。

外围护体系主要由外墙和屋顶组成，还包括外门窗、地坪层、底层架空的楼板、地下室的外墙和底板等。由于它们直接暴露在自然环境之中，容易受到自然环境变化及人类活动的影响。各种外界环境要素，如日照、温度、湿度、风、降雨降雪量、冰冻、地下水等对建筑构造影响很大，对于这些影响，在构造上必须考虑相应措施，如防水防潮、保温隔热、通风防尘等。而各种人为因素，如火灾、振动、噪声、撞击等也需要采取防火、防振和隔声等相应的建筑构造措施。

内分隔体系主要由楼板和隔墙组成，还包括建筑内部的门窗及隔断等。内分隔体系的构造主要受房间功能的影响，不同要求的房间对内分隔体系的构造要求不同，如卫生间、厨房等主要考虑防水防潮的构造要求，视听室主要考虑声学上的构造处理，设备用房则对防火构造有较高要求。

建筑物围护和分隔体系从机能上来讲，还应该考虑热工性能、隔声性能和防水性能等。

(3)设备体系

工业革命后，现代建筑逐步建立了较为完备的建筑设备体系，主要包括：空调系统、给排水系统、电气系统、消防系统及建筑智能化系统等。设备系统的机能主要是营建舒适、安全、便捷的生活与工作环境。

①建筑空调系统

建筑空调系统主要由冷、热源，空气调节与分配系统，自动控制系统等几部分组成，见图 4-4。

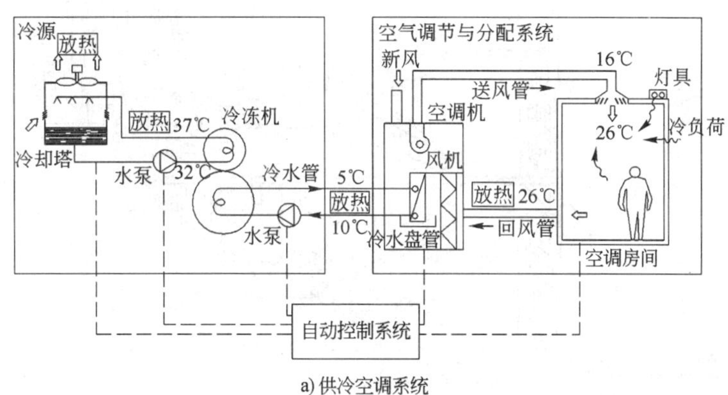

a) 供冷空调系统

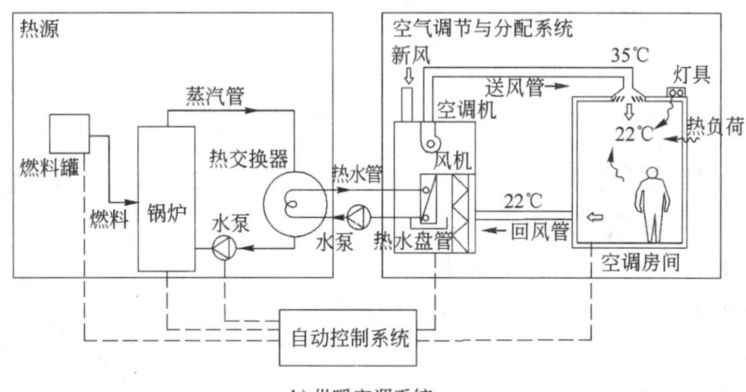

b) 供暖空调系统

图 4-4 建筑空调系统组成

其中，冷、热源是空调系统控制热环境质量的核心；空气调节与分配系统从热量上和化学成分上调节空气，将符合一定标准的空气在整幢建筑中进行分配和循环，将室内空气的温度、湿度、气流速度、粉尘、有害气体等维持在对人或物体有利的范围内；自动控制系统运用智能化的技术手段，对空调系统的运行进行实时监控和调节，以保证其最佳的运行状态，从而达到舒适与节能兼顾的目的。

②建筑给排水系统

建筑给排水系统可分为给水系统（图 4-5）和排水系统（图 4-6）。

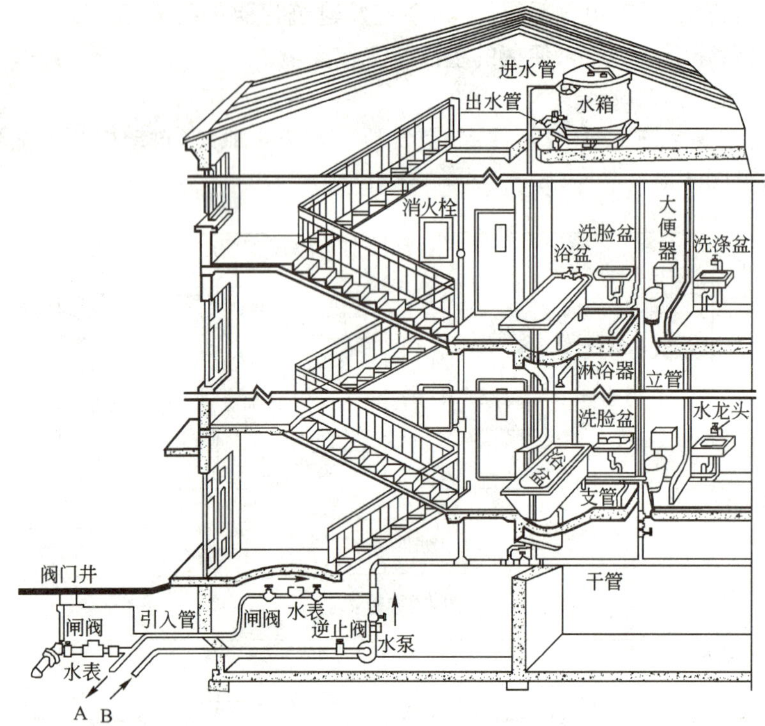

图 4-5　建筑给水系统示意图

给水系统的任务是将室外给水引入室内，并在保证满足用户对水质、水量、水压等要求的情况下，将水送到各个配水点。给水系统按照用途可分为生活给水系统、生产给水系统和消防给水系统。

排水系统的任务是收集、转输、排出产生于室内的全部污废水，并尽量减少污染物的排放和对环境的影响。排水系统按系统接纳的污废水类型不同可分为生活排水系统、工业废水排水系统和屋面雨水排除系统。

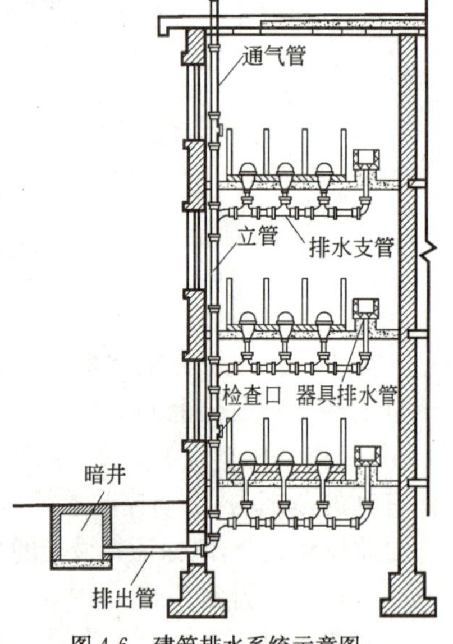

图 4-6　建筑排水系统示意图

③建筑电气系统

现代建筑中，电气设备有两大类：一类是强电设备，指动力用电、照明的设备。动力用电设备通常是指以 380V 电压供电的各类水泵、风机、空调机组、冷水机组、锅炉、电梯等设备，照明设备通常使用220V电压。另一类是弱电设备，泛指传递信息和控制信号的电子设备，用于通信及自动控制系统。

这两类设备根据需要组合成若干功能性子系统，从而构成整栋建筑完备的电气系统。它通常包括以下一些功能性子系统：

a. 建筑供配电系统　如变配电所、发电机房及供配电线路。

b. 建筑照明系统　如正常照明、应急照明等。

c. 火灾报警及消防联动控制系统。

d. 电话、广播、电缆电视系统。

e. 保安系统　如传呼、防盗报警、闭路电视监控。

f. 建筑物防雷及接地系统。

④建筑消防系统

现代建筑的消防系统是由报警、防火、灭火和火警档案管理四个系统组成。

报警系统具有火灾探测及报警两种功能，它包括全部火灾探测器及报警器；防火系统具有防止火灾扩大、及时引导人员疏散两大功能，包括显示指引设备（火灾报警装置、应急照明、应急广播、消防专用电话等）、防排烟设备（防火门、防火卷帘、防火阀、排烟阀等）和相关机电设备（风机、排烟机、应急电源、消防电梯等）；灭火系统具有控火及灭火功能，包括人工水灭火、自动喷水灭火、专用自动灭火等装置；火警档案管理系统具有显示和记录功能，包括模拟显示屏幕。

⑤智能建筑系统

智能建筑是综合计算机信息通信等方面的最先进技术，使建筑物内的电力、空调、照明、防灾、防盗、运输设备等协调工作，实现建筑物、办公和通信自动化这三种功能结合起来的建筑。因而，智能建筑系统通常包括建筑自动化系统（BAS）、办公自动化系统（OAS）和通信自动化系统（CAS）。

a. 建筑自动化系统（Building Automation System）　它采用现代传感技术、计算机技术和通信技术对建筑物内所有机电设施进行自动控制。BAS一般具有三个层次，即现场控制器、系统监督控制器、中央管理系统。建筑自动化系统所包括的子系统和功能组成参见图4-7。

b. 办公自动化系统（Office Automation System）　其主要功能包括：通过局域网（LAN）联结的电脑网络，用户利用个人终端便可完成所有的业务工作；通过网络和数据交换技术实现无纸化办公；通过数据库、专家系统等实现信息资源共享并提供决策支持。

c. 通信自动化系统(Communication Automation System)　它是以专用数字交换机为中心，在楼内联结程控电话系统、电视会议系统和多媒体声像服务系统，对外与广域网(WAN)或城域网(MAN)及卫星通信系统相联，实现建筑内外便捷的声像数字通信。同时，还应具有路由管理功能和自动计费功能。

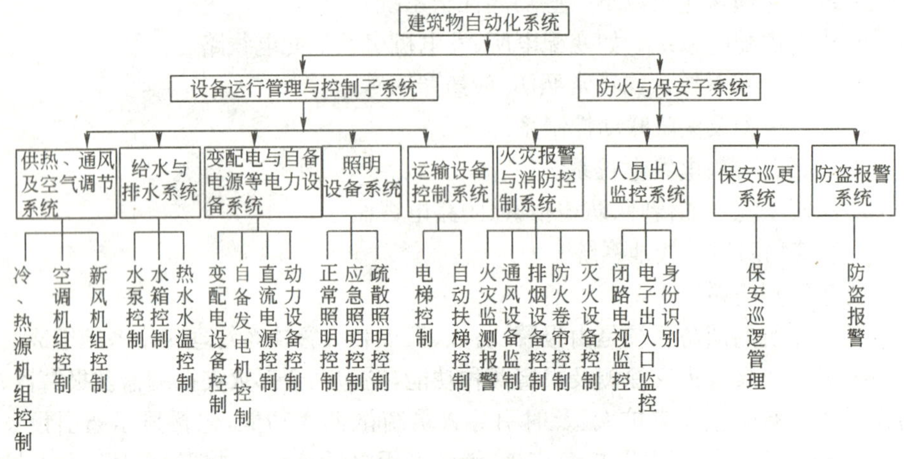

图 4-7　建筑自动化系统示意图

智能建筑复杂的系统功能，是通过综合布线系统 PDS(Premises Distribution System)来实现的。在智能化建筑中，综合布线系统几乎包容了全部弱电系统的布线，可以传输数据、文本、图像、传感器、模拟或数字语音等信号。

4.1.2　建筑物的构造组成

建筑物的构造组成主要是指建筑的物质实体组成，一般由承载结构、围护体系、饰面装修及附属部件组合构成。承载结构可分为基础、承重墙、柱、楼盖、屋盖等。围护体系可分为外围护墙、内隔墙等。饰面装修一般按其部位分为内外墙面、楼地面、屋面、顶棚等饰面装修。附属部件一般包括楼梯、电梯、自动扶梯、门窗、遮阳、阳台、栏杆、隔断、花池、台阶、坡道、雨棚等。建筑物的构造组成如图 4-8 和图 4-9 所示。

建筑的物质实体按其所处部位和功能的不同，为叙述方便，可细分为基础、墙和柱、楼盖和地坪、饰面装修、楼梯和电梯、屋盖、门窗等。

(1)基础

基础是建筑底部与地基接触的承载构件，它的作用是把建筑上部的全部荷载传递给地基。因此，基础必须坚固、稳定而可靠。通常，基础埋置在地下，因而要求基础应具有良好的防水、防潮、耐腐蚀和耐冻融的能力。

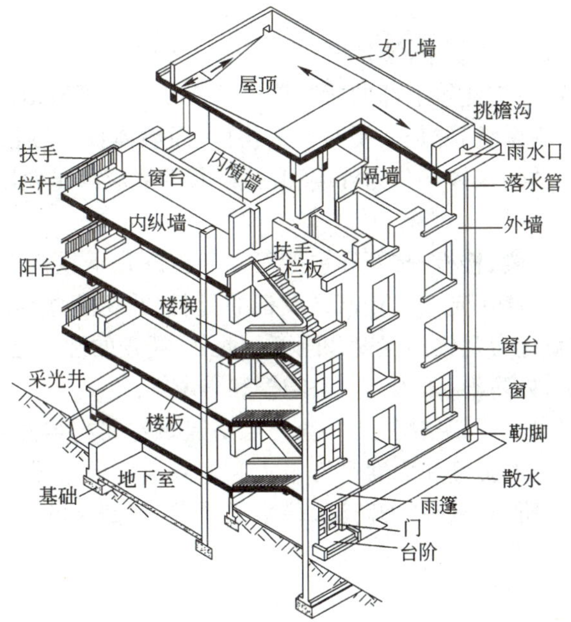

图 4-8 墙承重结构的建筑构造组成

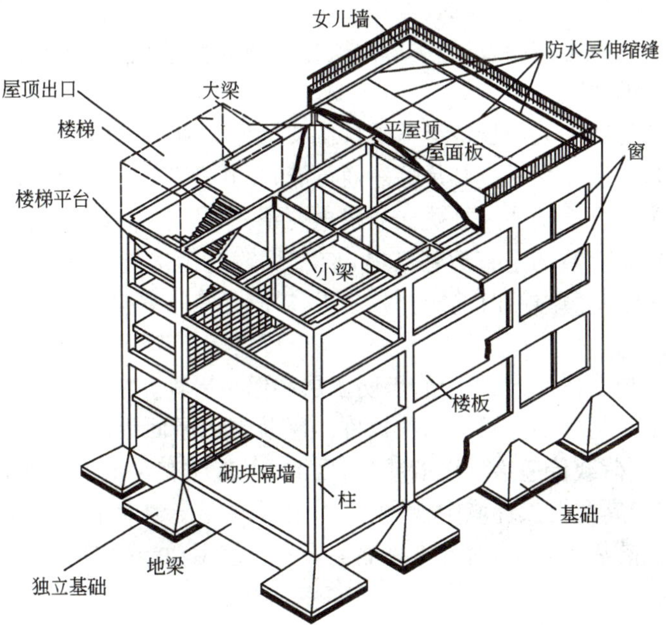

图 4-9 钢筋混凝土框架结构的建筑构造组成

(2)墙和柱

在墙承重结构的建筑中，墙体既可以是承重构件，又可以是围护构件，墙体作为承重构件，需要把建筑上部的荷载传递给基础。在框架结构建筑中，柱和梁形成框架承载结构系统，柱是主要的承重构件，而墙体仅是围护、分隔空间的构件。作为围护构件的墙体又分为外墙和内墙，其性能应满足使用功能的要求。

(3)楼盖和地坪

楼盖通常包括梁、楼板、楼面和顶棚等。楼盖既是承重构件，又是分隔楼层空间的围护构件。楼盖支承人和家具设备的荷载，并将这些荷载传递给承重墙或柱。因而，楼盖应有足够的强度和刚度。此外，楼盖的性能还应满足不同空间使用功能的要求，如防滑、防水、防潮、防振和隔声等。

当建筑底层未采用架空楼盖时，地坪层是建筑空间与自然环境的分隔围护构件。它应有一定的强度和刚度来支承人和家具设备的重量。同时，由于地坪直接和大地相接，所以还应考虑防潮、防水的要求，在需要的时候还应考虑管道的埋设。

(4)饰面装修

饰面装修是依附于内外墙、柱、顶棚、楼板、地坪等之上的面层装饰或附加表皮，其主要作用是美化建筑表面、保护结构构件、提高建筑物理性能等，应坚持坚固、美观、实用的原则，并满足热工、声学、光学和卫生等方面的要求。

(5)楼梯和电梯

楼梯是建筑物中人们步行上下楼层的交通联系部件，并根据需要满足紧急事故时的人员疏散。楼梯应有足够的通行能力，并做到坚固、耐久和满足消防疏散安全的要求。自动扶梯则是楼梯的机电化形式，用于传送人流但不能用于消防疏散。电梯是建筑的垂直运输工具，应有足够的运送能力和方便快捷性能。消防电梯则用于紧急事故时消防扑救之用，需满足消防安全要求。

(6)屋盖

屋盖通常包括屋面梁、板、顶棚、防水层和保温层等。屋盖既是承重构件，又是分隔顶层空间与外部空间的围护构件。屋盖支承屋面设施、人和风霜雨雪等荷载，并将这些荷载传递给承重墙或柱，因此，屋盖应有足够的强度和刚度。同时，屋盖直接暴露在自然环境中，受到风霜雨雪的侵袭和太阳辐射的影响，应满足防水、保温、隔热等要求，对上人屋面还要考虑使用功能的需要。

(7)门窗

门主要用于开闭室内、外空间并通行或阻隔人流，应满足交通、消防疏散、防盗、隔声、热工等要求。窗主要用于采光和通风，并应满足防水、隔声、防盗、热工等要求。由于门和窗都属于可以开合的围护分隔构件，且工业化程度较高，所以对门窗制定了相关的性能标准，通常有抗风压性能、气密性能、水密性能、隔声性能和保温性能等。

除上述七部分以外，建筑物还有一些附属部分，如阳台、雨篷、台阶、坡道、气囱等。在建筑工业化的要求下，在设计工作中还把建筑的各组成部分划分为建筑构件和建筑配件。建筑构件主要指墙、柱、梁、楼板、屋架等承重结构，而建筑配件则是指屋面、地面、墙面、门窗、栏杆、花格、细部装修等。

4.1.3 建筑构造发展趋势

作为建筑学专业的基础学科，建筑构造的发展是整个建筑学发展统领下的发展，建筑构造的发展趋势也是为建筑学发展趋势所界定和要求的。从这个角度来说，建筑构造的发展趋势主要体现在以下方面。

(1)绿色生态的要求

从可持续发展的要求看，建筑学要走向绿色生态，应合理利用资源，减少对环境的影响。在资源和能源方面，注重绿色建材、节能技术的运用，重视可再生资源和能源的开发；在环境层面上，减少对自然环境的破坏，提升内部环境的质量；在技术层面上，有以先进设备为代表的主动式节能技术，也有以设计和建造为核心的被动式节能技术。这样的发展态势对当前建筑构造的发展提出了新的要求。

在可再生能源的开发利用领域，太阳能、地冷、地热、风能、生物质能的使用正在逐渐兴起，在建筑构造中就出现了上述技术与建筑一体化的课题，图 4-10 示意了英国 BedZED 生态社区在可再生能源与建筑一体化方面的构思。

随着被动式设计策略的引入，太阳房、双层皮幕墙、通风塔、光管、可变遮阳等技术为建筑构造的发展打开了新的领域(图 4-11)；生土建筑、竹木建筑、草砖建筑的重现带来的传统建筑更新也重新成为建筑构造面临的话题。

(2)生存空间的拓展

从人类发展的历史看，建筑学一直为满足人类不断拓展生存空间的需要而奋斗，这一趋势至今未有改变，特别是在发展中国家，在高速城市化的过程中，建筑物走向功能综合、规模增生的趋势十分明显。从原始的“穴居”、“巢居”，到今日城市高密度的人居模式，建筑学为了满足人口增长和高度城市化的要求，建筑学的系统建造变得越来越综合复杂。

在这一领域中，高层建筑与大跨度建筑正是突出体现上述特征的两类建筑，无论是摩天大楼，还是巨大的城市交通或体育综合体，它们都对建筑构造的发展提出了新的课题。

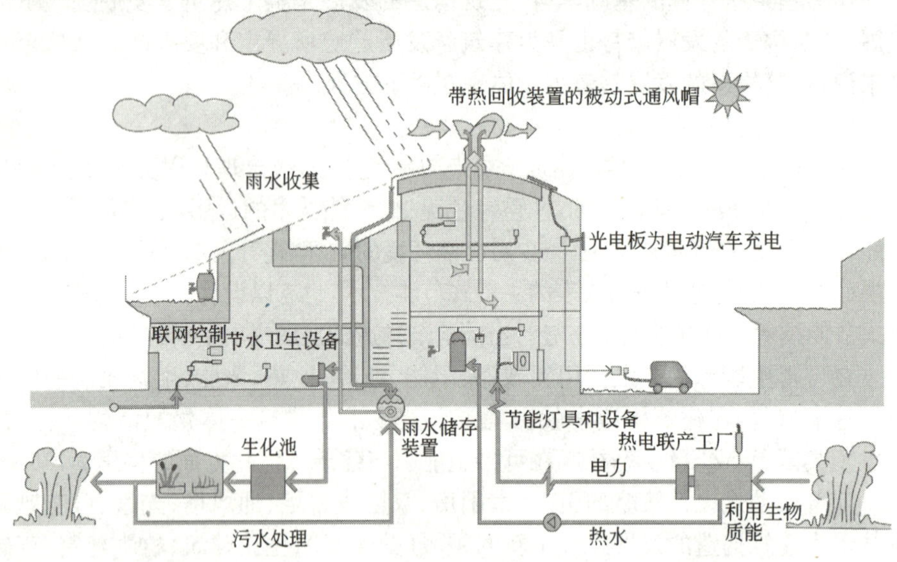

图 4-10 英国 BedZED 生态社区可再生能源与建筑一体化示意图

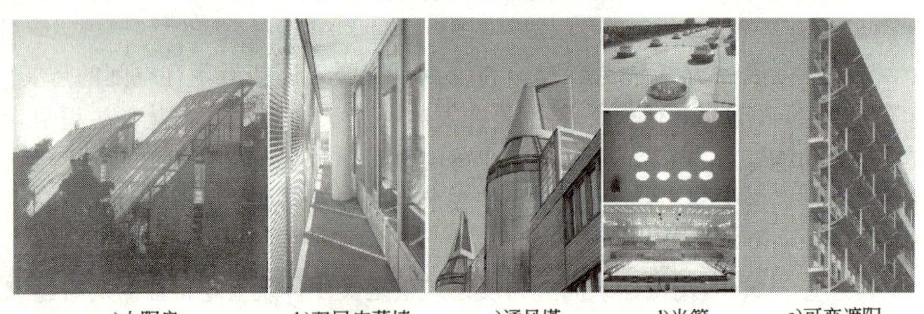

a)太阳房　b)双层皮幕墙　c)通风塔　d)光管　e)可变遮阳

图 4-11 各种被动式设计策略引发的新构造

在结构方面，周边化、空间化的抗推体系被发展出来满足摩天大楼的需要，更加轻质高强的空间结构体系用于超大跨度的建筑中。在消防方面，为了应对大量人流、高大空间的使用特点，出现了避难层、屋顶停机坪，采用了更加先进的自动灭火系统。在建造方面，考虑到施工进度和规模巨大的特点，更加灵活多变的工业化建造体系发展起来。这些在建筑功能、结构、安全和施工中的变化都深刻地影响着建筑构造的发展。

(3)技术进步的影响

从技术进步的角度看，历史上每一次材料、结构及设备的进步，都为建筑学带来巨大的发展潜力，也为建筑构造的发展提供了基本物质基础和创新动力。

在建筑发展的历程中，如果古罗马人没有发现火山灰的作用，就无法建造43.3m跨度的万神庙；巴黎机械馆由于采用了先进的三铰拱结构和钢材，其跨度达到了史无前例的115m；在亚特兰大奥运会的主场馆，由于张拉弦结构的应用，乔治亚穹顶的用钢量仅为30kg/m^2。当然，如果没有奥的斯发明电梯，高层建筑就没有可能，如果电梯速度不能提升到10m/s以上，当代的摩天大楼也只能停留在图面上；如果没有空调系统的发明，人们就无法安然坐在玻璃大厦中办公，在舒适的环境中进行各种演出或体育比赛；如果没有玻璃幕墙的出现，也就不会产生轻盈通透的建筑效果；如果没有智能建筑系统的应用，当代超大规模的机场很难高效、安全地运作。

综上所述，技术进步对于建筑学的影响是巨大的，它不仅对建筑学发展产生直接的影响，还会通过技术与社会发展的复杂作用过程，对建筑学提出新的要求。作为建筑学的基础学科，在建筑学与技术进步直接与间接的作用过程中，建筑构造也在不断发展创新。然而值得警醒的是，技术具有“双刃剑”效应，因技术使用者的价值取向不同，可能为人类带来安全、舒适与便捷，但也可能损及人类的发展前景。所以，技术进步对建筑构造发展的影响应统一在可持续发展的前提下，具体表现为对绿色生态建筑原则的遵循。

(4)建筑艺术的演变

从建筑艺术演变的过程看，在艺术领域的探索始终是建筑学的重要议题，而每一次建筑艺术风格的转变都会对建筑构造产生直接和具体的影响。

20世纪40年代的国际式建筑风格，产生了大量的玻璃盒子；随后而来的后现代建筑，在方盒子上附加了从古代建筑样式中简化而来的各种符号；到了世纪之交，在建筑造型上又出现了对方盒子的完全背离的潮流，各种有机的、动态的建筑造型又呼唤着新的构造方法和手段，在建筑材料的加工性能、结构体系的适应性及相应的围护体系的技术可行性方面对建筑构造都是一次挑战。

但建筑艺术与建筑构造的关系并不是艺术对构造的单向需求，建筑构造的发展对建筑艺术亦会产生较大的影响。例如，从早期国际式的玻璃方盒子到当前的双层皮幕墙、玻璃承重结构甚至热弯双曲玻璃的应用过程中，玻璃的力学性能、加工性能和幕墙的环境性能等方面都有了很大的不同，拓展了玻璃幕墙在建筑中的应用，进而也促进了建筑艺术的发展。

4.2 建筑物的结构类型

4.2.1 建筑结构的分类

通常，从结构工程学的观点看，建筑结构主要依据结构材料和受力特点的不同进行分类。然而，结构应用于不同的建筑类型会产生不同的类型特征，所以建筑类型也是建筑结构分类的标准之一。

(1)根据结构材料分类

根据结构材料的不同，建筑结构可分为砌体结构、钢筋混凝土结构、钢结构及组合结构。

①砌体结构

即由砖、石或各种砌块采用砂浆砌筑而成的结构。砌体结构材料来源广泛，造价较低，耐火、耐久性能好，施工简便。其缺点是自重大、强度低、抗震性差，应用上受到一定的限制。

②钢筋混凝土结构

即将钢筋和混凝土有机合理地组合在一起的结构，钢筋主要承受拉力，混凝土主要承受压力。钢筋混凝土结构强度高、刚度好、抗震性好、耐火和耐久性能好，是目前运用最为广泛的结构，但也存在自重大、施工过程湿作业多等缺点。

③钢结构

即以钢材为主要承重材料制作的结构。钢结构具有自重轻、构件断面小、安装简便、施工周期短、抗震性能好等优势。但钢结构用钢量大，耐火性能差，防腐蚀要求高，因而造价较高，主要用于超高层和大跨度结构。

④组合结构

即钢与混凝土共同承受荷载的结构，按其组成方式可分为钢骨混凝土结构和钢-混凝土混合结构。钢骨混凝土结构是将型钢配置在混凝土中，主要用于荷载较大的梁、柱等构件。钢-混凝土混合结构一般用于高层建筑中，钢筋混凝土部分承受水平力，钢结构部分承受垂直力。同全钢结构相比，混合结构用钢量省、造价较低，更适合我国国情。

(2)根据受力特点分类

根据结构受力的不同要求，发展出了两大类不同的受力体系，即主要承受垂直力的结构和主要承受水平力的结构。承受垂直力的结构主要有：墙承重结构、框架结构(参见图4-1)；承受水平力的结构主要有：剪力墙结构、筒体结构和支撑结构(参见图4-2)。

所有的建筑物既要承受垂直力又要承受水平力，依据建筑物类型的不同，垂直力和水平力在结构设计中的侧重有所不同。高层建筑受到的风力和地震作用比较大，应以水平力为控制要素，而多层建筑主要考虑垂直力作用，兼顾水平力的影响。因此，以上两类结构体系在实践中往往需要结合使用。例如，纽约世贸中心大厦采用了外框筒钢结构，其外框筒部分主要承担水平力，内部的框架部分主要承担垂直力，见图4-12。

无论是主要承受垂直力的结构，还是主要承受水平力的结构，都具有抵抗垂直力和水平力的能力，只不过能力大小不同而已。例如，框架结构采用框架梁、柱形成的骨架来承受垂直荷载，但它也具有抵抗水平力的能力，只是由于梁、柱断面尺寸较小，抵抗水平力的能力有限，如果盲目加大梁柱断面会导致经济上的不可行。

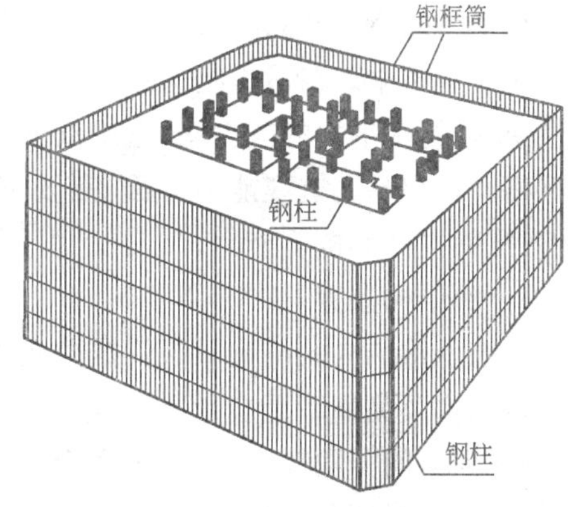

图4-12　纽约世贸中心大厦结构示意图

(3)依据建筑类型分类

建筑物依据人类的使用要求产生了不同的类型，并由此发展出了不同的结构类型，其中最具有代表性的是高层建筑结构、大跨度建筑结构。

①高层建筑结构

高层建筑一般是指10层或10层以上的居住建筑或者高度大于24m的公共建筑，高层建筑结构就是应用于此类型建筑的结构。由于高度较高，受到的风力和地震作用较大，高层建筑结构的最大特点是，水平力成为结构的控制因素，所以该类型的结构最主要的特点就是要发展出高效的抗侧力体系。在这一指导思想下，高层建筑结构又产生了框架结构、剪力墙结构、筒体结构等结构形式，且随着超高层建筑的发展，各种大型支撑结构、巨型结构等也发展起来。

②大跨度建筑结构

大跨度建筑通常出现在体育场馆、会展中心、交通枢纽、飞机库及大型工业建筑等类型中。一般认为30m跨度以上的结构可被称作大跨度结构。大跨度结构的主要形式可分为平面结构和空间结构两大类。平面结构主要有拱结构、刚架结构和桁架结构等；空间结构主要有网架结构、薄壳结构、折板结构、悬索结构、膜结构及各种组合结构等。

虽然建筑结构的类别有很多，但就应用的范围来看，主要采用的有墙承重结构、框架结构、高层建筑结构及大跨度建筑结构，下面就这四种主要的建筑结构类型分别讲授。

4.2.2 墙承重结构

(1)组成与特性

墙承重结构是指主要依靠结构墙体支承建筑的结构类型，常见的有各种砌体结构，如砖混结构、粉煤灰空心砌块和混凝土空心砌块等结构，主要用于低层和多层建筑中。墙承重结构由于是采用各种砌块并由砂浆黏结的结构，其整体性差，抵抗水平力的能力弱，适用范围受到一定限制，尤其是在地震区使用受限严格。在提高其抗震能力方面，需要采用构造柱、圈梁等构造措施加强其整体性，从而提高其抗震能力。

(2)结构布置

墙承重结构的结构布置依据楼板布置的不同可以分为横墙承重结构、纵墙承重结构及纵横墙混合承重结构，见图4-13。其中，横墙承重结构的整体刚度较好，但空间分隔较小，主要适用于宿舍、旅馆等小开间重复组合的建筑类型；纵墙承重结构的刚度较小，对抗震不利，但内部空间较为灵活，可用于教学楼等较大空间的建筑中；纵横墙混合承重结构综合了横墙承重结构和纵墙承重结构二者的特性，是实践中使用最多的布置方式。

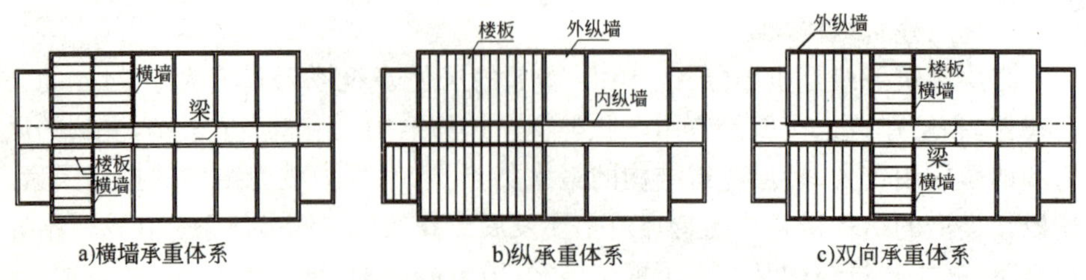

图4-13 墙承重结构布置方案

(3)剪力墙结构

除砌体结构外，剪力墙结构也是一种特殊类型的墙承重结构，通常由钢筋混凝土、劲性混凝土及带缝钢板等材料组成，它能够承受垂直荷载，且比砌体结构具有更好的强度和刚度，但剪力墙的作用主要是承受水平荷载，而且因其造价较高，所以并不适用于低层和多层建筑的竖向承力部分。

4.2.3 框架结构

(1)组成与特性

框架结构是指由框架梁、柱形成的骨架来支承建筑的结构类型，根据结构材料的不同，可以分为钢框架结构和钢筋混凝土框架结构。框架结构比砌体结构有更好的结构性能，且更容易形成连续开敞的建筑空间，适应性强，是普通建筑中应用得最广的结构类型。框架结构虽然具有一定的抵抗水平荷载的能力，但它属于柔性结构体系，结构刚度较小，水平位移较大，主要用于 10 层以下的各类建筑，或在高层建筑结构中作为结构组成的一部分。

(2)柱网布置及尺寸

框架结构根据楼板布置的不同可分为横向框架承重、纵向框架承重、纵横向框架承重，见图 4-14。一般来说，横向框架和纵向框架均为单向框架结构，而纵横向框架属于双向框架结构，后者的结构整体性更好，抗震能力更强。

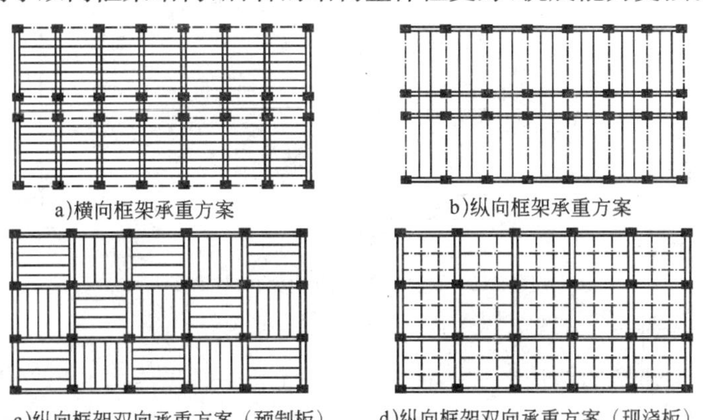

图 4-14 框架结构布置方案

框架结构的平面布置应尽量规则、均匀、对称，满足建筑功能的要求，并考虑经济合理性。就我国常用的钢筋混凝土材料来讲，框架梁的跨度在 4～9m 之间。梁截面高度(h)可根据梁跨度(L)来估算，一般 $h=(1/15\sim1/10)L$；梁宽度 $b=(1/2\sim1/3)h$，但不宜小于 200mm。柱截面高度(h)可根据层高(H)来估算，

一般 $h=(1/15\sim1/7.5)H$，但不宜小于 300mm（矩形截面）或 350mm（圆形截面）；柱截面的高宽比不大于 3。

4.2.4 高层建筑结构

(1)受力特征

高层建筑结构的简化计算模型就是一根竖向悬臂梁，受竖向荷载和水平荷载的共同作用，见图 4-15。高层建筑结构分水平、垂直承重结构，水平承重结构主要承担风荷载和地震作用，垂直承重结构主要承担竖向荷载。同低层和多层建筑相比，高层建筑结构的受力有如下特点：

①水平荷载成为决定因素。

②侧移成为控制指标。

③结构延性是重要设计指标。

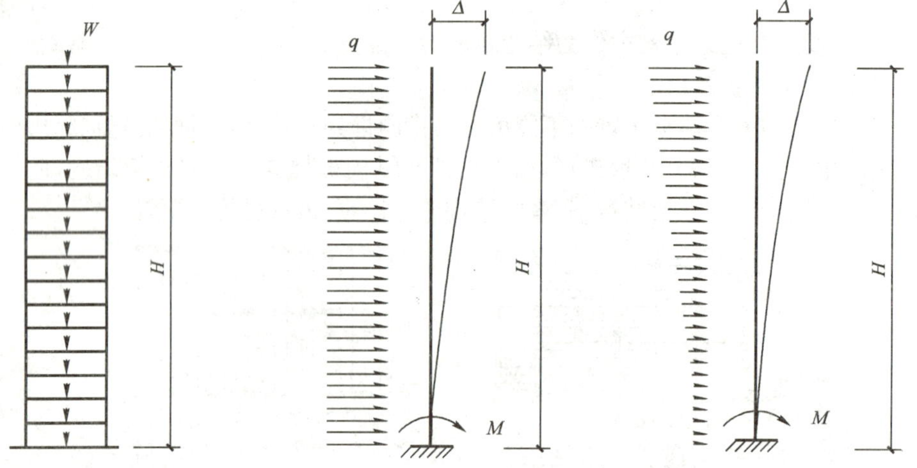

图 4-15 高层建筑荷载、内力、侧移简图

(2)基本结构

虽然高层建筑的结构形式多种多样，然而组成这些结构的构件不外乎三种基本形式：线形构件、平面构件和立体构件，见图 4-16。这三种基本的结构构件在抵抗水平荷载的能力上差异很大，线形构件抵抗水平荷载的能力差；平面构件平面内刚度较大，但平面外刚度极小；立体构件具有大得多的侧向刚度和较大的抗扭刚度，特别适合超高层建筑。

以上三种构件形成了三种基本的高层建筑结构形式，即框架结构、剪力墙结构及筒体结构，见图 4-17。

①框架结构

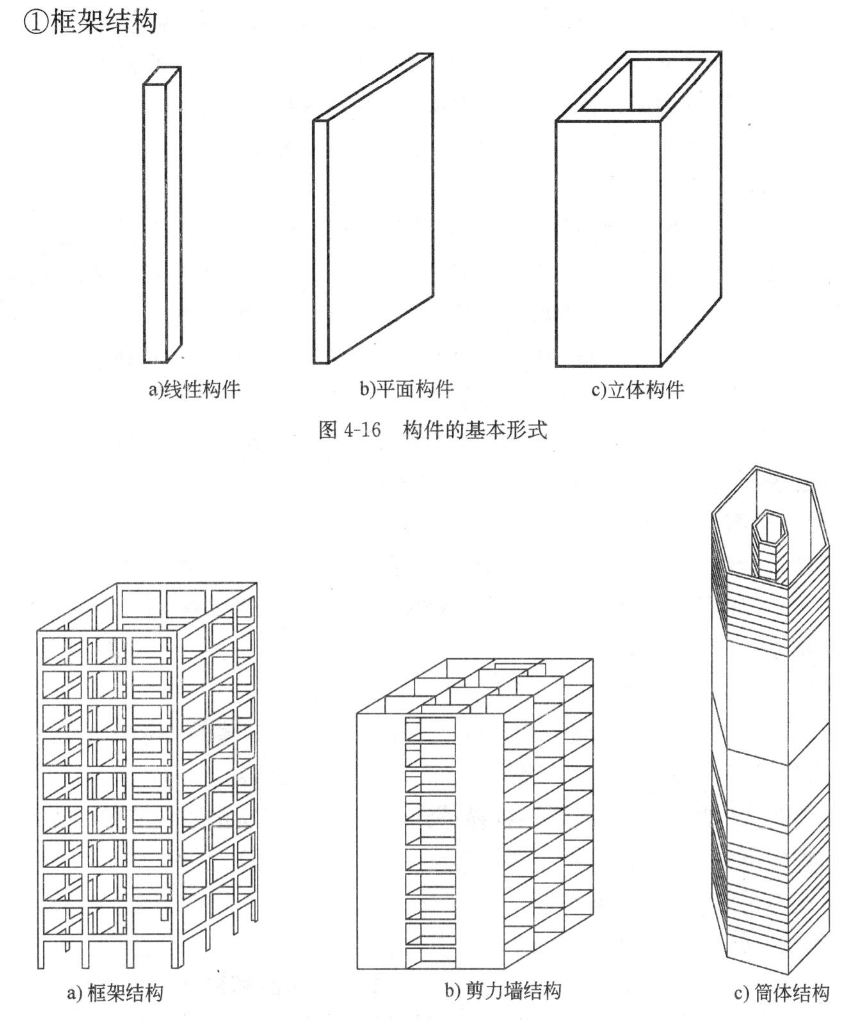

图 4-16　构件的基本形式

图 4-17　三种基本的高层建筑结构形式

如前所述，框架结构抵抗水平力的能力较弱，纯框架结构一般只用于 10 层以下的建筑。但框架结构具有平面布置灵活的优势，在高层建筑中，框架结构通常与其他结构形式组合使用，如框支剪力墙、框架-剪力墙、框架-筒体等，其中框架部分主要承担竖向荷载。

②剪力墙结构

剪力墙结构是由一系列横向和纵向的剪力墙所组成，剪力墙不仅承受重力荷载，而且还要承受水平荷载。同框架体系相比，该体系侧向刚度大、侧移小。从理论上讲，它可建造上百层的建筑，但从技术经济的角度来看，地震区的剪力墙结构一般控制在 35 层、总高 120m 为宜。由于剪力墙的间距受到限制，导致建筑平面布置不够灵活，使用受到限制，主要适用于高层公寓、高层宾馆等小空间重复组合的建筑类型。同时，纯剪力墙结构还可以与其他结构组合使用，如框支剪力墙、框架-剪力墙等。

③筒体结构

筒体结构由框架或剪力墙合成竖向井筒，并以各层楼板将井筒四壁相互连接起来，形成一个空间构架。筒体依据其组成方式可分为实腹式筒体和空腹式筒体。由剪力墙围合成的筒体称为实腹式筒体，简称墙筒；由密集立柱围合成的筒体则称为空腹式筒体，或称框筒。筒体结构的空间刚度大，能提供较大的内部空间，建筑平面布局灵活，因而能适应多种类型的建筑。单个筒体很少独立使用，一般是多个筒体相互嵌套或积聚成束使用，如筒中筒结构、束筒结构等，或者是与框架等结构结合使用，如框架-筒体结构。

(3)结构组合

三种基本结构形式根据建筑物的不同使用要求，可以组合使用，从而形成新的结构，主要使用的类型有框支剪力墙结构、框架-剪力墙结构、框架-筒体结构、筒中筒结构等。

①框支剪力墙结构

该结构主要适用于上部为小空间，下部为大空间的建筑类型，如高层商住楼、高层宾馆等，上部采用剪力墙结构，下部采用框架结构。框支剪力墙结构上下刚度差别大，地震时，底部框架容易遭到破坏，引起结构的整体失效。因此，应注意增加底部框架的刚度，将上部结构中的一部分剪力墙延伸至底部大空间，缩小上下结构的刚度差，见图 4-18。

②框架-剪力墙结构

该结构是在框架结构的基础上增设一定数量的纵向和横向剪力墙，并加强剪力墙与框架柱、楼盖的连接而形成的。建筑的竖向荷载由框架柱和剪力墙共同承担，而水平荷载则主要由刚度较大的剪力墙来承受。框架-剪力墙结构将框架结构和剪力墙结构融为一体，取长补短，是一种经济有效的、应用范围最广泛的高层建筑结构体系。与纯框架结构相比，它能用于层数更多的高层建筑，见图 4-19。

③框架-筒体结构

由筒体和框架共同组成的结构称为框架-筒体结构。筒体作为主要的抗推构件，承担起绝大部分的水平荷载，而框架主要承担重力荷载。从建筑平面布置来看，通常将所有服务性用房和公用设施都集中布置于筒体内，保证框架大空间的完整性，从而有效提高建筑平面的利用率。

a) 外观

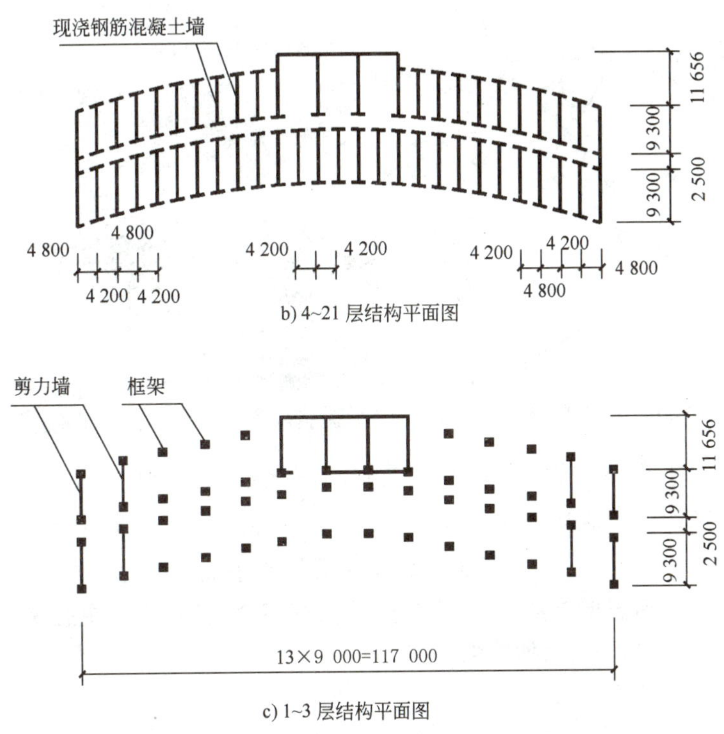

b) 4~21 层结构平面图

c) 1~3 层结构平面图

图 4-18　框支剪力墙结构示意图(北京中国国际贸易中心中国大饭店)(尺寸单位:mm)

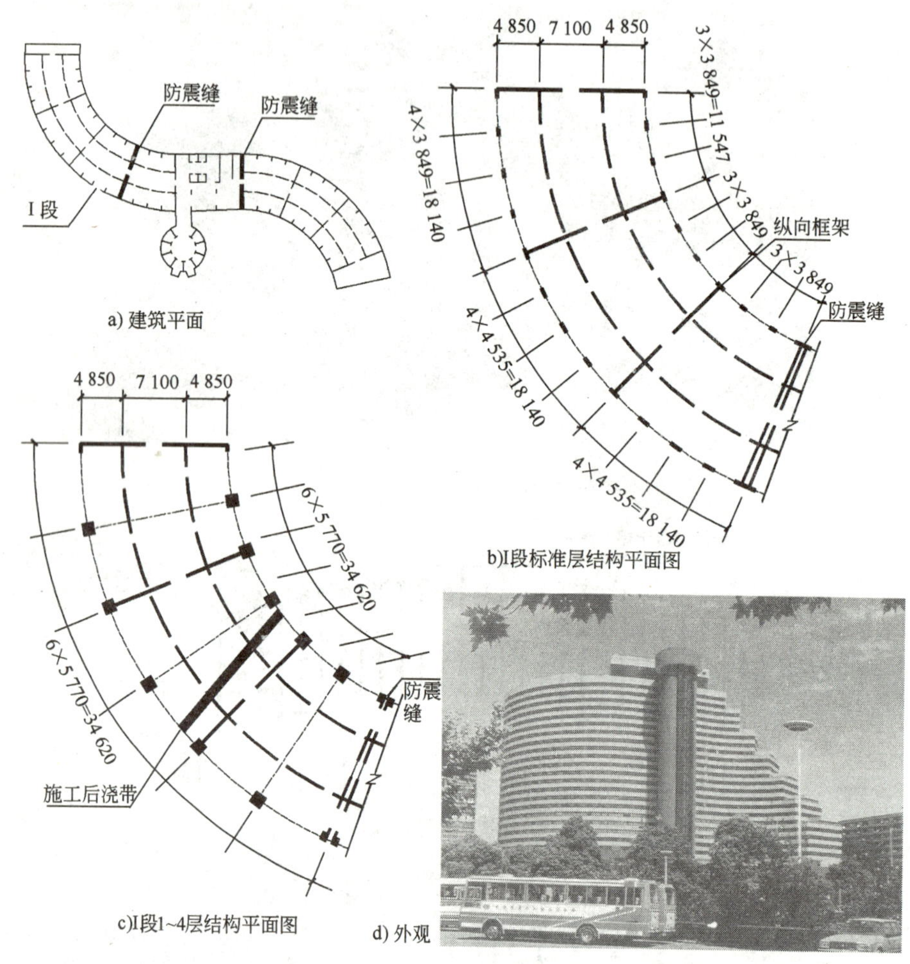

图 4-19　框架-剪力墙结构示意图(上海华亭宾馆)(尺寸单位:mm)

根据筒体的数量和位置,可将框架-筒体结构分为芯筒-框架结构和多筒-框架结构两类,见图 4-20。芯筒-框架结构主要用于平面形状比较规整,并采用核心式建筑平面布置的方案。多筒-框架结构有多个筒体,具有更强更好的适应性,但其平面利用率会有所降低。

④筒中筒结构

由两个及两个以上的筒体内外嵌套所组成的结构体系,称为筒中筒体系。根据筒体嵌套数量的不同,又分为二重筒体系、三重筒体系等。芯筒一般布置成辅助房间和交通空间,多采用实腹墙筒;外筒常采用空腹框筒,以满足建筑使用的需要。

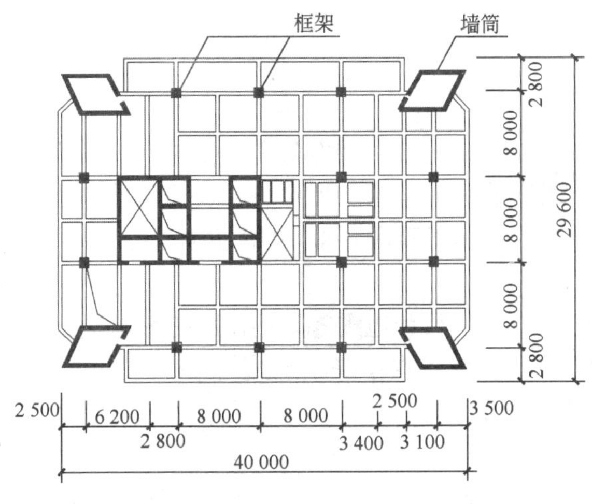

a)结构平面图

b)外观

图 4-20 框架-筒体结构示意图(深圳中国银行大厦)(尺寸单位:mm)

筒中筒结构形成的内部空间较大,加上其抗侧力性能好,适用于建造办公、旅馆等多功能的超高层建筑,其适用的平面形状有圆形、方形及矩形,也可用于椭圆形、三角形及多边形等,见图 4-21。一般情况下,该结构用于 30 层以下的建筑是不经济的,也是不必要的。

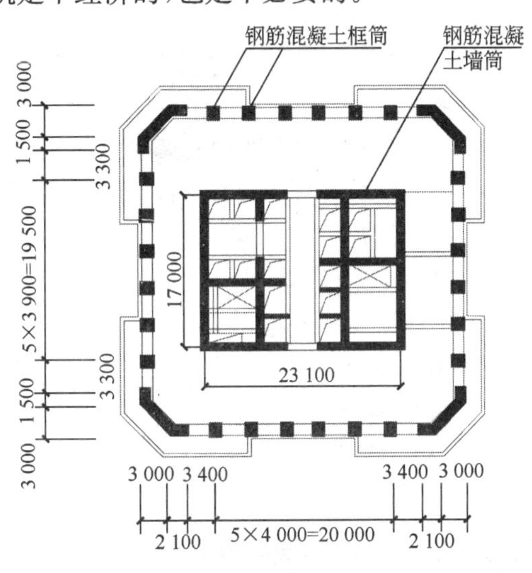

a)结构平面图

b)外观

图 4-21 筒中筒结构示意图(广东国际大厦主楼)(尺寸单位:mm)

4.2.5 大跨度建筑结构

(1)受力特征

大跨度建筑覆盖面积大,其结构主要是抵御以重力为主的竖向力,这是因为相对于结构跨度的增大,结构自身的体积和重量增加得更快,加之屋面结构形态趋于扁宽型,其竖向刚度和承载能力是结构的薄弱环节,从而使竖向力成为大跨度建筑结构最重要的作用力。

大跨度建筑结构受到温度变化、支座位移和地震等间接作用的影响较大,会在结构中引起较大的作用力。例如,温度变化在小跨度的结构中作用或许并不明显,但在大跨度结构中温度变化累积的结构变形就十分可观,会造成内力增加、应力分布改变等。

大跨度建筑结构由于跨度大,使得结构的竖向自振频率比普通建筑低,因而对脉动风压的周期性低频激励易引起共振效应,引起较大的结构附加内力,这在悬索结构、膜结构等柔性结构体系中表现尤为显著。

(2)结构类型

如上所述,大跨度建筑结构的主要任务就是发展出抵御大面积覆盖所带来的巨大竖向荷载。显然,无论是结构的经济性还是空间的适应性,普通的梁板结构已经不再适用。通过对梁做格构化的处理,或者改变梁平直的形状,发展出桁架、钢架及拱结构等多种适用于大跨度建筑的平面结构形式。而当人类活动对大跨度建筑提出更高要求的时候,空间结构就应运而生。由于空间结构具有三维空间形体,在荷载作用下具有三维受力的特性,相对于平面结构而言,空间结构具有受力合理、重量轻、跨度大、造价低及结构形式多样化等优点。

综上所述,大跨度建筑结构的主要形式可分为平面结构和空间结构两大类。

(3)平面结构

平面结构主要有拱结构、刚架结构及桁架结构等。

①拱结构

拱结构呈曲面形状,在外力作用下,主要内力变为轴向压力,拱内的弯矩值大为降低,因而能充分利用材料的强度,比梁结构跨越的空间更大。拱结构的缺点是平面外的刚度很差,可考虑设置侧向支撑,或采用交叉拱等形式提高其侧向的稳定性。

拱结构承受荷载后会产生较大的水平推力,为了保持结构的稳定,通常采用坚固的拱脚支座抵抗水平力,或者在拱脚之间设置受拉系杆。拱结构的结构性能和拱的形状密切相关,通常拱结构的矢高与跨度的比值在1/7～1/5之间。抛物线拱是最理想的拱结构形式，可以最大限度地降低拱内弯矩；在绝对跨度或矢跨比较小的时候，也可采用圆拱，降低施工的难度。

拱结构按拱铰的设置方式分为三铰拱、两铰拱及无铰拱，见图 4-22；按截面形式可分为等截面拱和变截面拱，按构件形式可分为实心拱和格构拱；根据材料的不同还可分为混凝土拱、钢拱、砌体拱、木拱等。

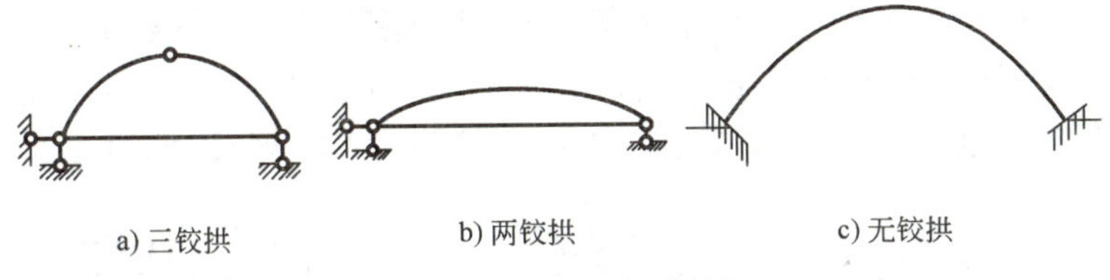

图 4-22　各种类型的拱结构

②刚架结构

刚架是将梁和柱通过刚性节点连接，形成门形结构。由于梁和柱是刚性节点，在竖向荷载作用下柱对梁有约束作用，因而能减少梁的跨中弯矩，实现较大的跨度。同样，在水平荷载的作用下，梁对柱也有约束作用，能减少柱内的弯矩。刚架结构属于平面结构类型，也存在平面外刚度差的缺点。

刚架结构有多种结构形式，可在多方面进行变化，在结构合理的前提下，适应建筑功能和美观的需要。按铰的设置方式分为三铰刚架、两铰刚架及无铰刚架；从几何形式看，刚架有平顶、坡顶及单跨、多跨和悬挑等形式；从截面形式看，刚架的梁柱截面通常根据内力分布情况相应地作变截面处理，可以是实心构件，也可采用空心构件；从结构材料看，钢筋混凝土、钢及木材都可应用于刚架结构，见图 4-23。

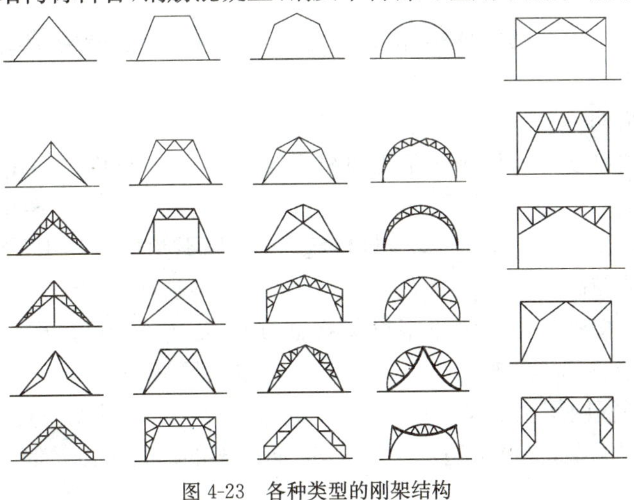

图 4-23　各种类型的刚架结构

③桁架结构

桁架是由杆件组成的一种格构式结构，相当于掏去了中间未充分受力部分的简支梁。杆件之间的连接假定为铰接，在外力作用下，桁架杆件的内力均为轴向力，受力状态比梁结构合理，材料强度可充分发挥，可以实现较大跨度。作为平面结构，也存在侧向刚度较小的缺点。

根据材料分类，桁架可分为木桁架、钢桁架、钢筋混凝土桁架及钢木混合桁架等；从截面形式看，桁架可分为平面桁架和立体桁架；按照几何形式，桁架可分为三角形桁架、梯形桁架、折线形桁架和拱形桁架等各种形式，见图 4-24。

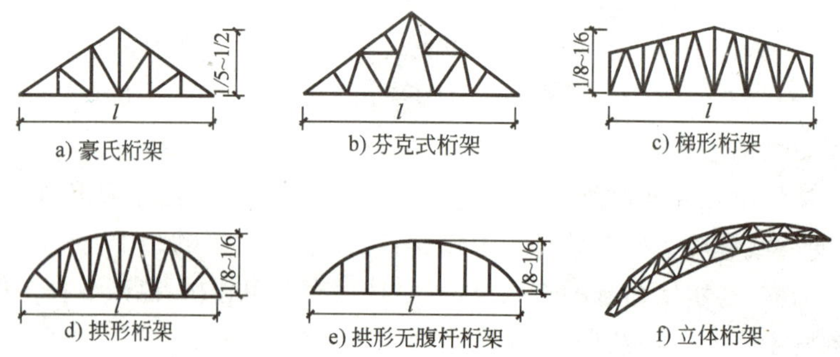

图 4-24　各种类型的桁架结构

此外，还有一种无斜腹杆桁架，参见图 4-24e)，其上弦一般为抛物线拱，由于无斜腹杆，构件简单，便于制作，但其节点不能简化为铰接点，从严格意义上讲，它并不是桁架，而是刚架或拱式结构。

(4)空间结构

空间结构主要有网架结构、薄壳结构、折板结构、悬索结构、膜结构及各种组合空间结构等。

①网架结构

网架是由许多杆件按照一定规律组成的网状结构，杆件之间相互支撑，形成多向受力的空间结构，其整体性强、稳定性好、空间刚度大。网架结构的缺点是结构内部内力变化大，但为了型号规格统一，材料不能材尽其用，同时对制作装配的精度要求较高。

网架结构按外形可分为平板网架与曲面网架，按材料可分为钢网架、木网架、钢筋混凝土网架等，按构造方式可以分为单层网架、双层网架、三层网架等，见图4-25。平板网架至少是双层网架，当跨度较大时，可采用三层网架；曲面网架可以是单层网架，也可采用双层网架，曲面网架的形式可以是筒壳、扭壳、球壳等形式。

②薄壳结构

薄壳结构是用混凝土等材料以各种曲面形式构成的薄板结构，呈空间受力状态，主要承受曲面内的轴向力，而弯矩和扭矩很小，所以混凝土强度能得到充分利用。薄壳强度大、刚度大，其结构的厚度仅为跨度的几百分之一，自重轻、省材料。

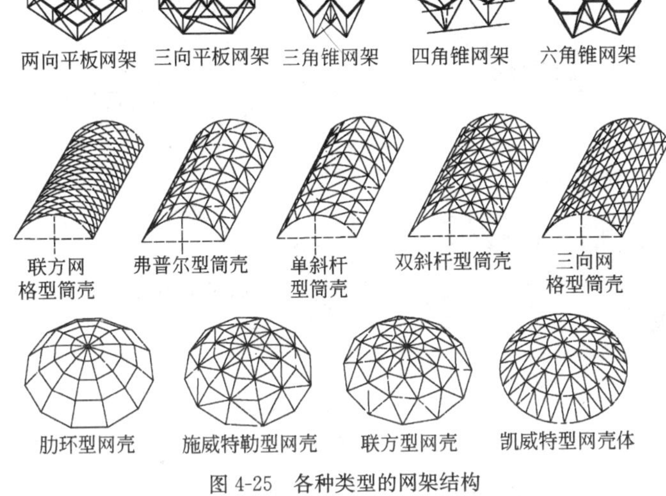

图 4-25 各种类型的网架结构

此外，壳体结构形态优美，通过切割组合，可塑造出富有感染力的建筑造型。但壳体结构力学计算较复杂，对施工的要求较高。薄壳结构形式多样，基本形式有筒壳、球壳、双曲扁壳及双曲抛物线壳等，见图 4-26。

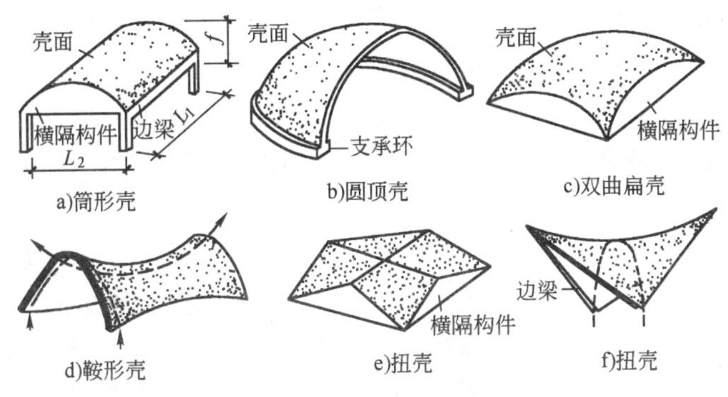

图 4-26 各种类型的薄壳结构

③折板结构

折板结构是以一定倾斜角度整体相连的一种薄板体系，由折板和横隔组成，见图 4-27。在波长方向，折板犹如一块折叠起伏的连续板，降低了跨中弯矩；在跨度方向，折板如同一根梁，其强度取决于折板的高度。折板结构呈空间受力状态，具有良好的力学性能，结构厚度薄，重量轻，构造简单，可预制装配，施工方便。折板结构既可以用来建造大跨度屋顶，还可用作建筑外墙。

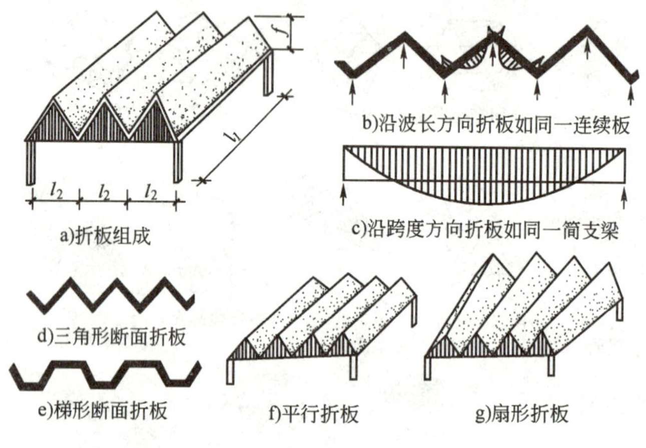

图 4-27　折板结构示意图

④悬索结构

悬索结构是以一系列受拉的索作为主要承重构件，并悬挂固定在边缘构件上形成的结构体系。悬索通常采用由高强钢丝组成的钢绞线、钢丝绳等制作，由于索只能承受轴向拉力，既无弯矩也无剪力，便于充分发挥材料的力学性能。边缘构件在很大程度上决定了悬索结构的形态，可以采用梁、桁架及拱等多种结构形式。悬索结构受力合理、省材料、自重轻，但悬索结构也存在动荷载作用下的共振问题和风荷载作用下失稳的弱点。

悬索结构按照外形和索网的布置方式，主要分为单层单曲面悬索结构、双层单曲面悬索结构、双曲面轮辐式悬索结构及双曲面鞍形悬索结构，见图 4-28。

⑤膜结构

膜结构是最近发展的张拉结构中的一种形式，它以性能优良的柔软织物为材料，可以是膜内充气，由空气压力支撑膜面，也可以是利用柔软的拉索结构或刚性的支撑结构将薄膜绷紧或撑起，从而形成具有一定刚度、能够覆盖大跨度空间的结构体系。薄膜结构轻质柔软，不透水，有一定的透光率，制作施工方便，造价低。薄膜结构的主要缺点是耐久性差，但近年来，薄膜材料性能提升很快，设计寿命已可达 30 年以上。薄膜结构根据其受力和支撑的不同，可分为充气膜结构、悬挂膜结构及骨架支撑膜结构等。

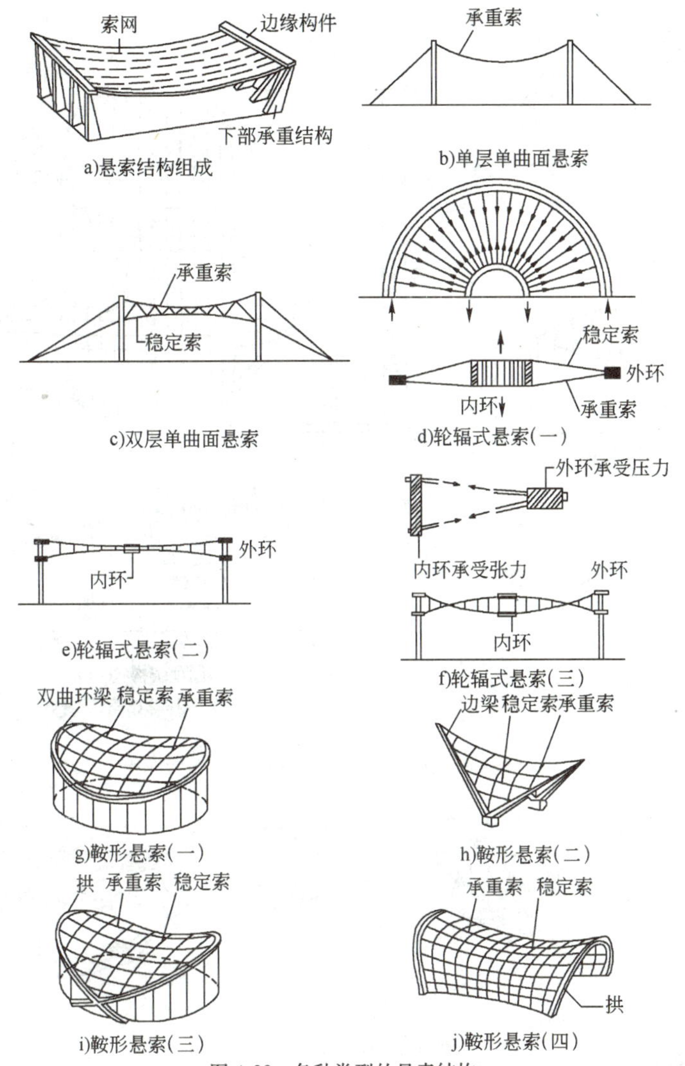

图 4-28　各种类型的悬索结构

充气膜结构又分为气压式和气承式两类,见图 4-29。气压式薄膜结构和轮胎及游泳圈的工作原理类似,它是在若干气肋或充气的密闭空间内保持空气压力,从而保证结构的支承能力。气承式薄膜结构是靠不断地向壳体内鼓风,在较高的室内气压作用下使其自行撑起,以承受自重和外荷载。

悬挂膜结构是从帐篷结构得到启发发展而来的,它采用桅杆、拱、拉索等支撑结构将薄膜张挂起来,利用柔性索向膜面施加张力将膜绷紧,形成稳定的薄膜屋盖结构,见图 4-30。

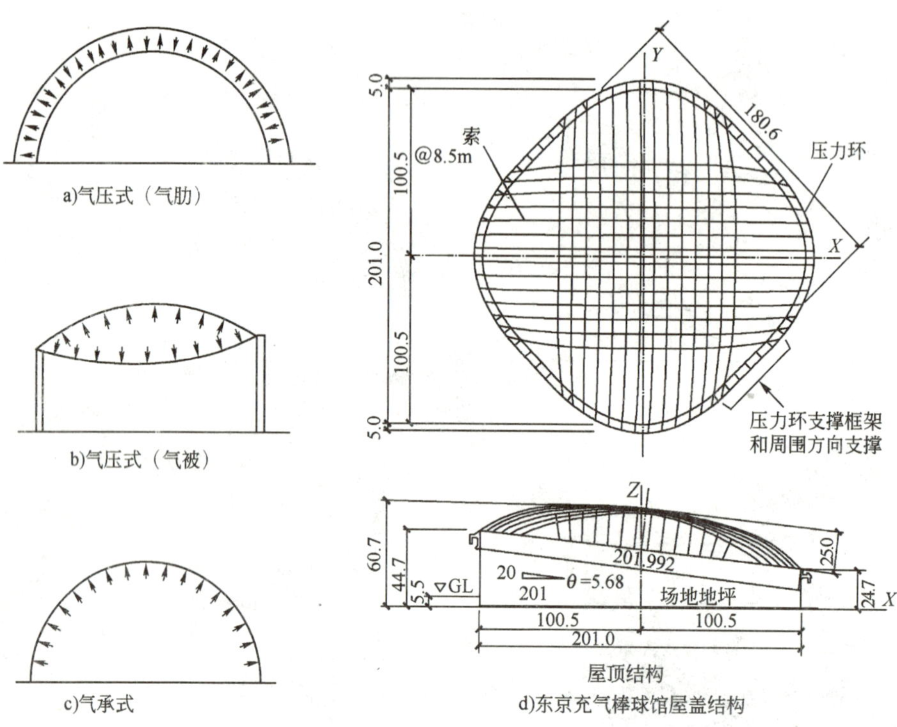

图 4-29 充气式膜结构示意图及示例(尺寸单位:m)

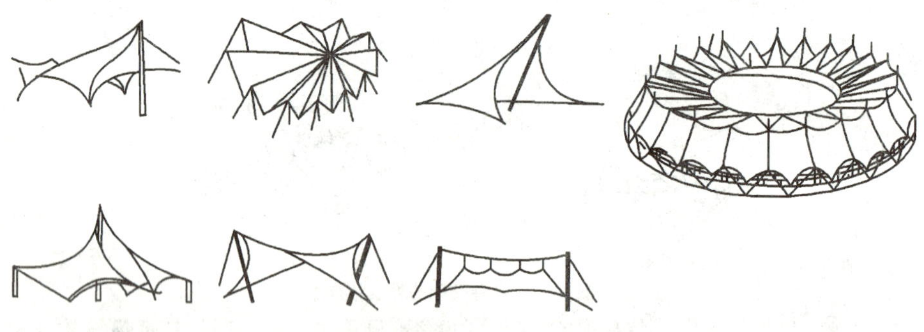

图 4-30 悬挂膜结构示意图(沙特阿拉伯法赫特国际体育场悬挂薄膜)

骨架支撑膜结构是利用拱、刚架、网架及张拉整体结构等刚性骨架来支撑薄膜，见图 4-31，实际上，它是以薄膜作为屋盖的覆盖层，减轻了屋盖的自重。

⑥组合空间结构

组合空间结构是采用不同的结构单元或不同材料组合而成的一种空间结构。“结构单元”有柔性索、刚性杆、板壳等，“不同材料”有钢筋混凝土、钢丝网水泥、钢、木、织物、薄膜等。组合空间结构利用不同结构形式的受力性能,或利用不同材料的力学性能,使各种材料和结构充分发挥各自的特长,扬长补短,传力合理,技术先进,更能满足建筑功能多样化的要求,也能塑造出更加精彩的建筑造型。

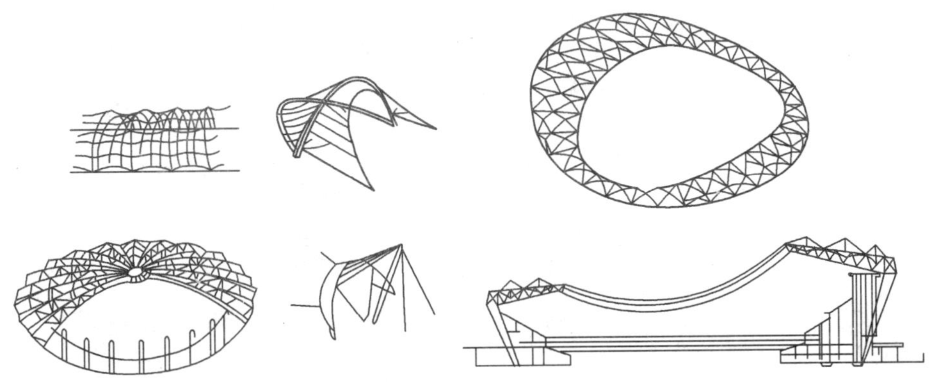

图 4-31 骨架支撑膜结构示意图(上海八万人体育场膜层屋面结构)

组合空间结构通常以巨大的刚架、拱及悬索结构等形成巨型骨架,勾画出建筑造型的主轮廓,以巨型骨架、边缘承重结构为支座,在其上布置网架、网壳、悬索及薄膜等屋盖,形成新颖的建筑造型。组合结构是一种跨越能力大、经济合理的结构体系,其组合方式也多种多样,如刚架+索、拱+网架、拱+悬索、悬索+交叉索网等。著名的日本代代木体育中心大体育馆就是采用悬索+交叉索网的组合结构,见图 4-32。美国耶鲁大学的冰球馆也是采用钢筋混凝土拱与交叉索网的组合结构,见图 4-33。

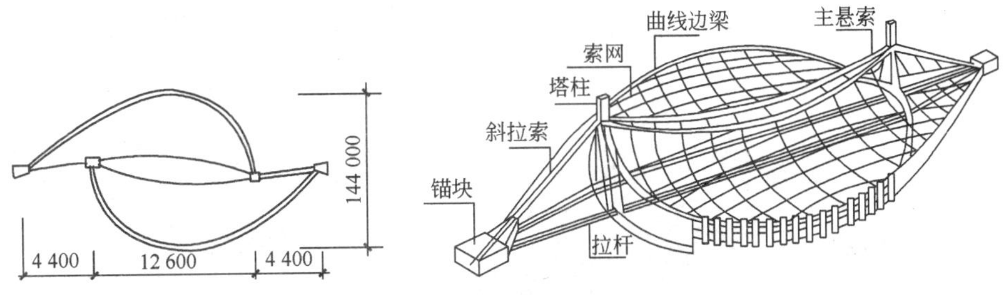

图 4-32 日本代代木体育中心大体育馆结构示意图(尺寸单位:mm)

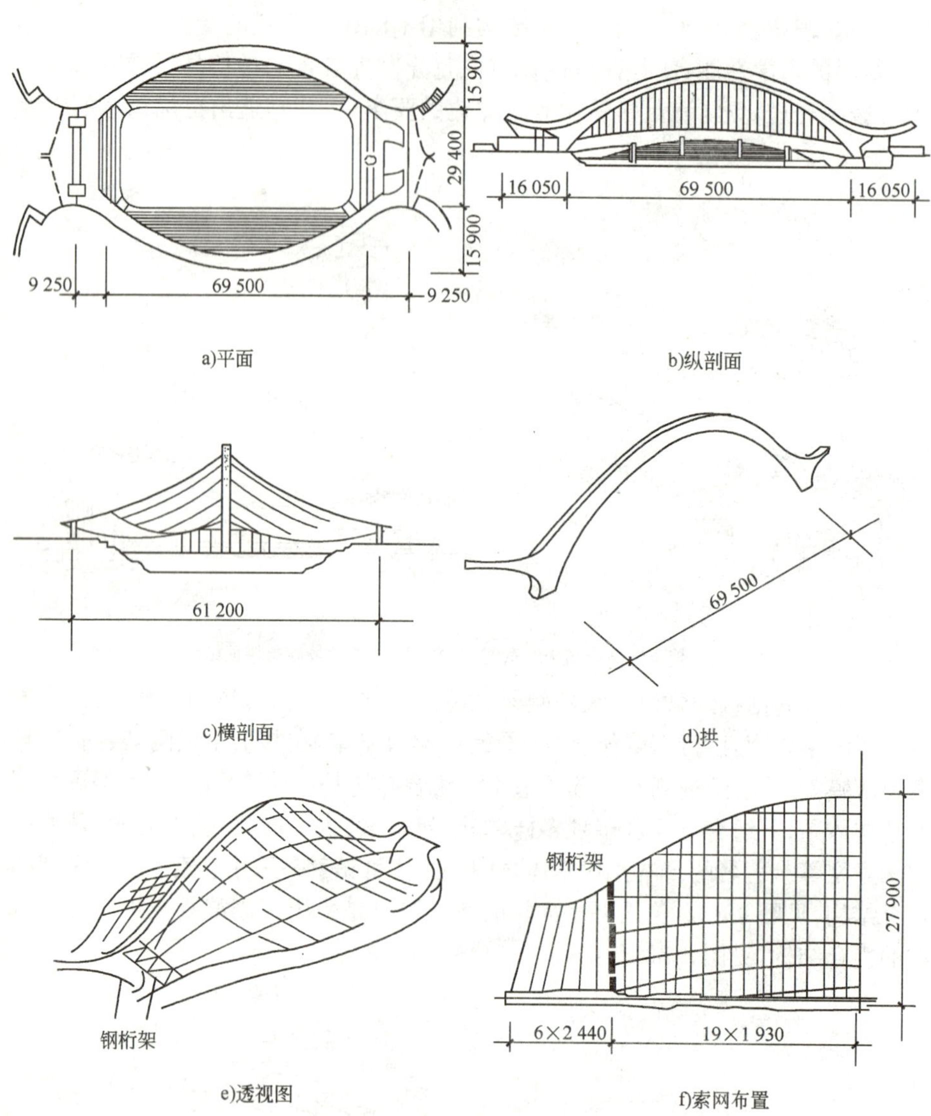

图 4-33 美国耶鲁大学冰球馆结构示意(尺寸单位:mm)

复习思考题

1. 简述建筑构造学科的概念和任务。

2. 简述建筑物体系组成的划分标准和组成部分。

3. 简述建筑物构造组成的划分标准和七大组成部分。
4. 简述建筑构造学科的发展趋势。
5. 简述建筑结构的分类标准和不同类型。
6. 简述墙承重结构的不同结构布置类型及其特点。
7. 简述框架结构的组成、受力特点及其适用范围。
8. 简述高层建筑的受力特征和三种基本结构形式。
9. 简述高层建筑结构组合的四种形式。
10. 简述大跨度建筑的受力特征。
11. 简述大跨度建筑平面结构的类型。
12. 简述大跨度建筑空间结构的类型。

第 5 章　民用建筑物常用承重体系建筑构造

5.1　砖混结构承重体系

墙承重结构体系也称为砖混结构，即是由砖或砌块组成承重墙支承钢筋混凝土楼板的结构。这种结构，因施工方便，节省钢材和水泥，特别是在中小城市多层和少层住宅中用得较多。

5.1.1　墙体构造

在砖混结构体系中，墙体是房屋主要的承重结构，也是房屋的围护构件。墙体布置必须同时考虑建筑和结构两方面的要求，既满足设计的房间布置、空间大小划分等使用要求，又应选择合理的墙体承重结构布置方案，使之安全承担作用在房屋上的各种荷载，坚固耐久、经济合理。如图 5-1 所示为墙承重结构体系建筑。

图 5-1　墙承重结构体系建筑

(1)墙体材料

墙体承重结构体系的主要材料是块材墙，块材墙是用砂浆等胶结材料将砖石块材等组砌而成，如砖墙、石墙及各种砌块墙等，也可以简称为砌体。一般情况下，块材墙具有一定的保温、隔热、隔声性能和承载能力，生产制造及施工操作简单，不需要大型的施工设备，但是现场湿作业较多、施工速度慢、劳动强度较大。图 5-2 为几种常见的块材墙材料。

图 5-2　常见块材墙材料

①常用块材

块材墙中常用的块材有各种砖、砌块及天然石块(图 5-3)。

a)砖墙

b)砌块墙

c)天然石块墙

图 5-3　块材墙常用块材

a. 砖　砖的种类很多，从材料上看，有黏土砖、灰砂砖、页岩砖、煤矸石砖、水泥砖及各种工业废料砖，如炉渣砖等。从外观上看，有实心砖、空心砖和多孔砖。从其制作工艺上看，有烧结和蒸压养护成型等方式。目前，常用的有烧结普通砖、蒸压粉煤灰砖、蒸压灰砂砖、烧结空心砖及烧结多孔砖。

b. 砌块　为利用混凝土、工业废料(炉渣、粉煤灰等)或地方材料制成的人造块材，外形尺寸比砖大，具有设备简单、砌筑速度快的优点，符合了建筑工业化发展中墙体改革的要求。

砌块按尺寸和质量的大小不同，分为小型砌块、中型砌块及大型砌块。砌块按外观形状，可以分为实心砌块和空心砌块。

②胶结材料

块材需经胶结材料砌筑成墙体，使它传力均匀。同时胶结材料还起着嵌缝作用，能提高墙体的防寒、隔热和隔声能力。块材墙的胶结材料主要是砂浆。砌筑砂浆要求有一定的强度，以保证墙体的承载能力，还要求有适当的稠度和保水性（即有良好的和易性），方便施工。

通常使用的砌筑砂浆有水泥砂浆、石灰砂浆及混合砂浆三种。

(2)墙体厚度

墙体尺度指厚度和墙段长两个方向的尺度。要确定墙体的尺度，除应满足结构和功能要求外，还必须符合块材自身的规格尺寸。

墙厚主要由块材和灰缝的尺寸组合而成。以常用的实心砖规格（长×宽×厚）240mm×115mm×53mm 为例，用砖的三个方向的尺寸作为墙厚的基数，加上灰缝 10 mm 进行砌筑。常用砖墙厚度为 120mm、240mm、370mm、490mm，见图 5-4。

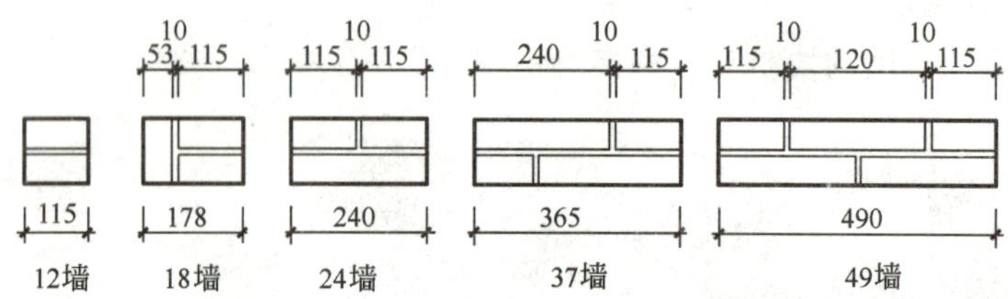

图 5-4　砖墙的厚度与组成（尺寸单位：mm）

(3)墙身的细部构造

为了保证墙体的耐久性和墙体与其他构件的连接，应在相应的位置进行构造处理。墙身的细部构造包括墙脚（在第六章讲）、门窗洞口、墙身加固措施及变形缝构造等。

①门窗洞口构造

a. 门窗过梁构造　过梁是承重构件，用来支承门窗洞口上墙体的荷重，承重墙上的过梁还要支承楼板荷载。常用的过梁主要有钢筋混凝土过梁。

钢筋混凝土过梁承载能力强，可用于较宽的门窗洞口，对房屋不均匀下沉或振动有一定的适应性。预制装配过梁施工速度快，是最常用的一种。图 5-5 为钢筋混凝土过梁构造示意图。

除钢筋混凝土过梁外，还有平拱砖过梁、传统的砖拱或石拱过梁，以及结合细部设计而制作的各种钢筋混凝土过梁的变化形式，如图 5-6 所示。

b. 窗台　其作用是排除沿窗面流下的雨水，防止其渗入墙身且沿窗缝渗入室内,同时避免雨水污染外墙面。为便于排水,一般设置为挑窗台。处于内墙或阳台等处的窗,不受雨水冲刷,可不必设挑窗台。外墙面材料为贴面砖时,墙面易被雨水冲洗干净,也可不设挑窗台。

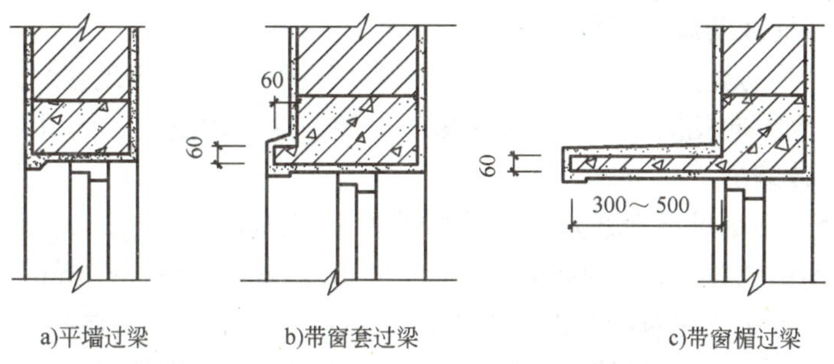

图 5-5 钢筋混凝土过梁构造示意图(尺寸单位:mm)

图 5-6 其他形式的过梁

挑窗台可以用砖砌,也可以用混凝土窗台构件。图 5-7 为砖砌窗台示意图。

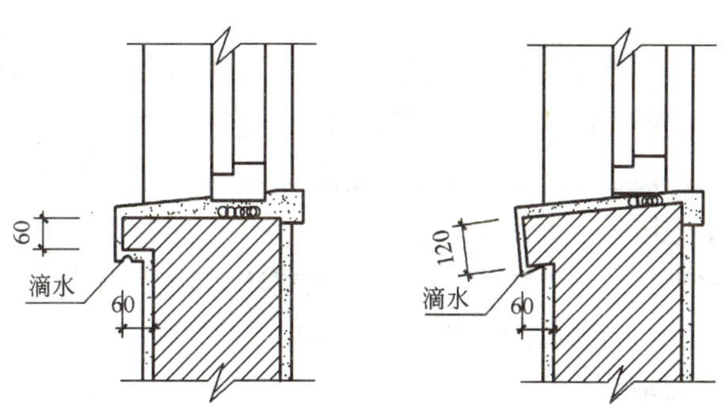

图 5-7 砖砌窗台示意图(尺寸单位:mm)

c.变形缝　由于温度变化、地基不均匀沉降及地震因素的影响，易使建筑物发生裂缝或破坏，故在设计时应事先将房屋划分成若干个独立的部分，使各部分能自由的变化。这种将建筑物垂直分开的预留缝称为变形缝。变形缝包括温度伸缩缝、沉降缝及防震缝三种。

伸缩缝：为防止建筑构件因温度变化、热胀冷缩使房屋出现裂缝或破坏，在沿建筑物长度方向相隔一定距离预留垂直缝隙。这种因温度变化而设置的缝叫做温度缝或伸缩缝。

伸缩缝是从基础顶面开始，将墙体、楼板、屋顶全部构件断开，因为基础埋于地下，受气温影响较小，不必断开。伸缩缝的宽度一般为 20～30 mm。

沉降缝：为防止建筑物各部分由于地基不均匀沉降引起房屋破坏所设置的垂直缝称为沉降缝。沉降缝将房屋从基础到屋顶的全部构件断开，使两侧各为独立的单元，可以在垂直方向自由沉降。

防震缝：按国家标准权限审定，作为一个地区抗震设防依据的地震烈度，简称设防烈度或烈度。我国规定地震基本烈度为 6 度或 6 度以上的地区为抗震设防区，低于 6 度的地区为非抗震设防区。在抗震设防烈度 7～9 度地区内应设防震缝。一般情况下，防震缝仅在基础以上设置，但防震缝应同伸缩缝和沉降缝协调布置，做到一缝多用。当防震缝与沉降缝结合设置时，基础也应断开。

图 5-8 为变形缝的三种形式。

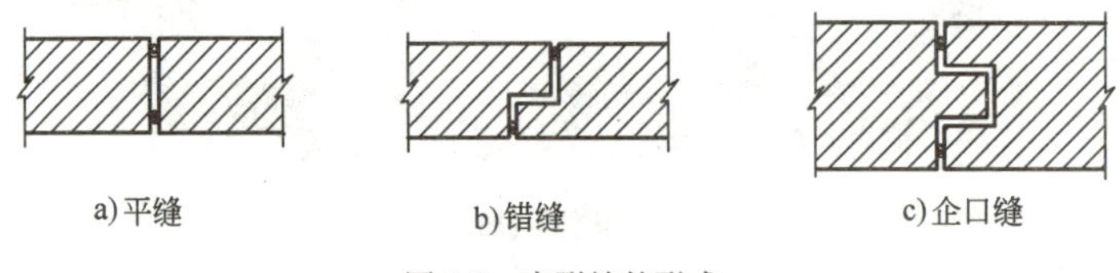

图 5-8　变形缝的形式

②墙身加固措施

砖混结构体系中由于砖墙是脆性材料，变形能力小，如果层数过多，重量就大，砖墙可能破碎和错位，甚至被压跨，因而应验算承重墙或柱在控制截面处的承载力。特别是地震区，房屋的破坏程度随层数增多而加重，因而对房屋的高度及层数均有一定的限制。

墙体作为承重构件，应满足一定的刚度要求。一方面构件自身应具有稳定性，同时地震区还应考虑地震作用下对墙体稳定性的影响，对多层砖混房屋一般只考虑水平方向的地震作用。

为增加墙体的刚度和稳定性，应对承重墙高厚比加以控制。墙的高厚比是指墙的计算高度与墙厚的比值。高厚比越大，构件越细长，其稳定性越差。因而高厚比必须控制在允许值以内。

抗震设防地区，为了增加建筑物的整体刚度和稳定性，在多层砖混结构房屋的墙体中，除在地震烈度 7～9 度的地区内设置防震缝外还应采取以下构造措施。

a. 圈梁　其作用是增加房屋的整体刚度和稳定性，减轻地基不均匀沉降对房屋的破坏，抵抗地震作用的影响。圈梁设在房屋四周外墙及部分内墙中，处于同一水平高度，其上表面与楼板面平，像箍一样把墙箍住。

圈梁常用钢筋混凝土圈梁。钢筋混凝土圈梁整体刚度好，应用广泛，分整体式和装配整体式两种施工方法。圈梁宽度同墙厚，高度与块材尺寸相对应，如砖墙中一般为 180mm、240mm。见图 5-9。

图 5-9　圈梁

b. 构造柱　为了增加建筑物的整体刚度和稳定性，在使用块材墙的墙承重房屋的墙体中，还需设置钢筋混凝土构造柱，使之与各层圈梁连接，形成空间骨架，加强墙体抗弯、抗剪能力，使墙体在破坏过程中具有一定的延伸性，减缓墙体的酥碎现象产生。构造柱(图 5-10)是防止房屋倒塌的一种有效措施。

5.1.2　楼板构造

大量性民用建筑楼板，常用钢筋混凝土楼板。按其施工方法不同，可分为现浇式、装配式及装配整体式三种。现浇钢筋混凝土楼板整体性好、刚度大，利于抗震，梁板布置灵活，能适应各种不规则形状和需留孔洞等特殊要求的建筑，但模板材料的耗用量大。装配式钢筋混凝土楼板能节省模板，有利于提高劳动生产率和加快施工进度，但楼板的整体性较差。一些房屋为节省模板、加快施工进度并增强楼板的整体性，常做成装配整体式楼板。

墙承重结构体系中常用装配式钢筋混凝土楼板。装配式钢筋混凝土楼板是把楼板分成若干构件，在工厂或预制场预先制作好，然后在施工现场进行安装。预制板的长度应与房屋的开间或进深一致，长度一般为300mm的倍数；板的宽度根据制作、吊装和运输条件及有利于板的排列组合确定。

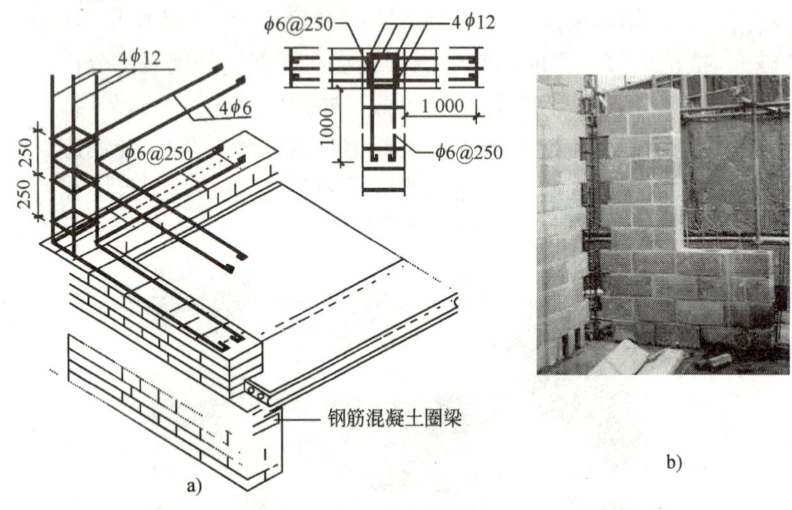

图5-10　构造柱(尺寸单位:mm)

(1)楼板的类型

常用的预制钢筋混凝土板，根据其截面形式可分为平板、槽形板及空心板三种类型，如图5-11所示。

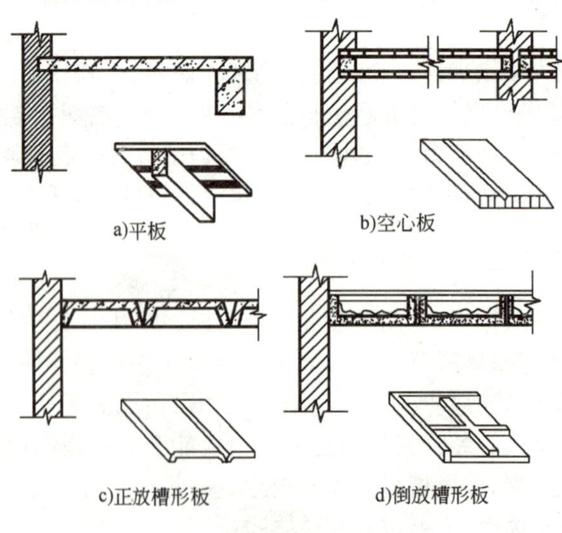

图5-11　预制钢筋混凝土板的类型

①平板

实心平板一般用于小跨度，板的厚度较小。板面上下平整，制作简单，但自重较大，隔声效果差。常用其作走道板、卫生间楼板、阳台板、雨篷板、管沟盖板等。

②槽形板

当板的跨度尺寸较大时，为了减轻板的自重，根据板的受力情况，可将板做成由肋和板构成的槽形板。槽形板减轻了板的自重，具有省材料、便于在板上开洞等优点，但隔声效果差。

③空心板

根据板的受力情况，结合考虑隔声的要求，并使板面上下平整，可将预制板抽孔做成空心板，空心板的孔洞有矩形、方形、圆形、椭圆形等。矩形孔较为经济但抽孔困难；圆形孔的板刚度较好，制作也较方便，因此使用较广。

(2)阳台及雨篷

①阳台

阳台是多层或高层建筑中不可缺少的室内外过渡空间，为人们提供户外活动的场所。阳台的设置对建筑物的外部形象也起着重要的作用(图 5-12)。

图 5-12　各种形式的实物阳台

a.阳台的类型　阳台按使用要求不同，可分为生活阳台和服务阳台。根据阳台与建筑物外墙的关系，可分为挑（凸）阳台、凹阳台（回廊）及半挑半凹阳台（图 5-13）。按阳台在外墙上所处的位置不同，有中间阳台和转角阳台之分。当阳台的长度占有两个或两个以上开间时，称为外廊 。

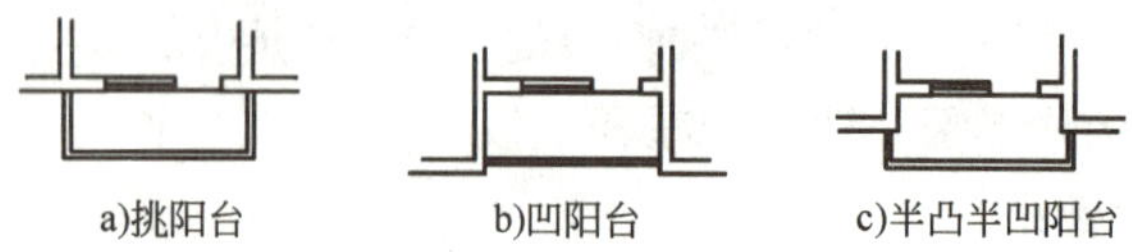

图 5-13　阳台的类型

阳台由承重结构（梁、板）和栏杆组成。阳台的结构及构造设计应满足适用、美观、安全、坚固的要求。

b.挑阳台的结构布置　可采用挑梁搭板、悬挑阳台板等方式进行挑阳台的结构布置。挑梁搭板即在阳台两端设置挑梁，挑梁上搁板（如图 5-14 所示）。此种方式构造简单、施工方便，阳台板与楼板规格一致，是较常采用的一种方式。

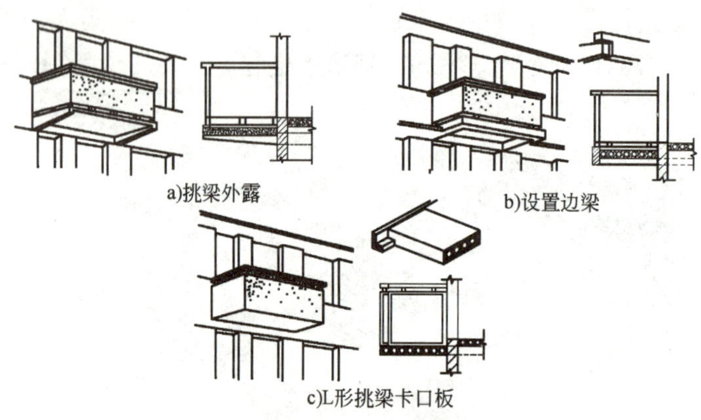

图 5-14　挑梁搭板

悬挑阳台板即阳台的承重结构是由楼板挑出的阳台板构成（如图 5-15 所示）。此种方式阳台板底平整，造型简洁，阳台长度可以任意调整。

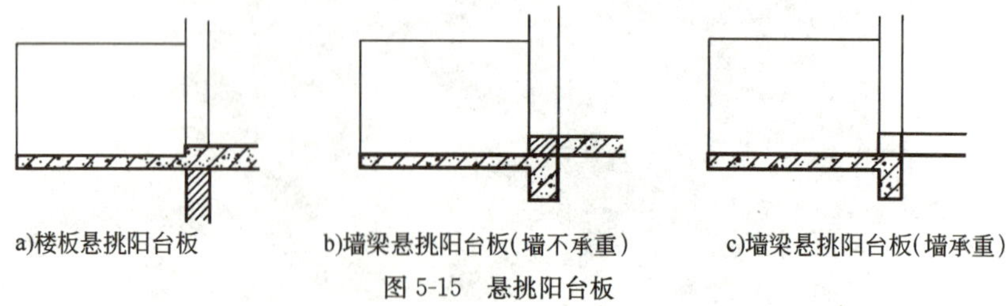

图 5-15　悬挑阳台板

c. 阳台栏杆　阳台栏杆高度因建筑使用对象不同而有所区别，根据现行《民用建筑设计通则》(GB 50352—2005)和《住宅设计规范》(GB 50096)规定：临空高度在 24m 以下时，阳台、外廊栏杆高度不应低于 1.05m；临空高度在 24m 及以上(包括中高层住宅)时，栏杆不应低于 1.1m，但不宜超过 1.2 m。

根据阳台栏杆使用的材料不同，有金属栏杆、钢筋混凝土栏杆、玻璃栏杆及不同材料组成的混合栏杆。

按阳台栏杆空透的情况不同，有实心栏板、空花栏杆及部分空透的组合式栏杆。选择栏杆的类型应结合立面造型的需要、使用的要求、地区气候特点、人的心理要求、材料的供应情况等多种因素决定。

阳台栏板的构造方法见图 5-16。

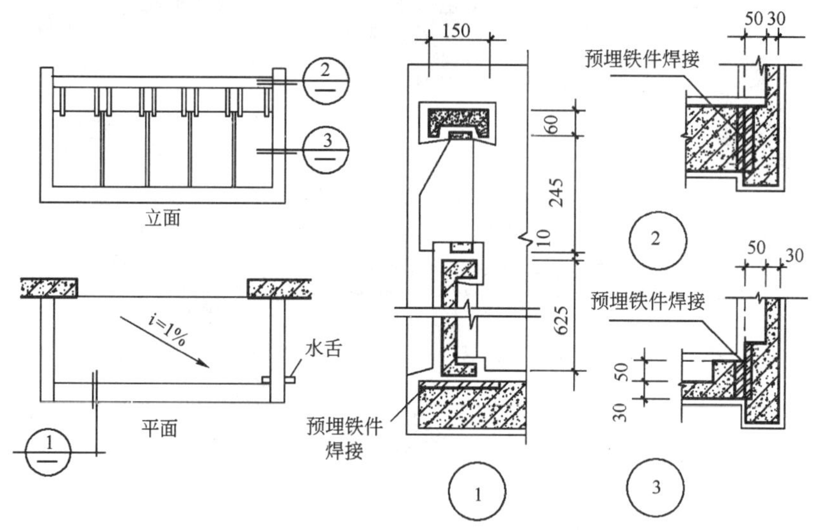

图 5-16　栏板拼接构造(尺寸单位：mm)

②雨篷

为了雨天人们在出入口处作短暂停留时不被雨淋，通常将雨篷设在房屋出入口的上方，雨篷还起到保护门和丰富建筑立面造型的作用。

由于房屋的性质、出入口的大小和位置、地区气候特点及立面造型的要求等因素的影响，雨篷的形式可做成多种多样(图 5-17)。

根据雨篷板的支承不同，有采用门洞过梁悬挑板的方式，也有采用墙或柱支承的。其中最简单的是过梁悬挑板式，即悬挑雨篷(如图 5-18 所示)。悬挑板板面与过梁顶面可不在同一标高上，梁面较板面标高高，对于防止雨水浸入墙体有利。由于雨篷上荷载不大，悬挑板的厚度较薄，为了板面排水的组织和立面造型的需要，板外沿常做加高处理，采用混凝土现浇或砖砌成，板面需做防水处理，并在靠墙处做泛水。

图 5-17 雨篷形式示例

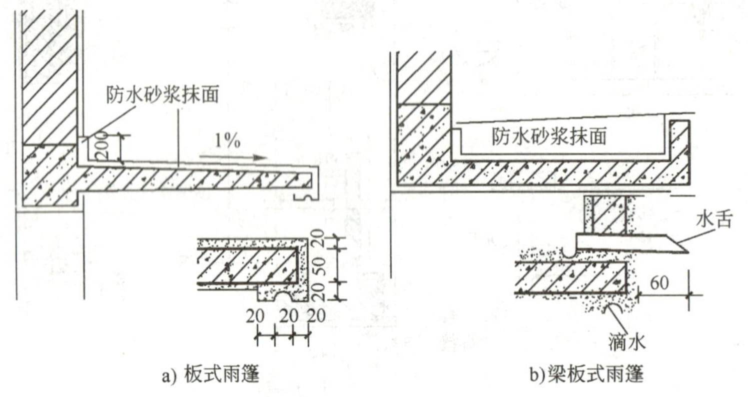

a) 板式雨篷

b)梁板式雨篷

图 5-18 雨篷构造(尺寸单位:mm)

5.1.3 楼梯构造

(1)楼梯的组成及尺度

①楼梯的组成

楼梯一般由梯段、平台、栏杆扶手三部分组成，如图 5-19 所示。

a. 梯段　俗称梯跑，是联系两个不同标高平台的倾斜构件。梯段的踏步步数一般不宜超过 18 级，但也不宜少于 3 级。

b. 楼梯平台　按平台所处位置和标高不同，有中间平台和楼层平台之分。两楼层之间的平台称为中间平台，用来供人们行走时调节体力和改变行进方向。

而与楼层地面标高齐平的平台称为楼层平台，除起着与中间平台相同的作用外，还用来分配从楼梯到达各楼层的人流。

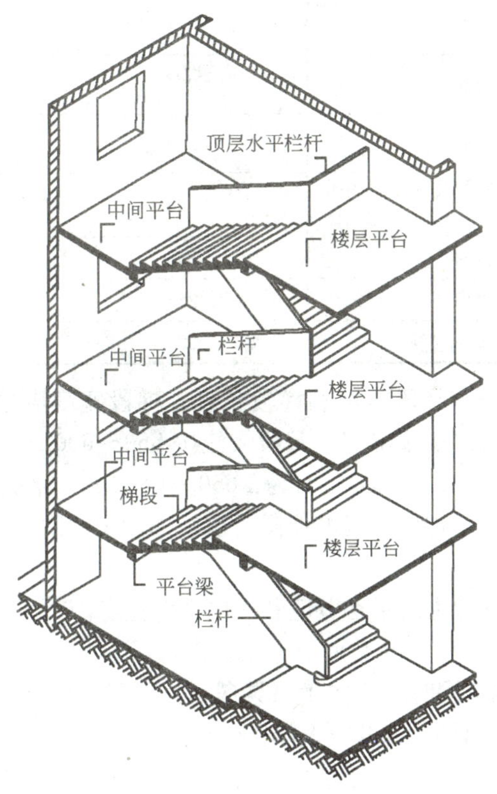

图 5-19　楼梯的组成

c. 栏杆扶手　为设在梯段及平台边缘的安全保护构件。

楼梯作为建筑空间竖向联系的主要部件，其位置应明显，起到提示引导人流的作用，并要充分考虑其造型美观，人流通行顺畅，行走舒适，结构坚固，防火安全，同时还应满足施工和经济条件的要求。因此，需要合理地选择楼梯的形式、坡度、材料、构造做法，精心地处理好其细部构造。

②楼梯的尺度

a. 踏步尺度　楼梯的坡度在实际应用中均由踏步高宽比决定。踏步的高宽比需根据人流行走的舒适、安全和楼梯间的尺度、面积等因素进行综合权衡，常用的坡度为 1∶2 左右。人流量大、安全要求高的楼梯坡度应该平缓一些，反之则可陡一些，以利节约楼梯水平投影面积。

楼梯踏步的踏步宽和踏步高尺寸见表5-1。

楼梯踏步最小宽度和最大高度(单位:mm)　　表5-1

楼梯类别	最小宽度	最大高度
住宅共用楼梯	260	175
幼儿园、小学校等楼梯	260	150
影剧院、体育馆、商场、医院、旅馆及大中学校等楼梯	280	160
其他建筑楼梯	260	170
专用疏散楼梯	250	180
服务楼梯、住宅套内楼梯	220	200

b.梯段尺度　分为梯段宽度和梯段长度。梯段宽度应根据紧急疏散时要求通过的人流股数的多少来确定。每股人流按550～600mm宽度考虑,双人通行时为1 100～1 200mm,三人通行时为1 650～1 800mm,余类推。同时,需满足各类建筑设计规范中对梯段宽度的低限要求。梯段长度则应根据楼层高度进行计算。

c.平台宽度　分为中间平台宽度和楼层平台宽度。对于平行和折行多跑等类型楼梯,其中间平台宽度应不小于梯段宽度,并不得小于1 200mm,以保证通行和梯段同股数人流,同时还应便于家具搬运。医院建筑还应保证担架在平台处能转向通行,其中间平台宽度应大于1800mm。对于直行多跑楼梯,其中间平台宽度不宜小于1 200mm。对于楼层平台宽度,则应比中间平台更宽松一些,以利人流分配和停留。

d.梯井宽度　所谓梯井,系指梯段之间形成的空档,此空档从顶层到底层贯通。在平行多跑楼梯中,可无梯井,但为了梯段安装和平台转变缓冲,可设梯井。为了安全,其宽度应小,以60～200mm为宜。

e.栏杆扶手尺度　梯段栏杆扶手高度应从踏步前缘线垂直量至扶手顶面。其高度根据人体重心高度和楼梯坡度大小等因素确定,一般不应低于900mm;靠楼梯井一侧水平扶手长度超过500mm时,其扶手高度不应小于1 050mm;供儿童使用的楼梯应在500～600mm高度增设扶手(图5-20)。

f.楼梯净空高度　楼梯各部位的净空高度应保证人流通行和家具搬运,一般要求不小于2 000mm,梯段范围内净空高度应大于2 200mm(图5-21)。

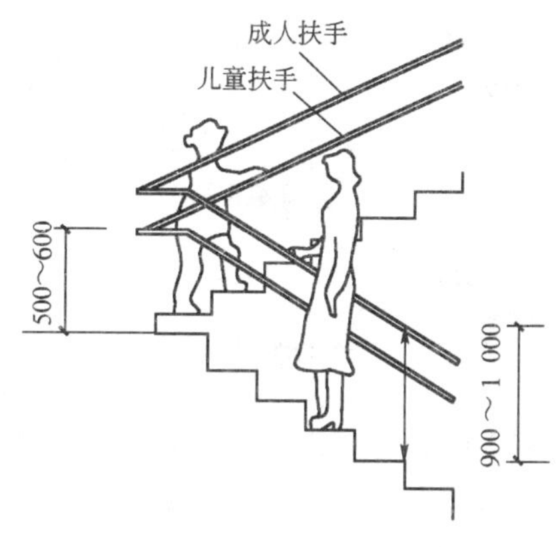

图 5-20 扶手高度位置(尺寸单位:mm)

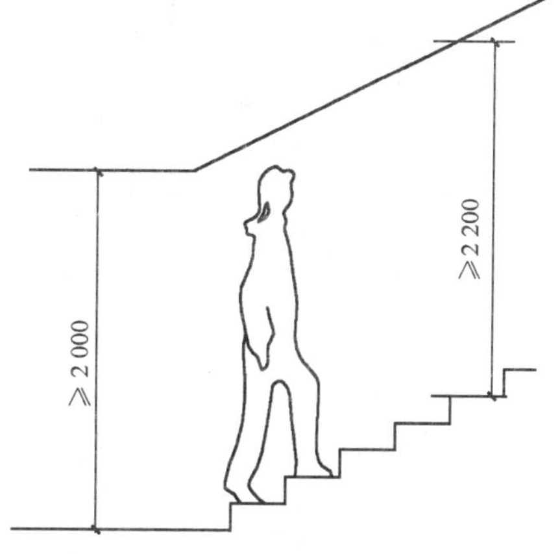

图 5-21 楼梯净空高度(尺寸单位:mm)

(2)预制装配式钢筋混凝土楼梯构造

钢筋混凝土楼梯具有坚固耐久、节约木材、防火性能好、可塑性强等优点,应用广泛。按其施工方式,可分为预制装配式和现浇整体式。现浇整体式整体刚度好,但现场施工量大。预制装配式有利于节约模板、提高施工速度。墙承重体系主要采用预制装配式钢筋混凝土楼梯构造。

预制装配式钢筋混凝土楼梯按其构造方式可分为墙承式、墙悬臂式及梁承式等类型。

①墙承式

预制装配墙承式钢筋混凝土楼梯系指预制钢筋混凝土踏步板直接搁置在墙上的一种楼梯形式,如图 5-22 所示。其踏步板一般采用一字形、L 形或┒形断面。

预制装配墙承式钢筋混凝土楼梯踏步两端由墙体支承,不需设平台梁、梯斜梁和栏杆,需要时设靠墙扶手。但由于踏步板直接安装入墙体,对墙体砌筑和施工速度影响较大。同时,踏步板入墙端形状、尺寸与墙体砌块模数不容易吻合,砌筑质量不易保证。这种楼梯由于在梯段之间有墙,搬运家具不方便,阻挡视线,对抗震不利,施工也较麻烦,现在仅有时用于小型的一般性建筑中。

②墙悬臂式

预制装配墙悬臂式钢筋混凝土楼梯系指预制钢筋混凝土踏步板一端嵌固于楼梯间侧墙上,另一端凌空悬挑的楼梯形式,如图 5-23 所示。

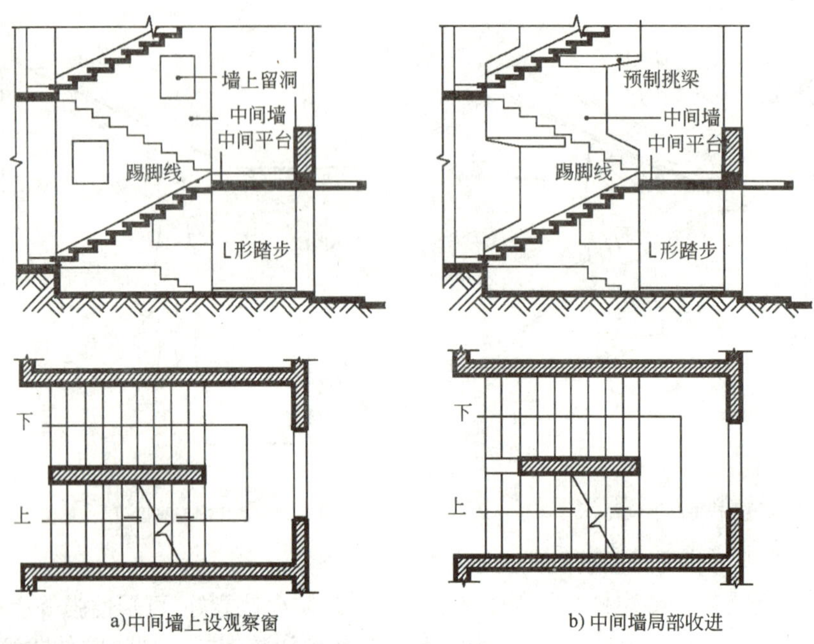

图 5-22　预制装配墙承式钢筋混凝土楼梯

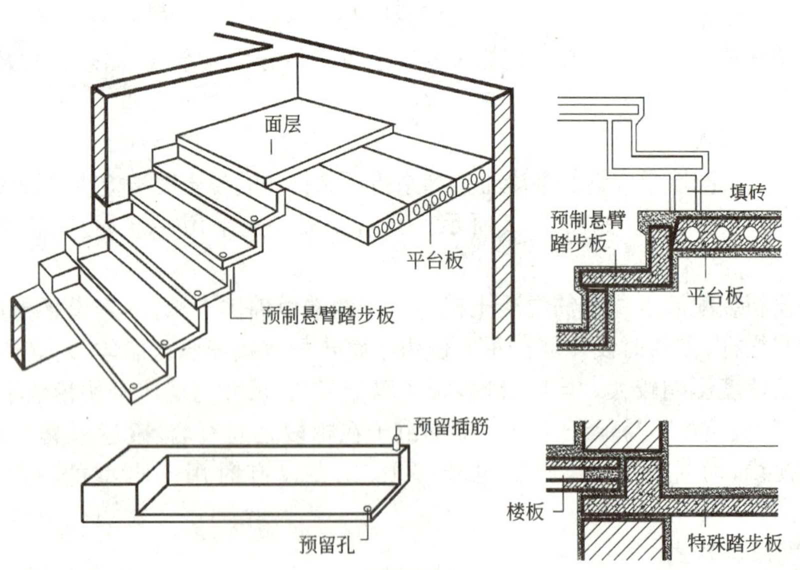

图 5-23　预制装配墙悬臂式钢筋混凝土楼梯

预制装配墙悬臂式钢筋混凝土楼梯无平台梁和梯斜梁，也无中间墙，楼梯间空间轻巧空透，结构占空间少，但其楼梯间整体刚度极差，不能用于有抗震设防要求的地区。由于需随墙体砌筑安装踏步板，并需设临时支撑，施工比较麻烦，现在已少有采用。

③梁承式

预制装配梁承式钢筋混凝土楼梯系指梯段由平台梁支承的楼梯构造方式。由于在楼梯平台与斜向梯段交汇处设置了平台梁，避免了构件转折处受力不合理和节点处理的困难，同时平台梁既可支承于承重墙上又可支承于框架结构梁上，在一般大量性民用建筑中较为常用。预制构件可分为梯段(板式或梁板式梯段)、平台梁、平台板三部分，如图 5-24 所示。

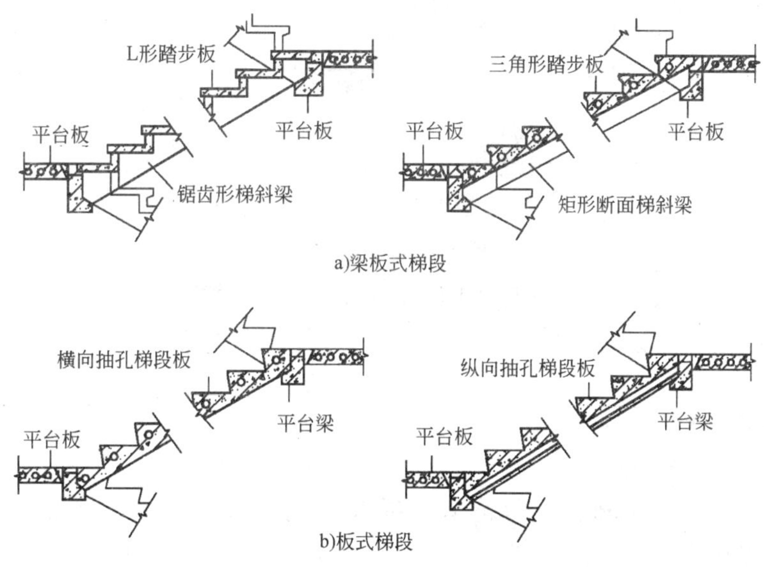

图 5-24 预制装配梁承式楼梯

5.1.4 基础

(1)地基与基础

基础是地面以下的承重构件，它承受建筑物上部结构传下来的全部荷载，并把这些荷载连同本身的重量一起传到地基上。地基则是承受由基础传下的荷载的土层。地基承受建筑物荷载而产生的应力和应变随着土层深度的增加而减小，在达到一定深度后就可忽略不计。直接承受建筑荷载的土层为持力层，持力层以下的土层为下卧层(图 5-25)。

地基有天然地基与人工地基之分，凡天然土层具有足够的承载力，不需经过人工加固，可直接在其上建造房屋的土层称为天然地基。天然地基的土层分布及承载力大小由勘测部门实测提供。天然地基的土层分为岩石、碎石土、砂土、粉土、黏性土及人工填土。

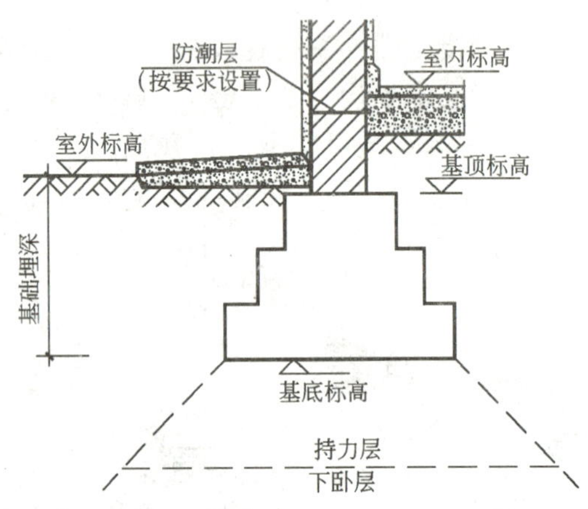

图 5-25　基础的组成

当土层的承载力较差或虽然土层较好，但上部荷载甚大时，为使地基具有足够的承载能力，可以对土层进行人工加固，这种经人工处理的土层，称为人工地基。

(2)基础的埋置深度

由室外设计地面到基础底面的距离，叫基础的埋置深度。基础的埋深小于或等于 5m 者为浅基础，大于 5m 者为深基础。在满足地基稳定和变形要求的前提下，基础宜浅埋，当上层地基的承载力大于下层土时，宜利用上层土作持力层。除岩石地基外，基础埋深不宜小于 0.5m。

影响基础埋深的因素很多，主要应考虑地基的地质构造、地下水位的影响、地基土是否冻结和冻结深度的影响等。

(3)基础的类型

承重墙基础的类型主要为带形基础。

带形基础为连续的带形，也叫条形基础。当地基条件较好、基础埋置深度较浅时，墙承式的建筑多采用带形基础，以便传递连续的条形荷载。带形基础常用砖、石、混凝土等材料建造。当地基承载能力较小，荷载较大时，承重墙下也可采用钢筋混凝土带形基础，见图 5-26。

①按基础的材料分类

按基础材料不同，可分为砖基础、石基础、混凝土基础、毛石混凝土基础、钢筋混凝土基础等。

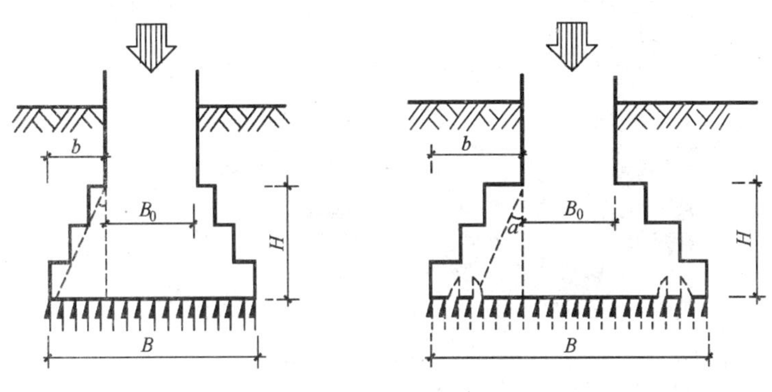

图 5-26 刚性基础

②按基础的传力情况分类

按基础的传力情况不同，可分刚性基础和柔性基础两种。

砖、石、混凝土、灰土等材料抗压强度高而抗弯、抗剪强度很低，采用这类材料做基础即为刚性基础。

刚性基础常用于地基承载力较好、压缩性较小的中小型民用建筑。

柔性基础即是钢筋混凝土基础，在墙承重体系中采用较少，将在骨架承重体系中讲述。

5.2 钢筋混凝土框架承重体系

钢筋混凝土框架承重体系广泛应用于多层或高层民用建筑及多层工业建筑中。

5.2.1 楼板构造

(1)现浇式钢筋混凝土肋梁楼板

①现浇肋梁楼板

现浇肋梁楼板(图 5-27)由板、次梁、主梁现浇而成。根据板的受力状况不同，有单向板肋梁楼板、双向板肋梁楼板。单向板的平面长边与短边之比≥3，可认为这种板受力后仅向短边传递。双向板的平面长边与短边之比≤2，受力后向两个方向传递，短边受力大，长边受力小。

图 5-27　现浇带肋梁楼板

②井式楼板

当肋梁楼板两个方向的梁不分主次，高度相等，同位相交，呈井字形时则称为井式楼板(图 5-28)。因此，井式楼板实际是肋梁楼板的一种特例。井式楼板的板为双向板，所以，井式楼板也是双向板肋梁楼板。

图 5-28　井式楼板

井式楼板宜用于正方形平面，长短边之比 ≤1.5 的矩形平面也可采用。梁与楼板平面的边线可正交也可斜交。此种楼板的梁板布置图案美观，有装饰效果，并且由于两个方向的梁互相支撑，为创造较大的建筑空间创造了条件。所以，一些大厅采用了井式楼板，其跨度可达 20～30m。

③无梁楼板

无梁楼盖不设梁，是一种双向受力的板柱结构(图 5-29)。为了提高柱顶处平板的受冲切承载力，往往在柱顶设置柱帽。无梁楼板采用的柱网通常为正方形或接近正方形，这样较为经济。常用的柱网尺寸为6m左右。采用无梁楼板顶棚平整，有利于室内的采光、通风，视觉效果较好，且能减少楼板所占的空间高度。但楼板较厚，当楼面荷载较小时不经济。无梁楼板常用于商场、仓库、多层车库等建筑内。

无梁楼盖抗侧刚度较差，当层数较多或有抗震要求时，宜设置剪力墙，形成板柱-剪力墙结构。

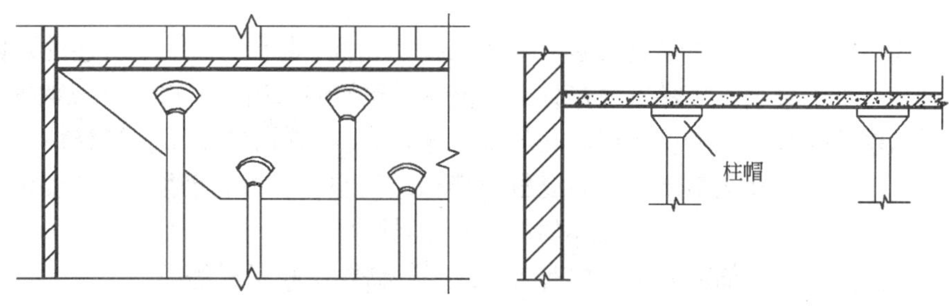

图 5-29　无梁楼板

(2)装配整体式钢筋混凝土楼板

现浇钢筋混凝土楼板的整体性好但施工速度慢，耗费模板，不经济。装配式钢筋混凝土楼板的整体性差但施工速度快，省模板。预制薄板与现浇混凝土面层叠合而成的装配整体式楼板，或称叠合式楼板，则既省模板，整体性又好，但施工较麻烦(如图5-30)。叠合式楼板的预制钢筋混凝土薄板既是永久性模板承受

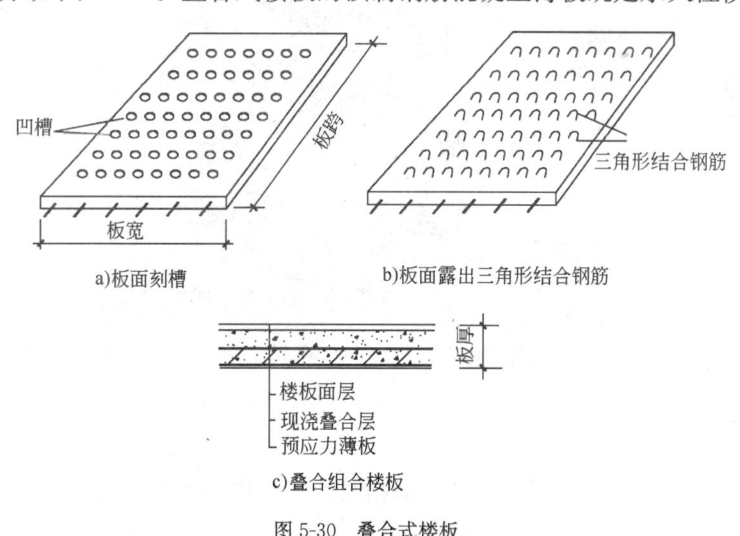

图 5-30　叠合式楼板

施工荷载,也是整个楼板结构的一个组成部分。预应力钢筋混凝土薄板内配以高强钢丝作为预应力筋,同时也是楼板的跨中受力钢筋,板面现浇混凝土叠合层只需配置少量的支座负弯矩钢筋。所有楼板层中的管线均事先埋在叠合层内,现浇层内预制薄板底面平整,作为顶棚可直接喷浆或粘贴装饰顶棚壁纸。预制薄板叠合楼板常在住宅、宾馆、学校、办公楼、医院及仓库等建筑中应用。

5.2.2 楼梯构造

骨架承重体系楼梯组成与墙承重体系楼梯相同,墙承重体系中所述的装配式钢筋混凝土梁承式楼梯也可在骨架承重体系建筑中采用。但由于骨架承重体系中承重骨架大多采用现浇钢筋混凝土结构,因而楼梯通常采用现浇整体式钢筋混凝土楼梯。现浇整体式钢筋混凝土楼梯结构整体性好,能适应各种楼梯间平面和楼梯形式,充分发挥钢筋混凝土的可塑性。

现浇整体式钢筋混凝土楼梯有梁承式、梁悬臂式、扭板式等类型。

(1)现浇梁承式

现浇梁承式钢筋混凝土楼梯(见图 5-31)由于其平台梁和梯段连接为一整体,比预制装配梁承式钢筋混凝土楼梯受构件搭接支承关系的制约少。当梯段为梁板式梯段时,梯斜梁可上翻或下翻形成梯帮,如图 5-32a)、b)所示。由于梁板式梯段踏步板底面为折线形,支模较困难,常做成板式梯段,如图 5-32c)所示。

图 5-31　现浇梁承式钢筋混凝土楼梯

(2)现浇梁悬臂式

现浇梁悬臂式钢筋混凝土楼梯系指踏步板从梯斜梁两边或一边悬挑的楼梯形式,常用于框架结构建筑中或室外露天楼梯,如图 5-33 所示。

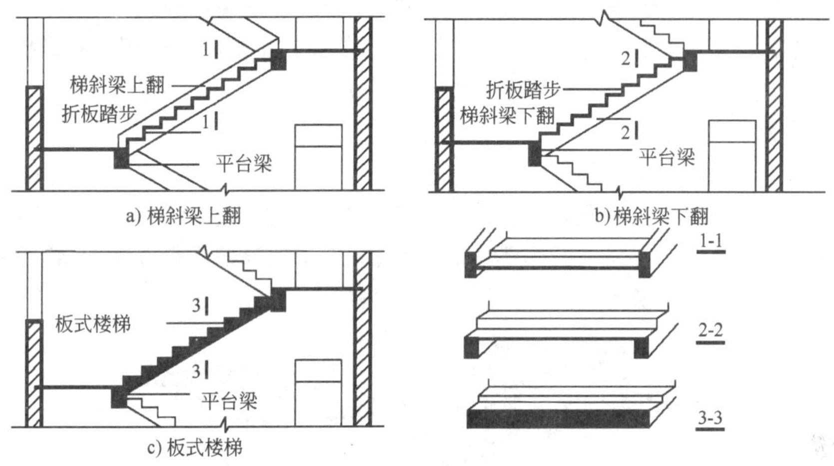

图 5-32　现浇梁承式钢筋混凝土梯段

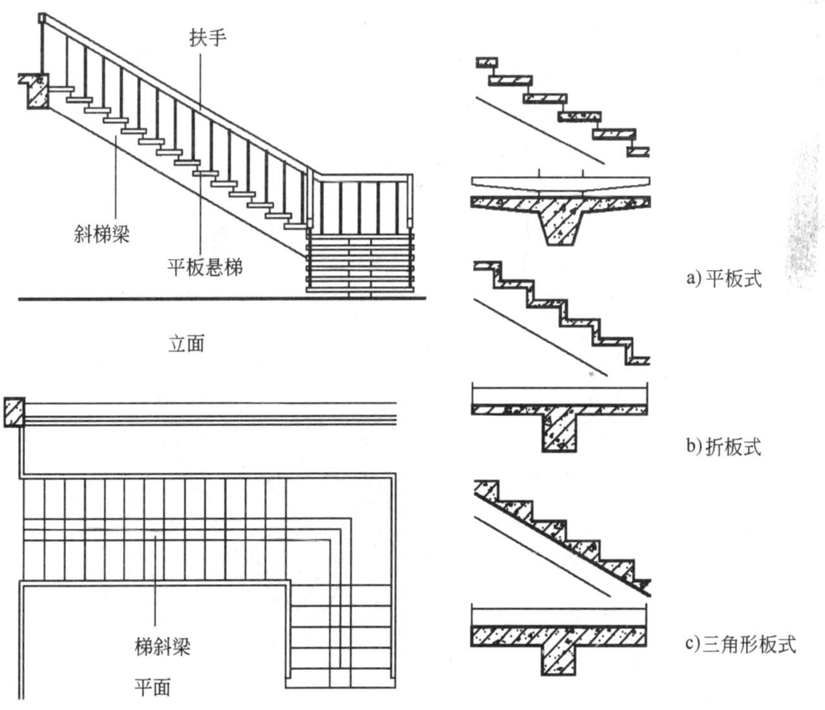

图 5-33　现浇梁悬臂式钢筋混凝土楼梯

这种楼梯一般为单梁或双梁悬臂支承踏步板和平台板。由于踏步板悬挑，造型轻盈美观。踏步板断面形式有平板式、折板式及三角形板式。

现浇梁悬臂式钢筋混凝土楼梯通常采用整体现浇方式，但为了减少现场支模，也可采用梁现浇、踏步板预制装配的施工方式。

(3)现浇扭板式

现浇扭板式钢筋混凝土楼梯底面平顺，结构占空间少，造型美观。但由于板跨大，受力复杂，结构设计和施工难度较大，钢筋和混凝土用量也较大。图5-34为现浇扭板式钢筋混凝土弧形楼梯，一般只宜用于建筑标准高的建筑，特别是公共大厅中。为了使梯段边沿线条轻盈，常在靠近边沿处局部减薄出挑。

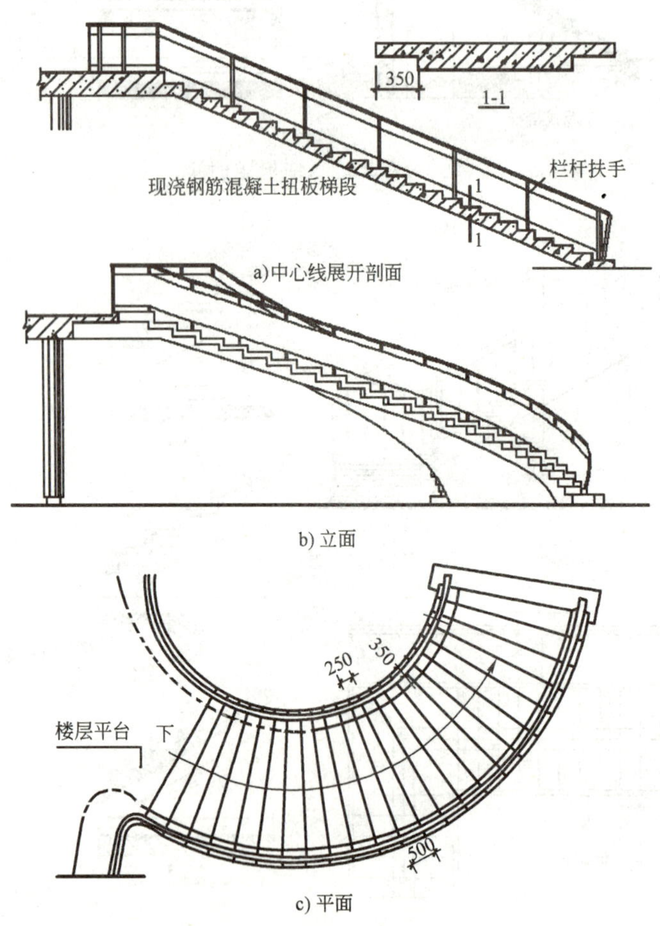

图5-34 现浇扭板式钢筋混凝土楼梯(尺寸单位:mm)

5.2.3 基础

骨架结构常用钢筋混凝土基础，钢筋混凝土基础不仅能承受压应力，还能承受较大的拉应力，称为柔性基础，如图5-35所示。

埋深较浅的钢筋混凝土基础常用独立式基础、柱下条形基础、筏形基础、壳体基础、岩层锚杆基础等，深基础主要为桩基。

(1)独立式基础

独立式基础呈独立的块状，形式有台阶形、锥形、杯形等(图5-36)。独立式基础主要用于柱下。在墙承式建筑中，当地基承载力较弱或埋深较大时，为了节约基础材料，减少土石方工程量，加快工程进度，亦可采用独立式基础。为了支承上部墙体，在独立基础上可设梁或拱等连续构件。

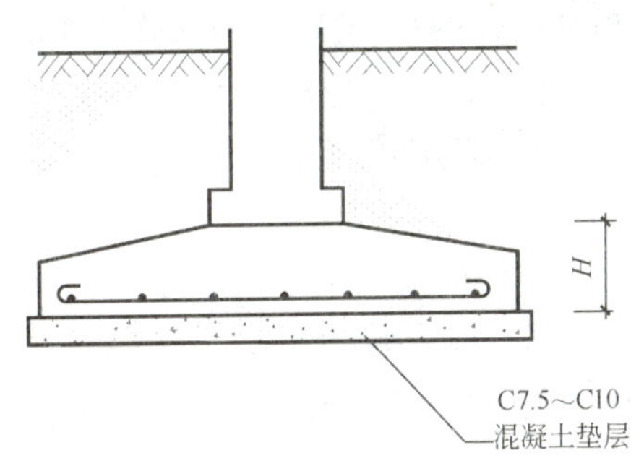

图5-35 柔性基础

图5-36 独立式基础

(2)桩基

桩基由承台和桩柱两部分组成(图5-37)。

承台是在桩柱顶现浇的钢筋混凝土梁或板，上部支承墙的为承台梁，上部支承柱的为承台板。

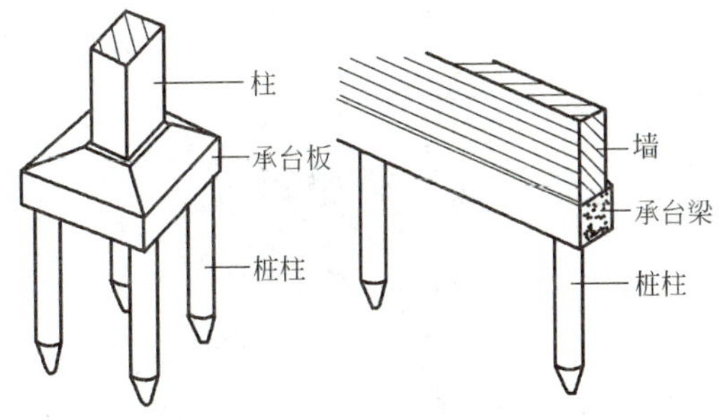

图5-37 桩基的组成

根据桩将荷载传给地基土的方式不同，桩可以分为摩擦桩、摩擦端承桩及端承桩三种；按桩的制作方法又可分为预制桩、灌注桩及爆扩桩三类。

预制桩是把桩先预制好，然后用打桩机打入地基土层中。桩的断面一般为200～350mm见方，桩长不超过12m。预制桩质量易于保证，不受地基其他条件影响(如地下水等)，但造价高，钢材用量大，打桩时有较大噪声，影响周围环境。

灌注桩是直接在所设计的桩位上开孔(圆形)，然后在孔内加放钢筋骨架，浇灌混凝土而成。与钢筋混凝土预制桩比较，灌注桩有施工快、施工占地面积小、造价低等优点，近年来发展较快。

复习思考题

1. 墙体承重结构体系的主要材料有哪几种?

2. 墙体承重结构体系墙身的细部构造包括门窗洞口、墙身加固措施及变形缝构造有哪些要求?

3. 简述常用的装配式钢筋混凝土楼板的类型及其特点和适用范围。

4. 挑阳台的结构布置有几种?

5. 阳台栏杆的高度应如何考虑?

6. 楼梯由哪几部分组成? 楼梯各部分的尺度有何要求?

7. 简述现浇肋梁楼板、井式楼板及无梁楼板的特点、适应范围。

8. 简述雨篷的作用和形式。

9. 何为天然地基、人工地基?

10. 简述桩基的组成。

第6章 建筑物的围护与分隔体系

建筑物围护体系的机能首先是从自然环境中围合出人工环境，其次是在人工环境中分隔出不同的空间，满足不同的使用功能。据此，围护体系又可分为外围护体系和内分隔体系两大组成部分。外围护体系主要由外墙和屋顶组成，还包括外门窗、地坪层、底层架空的楼板等。内分隔体系主要由楼板和隔墙组成，还包括建筑内部的门窗及隔断等。作为庇护人类、提供安全的围护和分隔体系，应具有一定的抵抗外界环境变化的能力，为人类提供基本舒适的环境，因而就对建筑物的围护与分隔体系提出了热工、防水、隔声及防火等要求。

6.1 墙体

墙体按照受力分类，可分为结构墙体和非结构墙体。结构墙体需要承受垂直力或水平力，属于建筑物结构体系的范畴，在前面各章中均有涉及，在本节中主要介绍非结构墙体，但有关围护与分隔体系性能的讨论仍然适用于作为围护和分隔体系的结构墙体。

非结构墙体主要包括框架填充墙、幕墙及隔墙等。非结构墙体的自重在砖混结构中由楼板、梁来承担，在框架结构中主要由框架梁、板、柱承担。

6.1.1 框架填充墙

框架填充墙是用砖或轻质混凝土小型砌块在结构框架梁、柱之间砌筑的墙体，见图6-1。框架填充墙既可用作外墙，也可用作内墙，通常是在框架结构施工完成后，进行施工。

填充墙的自重由框架结构支承，具体来说框架填充墙可支承在梁上，也可支承在楼板上。所以，框架填充墙应优先选用轻质材料，如砖、砌块等。常用的砖有烧结普通砖、烧结多孔砖、蒸压灰砂砖及蒸压粉煤灰砖，常用的砌块有普通混凝土小型空心砌块和轻骨料混凝土小型空心砌块。所采用的砖强度等级不应小于MU10，砌块强度等级不小于MU5。墙体的厚度应满足热工和隔声要求，视块材尺寸而定，外墙常用厚度有200mm、250mm、300mm，内墙常用厚度有 100mm、150mm、200mm。在地面或防潮层以下的填充墙应采用水泥砂浆砌筑，在地面或防潮层以上的填充墙宜采用混合砂浆砌筑，强度等级均不小于 M5。

图 6-1　框架填充墙外观

填充墙砌筑时应错缝搭砌，小型砌块搭砌长度不小于 90mm，且竖向通缝不应大于 2 皮砌块，灰缝宽度为 8～12mm。由于轻质块材通常吸水性较强，所以当采用轻骨料小型砌块时，墙体下部应用烧结砖或普通小砌块砌筑，高度不小于 200mm。填充墙砌至梁、板底部时，应预留一定空隙，待墙体稳定并至少 7 天后，再将其补砌挤紧。

填充墙与框架之间应有良好的连接，特别是当填充墙的长度和高度较大时，应采取附加构造措施保证墙体的传力和稳定性，主要的构造措施有：

①填充墙体竖向每隔 400mm 或 500mm 需从两侧框架柱中甩出长度不小于 600mm 的 3 根 $\phi6$ 钢筋伸入砌体锚固，参见图 6-2。

②填充墙墙段长度超过 5m 时，墙顶应与梁底或板底拉结，参见图 6-3。

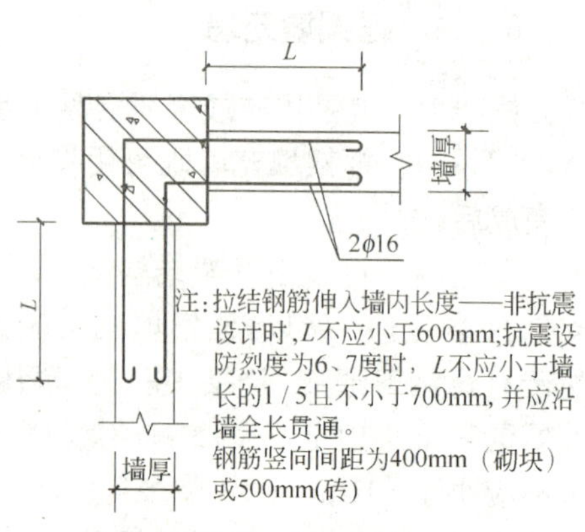

图 6-2　框架填充墙拉结钢筋示意图

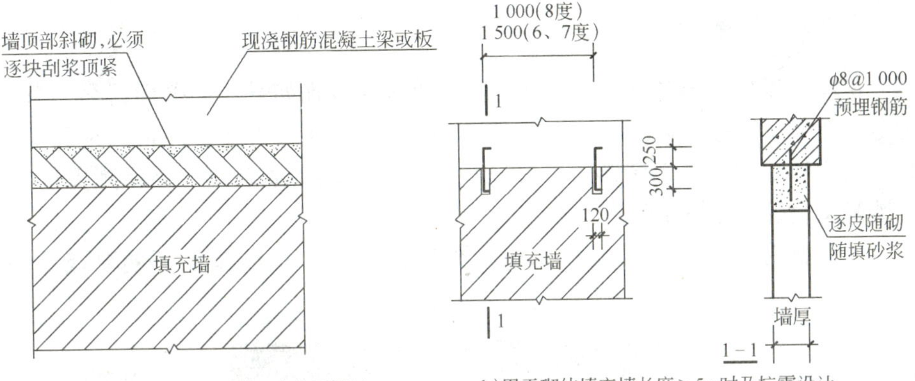

a)用于砌体填充墙长<5m时及非抗震设计　　b)用于砌体填充墙长度>5m时及抗震设计

图 6-3　框架填充墙顶部拉结示意图(尺寸单位:mm)

③填充墙墙段长度超过层高的 2 倍时,宜在墙体内设置钢筋混凝土构造柱,参见图 6-4。

④填充墙墙段高度超过 4m 时,应在半高处设置与两侧框架柱连接并贯通墙段全长的钢筋混凝土水平系梁,参见图 6-5。

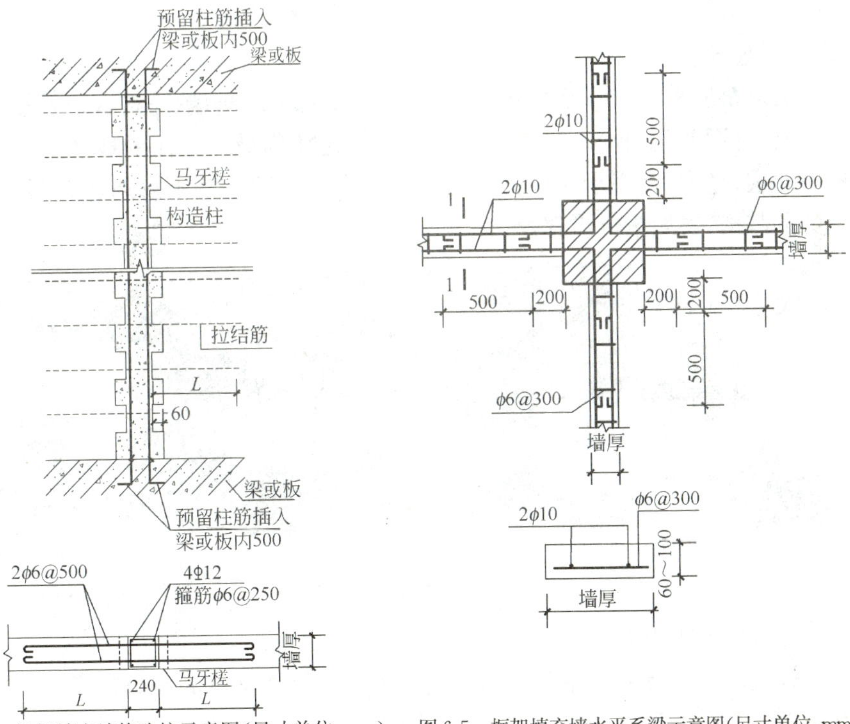

图 6-4　框架填充墙构造柱示意图(尺寸单位:mm)　　图 6-5　框架填充墙水平系梁示意图(尺寸单位:mm)

6.1.2 幕墙

幕墙是以板材形式悬挂于主体结构上的外墙，犹如悬挂的幕而得名。幕墙构造具有如下特征：幕墙不承重，但要承受风荷载，并通过连接件将自重和风荷载传给主体结构。幕墙装饰效果好，安装速度快，施工质量也容易得到保证，是外墙轻型化、装配化的理想形式。

按面板材料的不同，常见的幕墙种类有玻璃幕墙、铝板幕墙、石材幕墙等，见图 6-6。

a)玻璃幕墙

b)铝板幕墙

c)石材幕墙

图 6-6 各类幕墙外观

(1)玻璃幕墙

玻璃幕墙根据其承重方式不同，分为框支承玻璃幕墙、全玻幕墙及点支承玻璃幕墙，见图 6-7。框支承玻璃幕墙造价低，是使用最为广泛的玻璃幕墙。全玻幕墙通透、轻盈，常用于大型公共建筑。点支承玻璃幕墙不仅通透，而且展现了精美的结构，发展十分迅速。

a)框支承玻璃幕墙

b)全玻幕墙

c)点支承玻璃幕墙

图 6-7 各类玻璃幕墙外观

①框支承玻璃幕墙

框支承玻璃幕墙是指玻璃面板周边由金属框架支承的玻璃幕墙。按其构造方式可分为明框玻璃幕墙、隐框玻璃幕墙、半隐框玻璃幕墙，见图 6-8。明框幕墙玻璃的安装类似窗玻璃的安装,将玻璃嵌入金属框内,因而将金属框暴露。隐框幕墙需制作玻璃板块,将玻璃和铝合金附框用结构胶黏结,最后采用压块或挂钩的方式与立柱、横梁连接。半隐框幕墙通常是在隐框幕墙的基础上,加上竖向或横向的装饰线条构成。明框、隐框及半隐框玻璃幕墙可以形成不同的立面效果,可根据建筑设计的总体考虑进行选择。

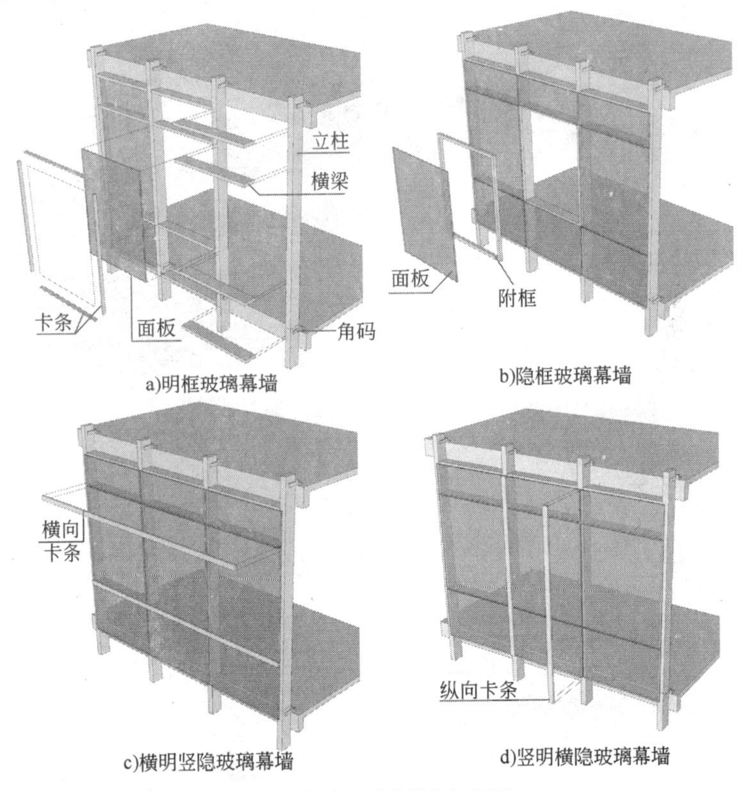

图 6-8　框支承玻璃幕墙解析图

框支承玻璃幕墙按其安装施工方法又可分为构件式玻璃幕墙、单元式玻璃幕墙,见图 6-9、图 6-10。构件式玻璃幕墙造价低,对施工条件要求不高,应用广泛。单元式玻璃幕墙安装速度快,工厂化程度高,质量容易控制,是幕墙设计施工发展的方向。

②全玻幕墙

全玻幕墙是由玻璃肋和玻璃面板构成的玻璃幕墙,见图 6-11。肋玻璃垂直于面玻璃设置,以加强面玻璃的刚度。肋玻璃与面玻璃可采用结构胶黏结,也可以通过不锈钢爪件驳接。全玻幕墙的玻璃固定有两种方式:下部支承式和上部悬挂式。当幕墙的高度不太大时，可以用下部支承的非悬挂系统。当高度更大时，为避免面玻璃和肋玻璃在自重作用下因变形而失去稳定，需采用悬挂的支承系统。

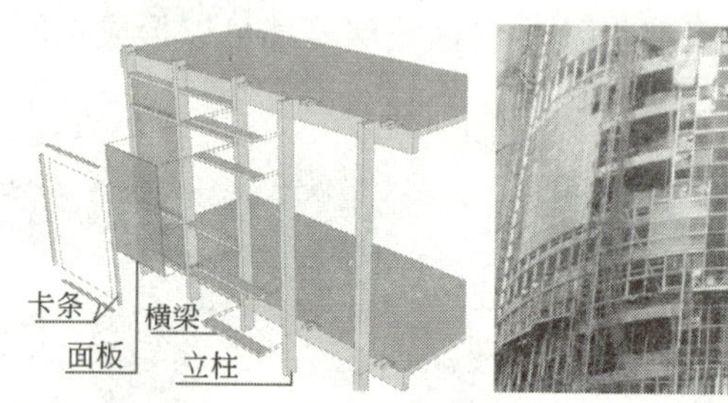

图 6-9　构件式玻璃幕墙解析及实例

图 6-10　单元式玻璃幕墙解析及实例

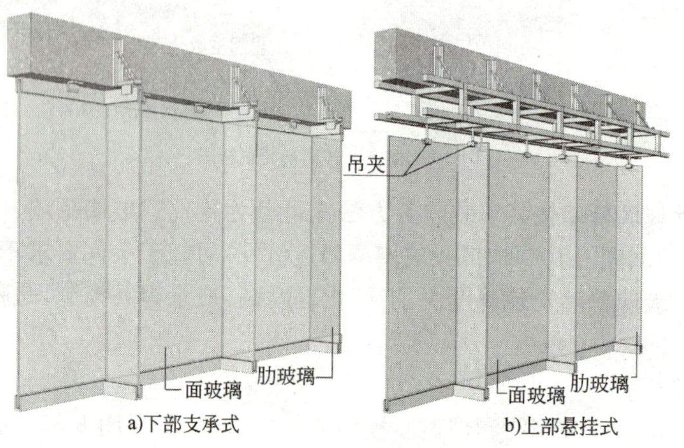

图 6-11　全玻幕墙解析图

③点支承玻璃幕墙

点支承玻璃幕墙是由玻璃面板、支承装置及支承结构构成的玻璃幕墙，见图6-12。其中，支承结构可分为杆件体系和索杆体系两种。杆件体系是由刚性构件组成的结构体系，索杆体系是由拉索、拉杆及刚性构件等组成的预拉力结构体系。支承装置由爪件、连接件及转接件组成，常采用不锈钢制作。玻璃面板形状通常为矩形，采用四点支承，根据情况也可采用六点支承，对于三角形玻璃面板可采用三点支承。

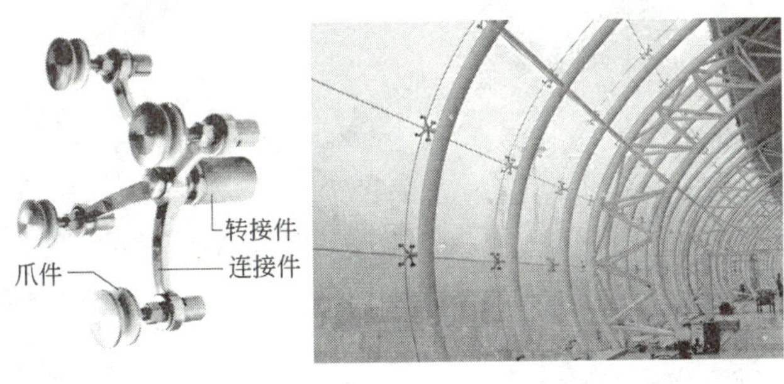

图 6-12　点支承玻璃幕墙解析及实例

(2)石材幕墙

石材幕墙的构造一般采用框支承结构，根据石材面板的连接方式不同，可分为钢销式、槽式及背栓式等，见图 6-13。钢销式连接需在石材的上下两边或四边开设销孔，石材通过钢销及连接板与幕墙骨架连接，它开孔方便，但受力不合理，容易出现应力集中导致石材局部破坏，因而使用受到限制。槽式连接需在石材的上下两边或四边开设槽口，与钢销式连接相比，它的适应性更强。背栓式连接在面板背部开孔，改善了面板的受力，孔中插入不锈钢背栓，并扩胀使之与石板紧密连接，然后通过连接件与幕墙骨架连接。

(3)铝板幕墙

铝板幕墙的构造组成和隐框玻璃幕墙类似，采用框支承受力方式，也需要制作铝板板块。铝板板块通过铝角与幕墙骨架连接，见图 6-14。铝板板块由加劲肋和面板组成。板块的制作需要在铝板背面设置边肋和中肋等加劲肋。加劲肋常采用铝合金型材，以槽形或角形型材为主。面板与加劲肋之间通常的连接方法有铆接、电栓焊接、螺栓连接及化学黏结等。为了方便板块与骨架体系的连接需在板块的周边设置铝角，它一端常通过铆接方式固定在板块上，另一端采用自攻螺栓固定在骨架上。

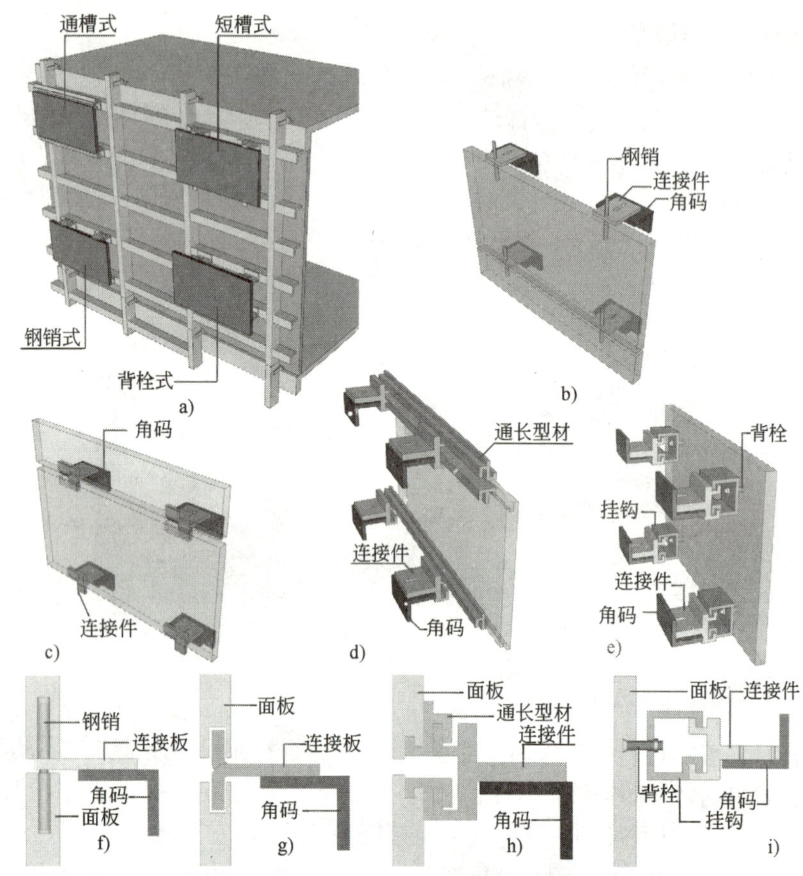

图 6-13　石材幕墙解析图

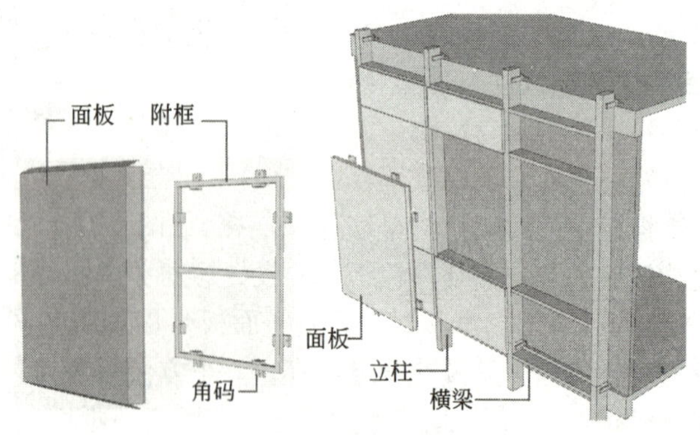

图 6-14　铝板幕墙解析图

6.1.3 隔墙

隔墙是分隔室内空间的非承重构件。在现代建筑中，为了提高平面布局的灵活性，大量采用隔墙以适应建筑功能的变化。隔墙的构造设计应考虑：

①自重轻，有利于减轻楼板的荷载。

②厚度薄，可增加建筑的有效空间。

③便于拆卸，满足使用功能的改变。

④一定的隔声能力，避免房间的相互干扰。

⑤对特殊要求房间，应具有防火、防潮、防水等性能。

隔墙的类型很多，按其构造方式可分为块材隔墙、轻骨架隔墙、板材隔墙三大类。

(1)块材隔墙

块材隔墙的材料和构造与框架填充墙类似，其中普通砖隔墙是传统的隔墙做法，这里以半砖隔墙为例介绍普通砖隔墙在砖混结构中的应用。半砖隔墙采用普通砖顺砌，砖的强度等级不应小于 MU10，砌筑砂浆强度等级应大于 M5。当墙体高度超过 5m 时应采取加固措施，通常沿墙体高度每隔 0.5m 砌入 2 根 $\phi6$ 钢筋，拉结长度不小于 500mm，或者每隔 1.2～1.5m 设一道 30～50mm 厚的水泥砂浆层，内放 2 根 $\phi6$ 通长钢筋，顶部与楼板相接处用立砖斜砌，砂浆填实墙体与楼板间的空隙，见图 6-15。

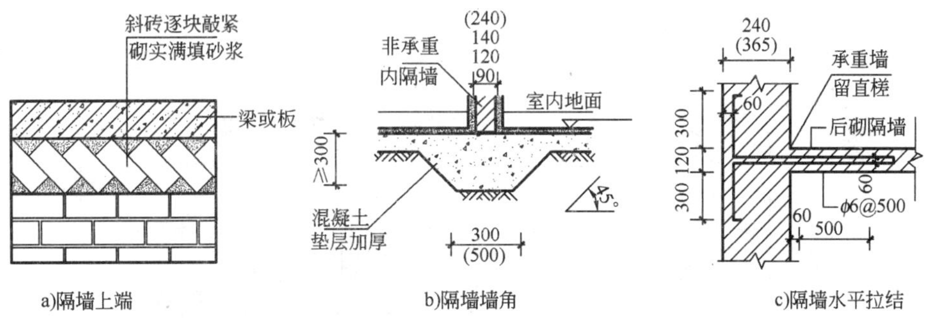

图 6-15 半砖隔墙构造示意图(尺寸单位:mm)

随着墙材的改革，有更多的轻质块材可作为隔墙材料，如石膏砌块、加气混凝土砌块等。其中，石膏砌块是一种中型砌块，长度和宽度均在 600mm 左右，厚度有 60mm、80mm、100mm、120mm、150mm、180mm、200mm 等多种规格，从断面形式看，分为实心砌块和空心砌块两类。石膏砌块隔墙尺寸大、重量轻、施工快，代表了隔墙的发展方向。石膏砌块隔墙采用专用黏结石膏砌筑，应错缝搭接,搭接长度不小于长度的 1/3,其构造的关键点仍是墙体的稳定性。一般来说,当墙体长度超过 6m 时,应设置预制或现浇的构造柱,可采用钢筋混凝土材料或钢材;当墙体高度超过 3m(100mm>墙厚≥80mm)或 4m(墙厚≥100mm)时,应设置配筋带,构造做法参见图 6-16。此外,根据实际情况还可在隔墙内设置通长扁钢、钢筋及钢筋网片等加强墙体的稳定性。

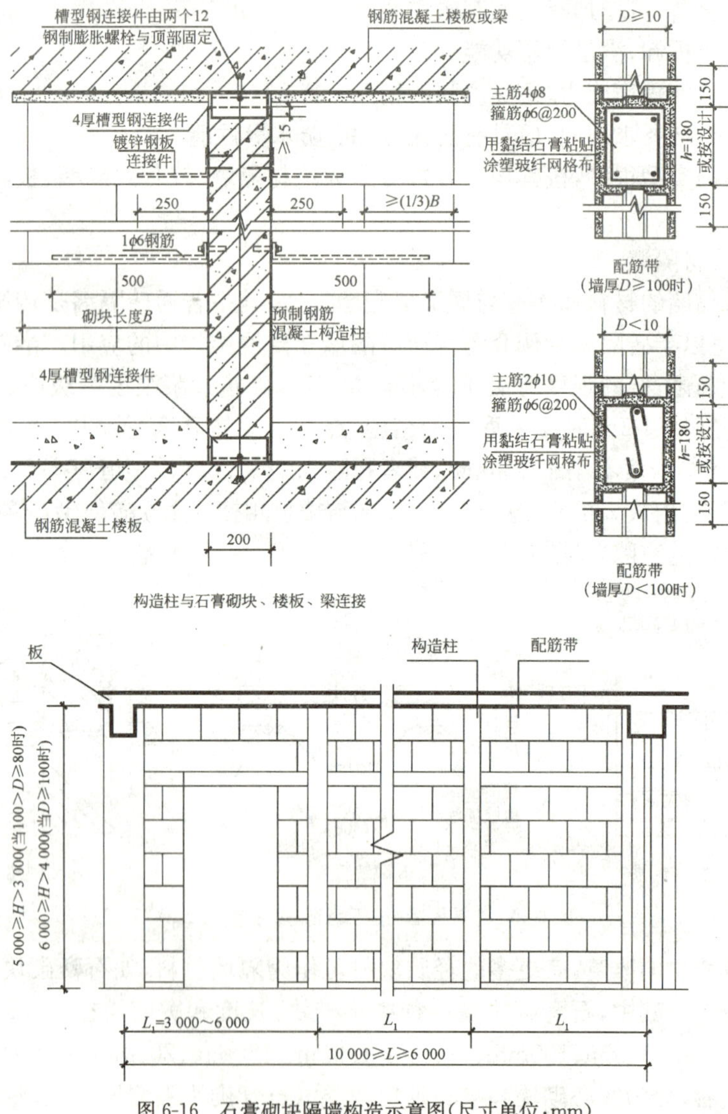

图 6-16 石膏砌块隔墙构造示意图(尺寸单位:mm)

(2)轻骨架隔墙

轻骨架隔墙由骨架和面板两部分组成,由于是先立墙筋(骨架)后做面板,因而又称为立筋式隔墙。

①骨架

骨架应选择轻质高强的材料,常用的骨架有木骨架和金属骨架两大类。木骨架是传统的骨架形式,金属骨架主要有轻钢骨架和铝合金骨架。如图 6-17 所示为一种轻钢骨架隔墙,骨架由竖龙骨和横龙骨组成。其中,竖龙骨是主要受力构件,横龙骨起加强稳定性的作用。同时,横、竖龙骨也是固定面板的基层。龙骨采用薄壁型钢制作,厚度常有 0.6mm、0.8mm、1.0mm 等三种规格。当龙骨与楼板及墙或柱交接时,采用射钉或膨胀螺栓固定,间距不大于 600mm,且距离龙骨端部不大于 50mm。龙骨与楼板或墙、柱之间宜铺设密封材料,如橡胶条、玻璃棉垫等,保证墙体的隔声效果和柔性连接。竖龙骨间距应和面板规格协调,常用间距有 300 mm、400 mm、600mm,且不能大于 600mm。横龙骨间距也应和面板规格协调,通常隔墙高度≤3 000mm 时,不需要特别加强措施,但当高度>3 000mm时,宜每隔 1 200mm 左右高度加设贯通龙骨一道。

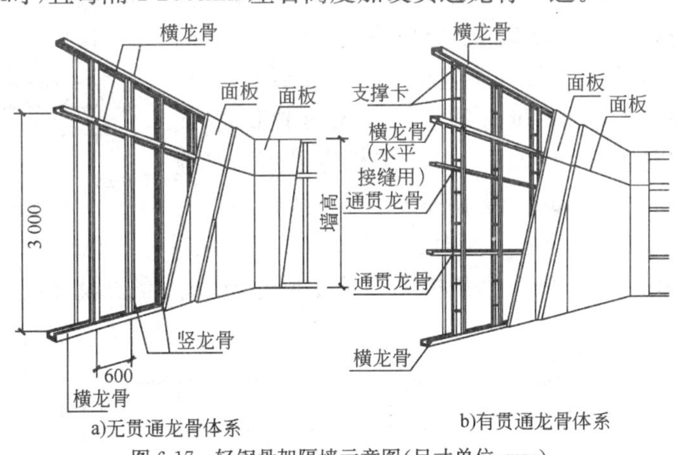

图 6-17 轻钢骨架隔墙示意图(尺寸单位:mm)

②面板

面板一般采用各种人造板材,常用的有木质板材、石膏板、硅酸钙板、水泥纤维板等几类。木质板材有胶合板、纤维板等,其常用规格是 2 440mm×1 220mm,厚度有 3mm、4mm、5mm、7mm 等,常和木骨架配合使用。轻钢骨架常选用石膏板、硅钙板、水泥纤维板等,石膏板的规格主要是 3 000mm×1 200mm,厚度为 12mm、15mm。硅钙板和水泥纤维板的规格主要是 2 440mm×1 220mm 或者 2 980mm×1 220mm,厚度有 6mm、8mm、10mm、12mm、15mm 等。

根据使用的需要，可以在骨架上单面安装面板，也可双面安装面板。当骨架两侧均安装面板时，可在两层板材中间填入矿棉、玻璃棉等材料，以提高隔墙的隔声、防火等性能。

(3)板材隔墙

板材隔墙是指单板高度相当于房间净高，面积较大，且不依赖骨架，直接装配而成的隔墙。板材隔墙主要采用各类轻质条板，如水泥条板(GRC)、石膏条板、轻混凝土条板、泡沫水泥条板(ASA)、硅镁条板(GM)等。条板的常用规格主要有(2 400～2 700mm)×600mm×60mm、(2 400～3 000mm)×600mm×(90mm、120mm)等几种规格，断面形式分空心和实心两类，空心断面有圆孔和方孔两种，图 6-18 为圆孔空心条板示例。

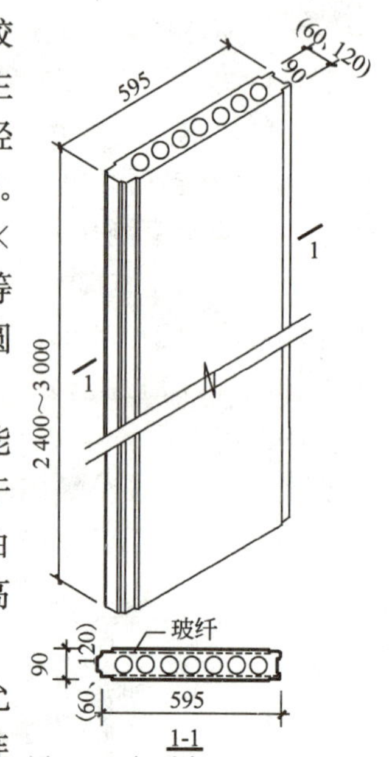

图 6-18　轻质条板示例(尺寸单位:mm)

条板墙体厚度应满足建筑防火、隔声、隔热等功能要求。单层条板墙体用作分户墙时，其厚度不宜小于120mm；用作户内分隔墙时，其厚度不小于 90mm。由条板组成的双层条板墙体用于分户墙或隔声要求较高的隔墙时，单块条板的厚度不宜小于 60mmm。

由于轻质条板的高度有限，当隔墙高度较高时，允许在高度方向接板，参见图 6-19。接板应采用错缝连接，错缝距离≥500mm。隔墙高度应满足以下要求：60mm 厚时为 3.0m，90mm 厚时为 3.6m，100mm 厚时为 3.9m，120mm 厚时为 4.2m，200 厚时为 4.8m。当条板隔墙长度超过 6m 时，需要设置钢筋混凝土或型钢构造柱，见图 6-20。

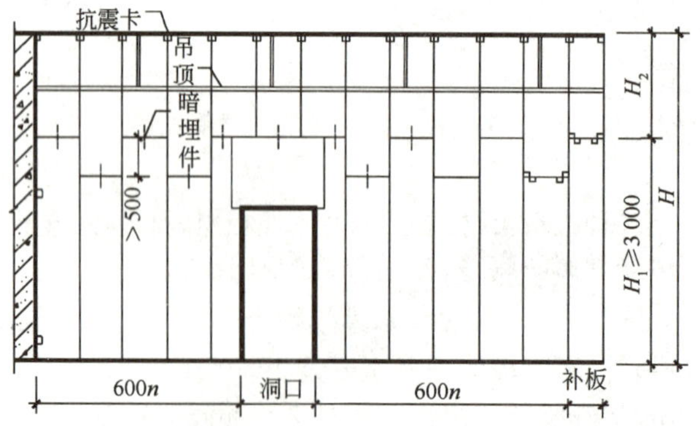

图 6-19　轻质条板隔墙竖向接板立面图(尺寸单位:mm)

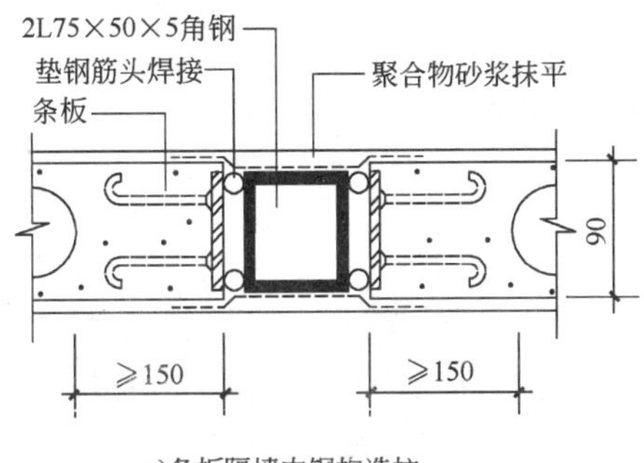

a)条板隔墙中钢构造柱

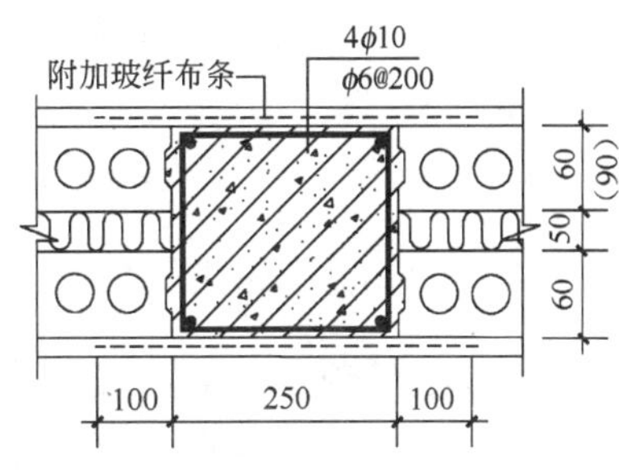

b)条板隔墙中混凝土构造柱

图 6-20　轻质条板隔墙构造柱示意图(尺寸单位:mm)

条板在安装时,使用撬棍将条板底部撬起,用对口木楔将板底楔紧,与结构连接的上端用黏结材料黏结,下端用细石混凝土填实。在抗震设防地区,条板上端应加 L 形或 U 形钢板卡与主体结构连接,见图 6-21。

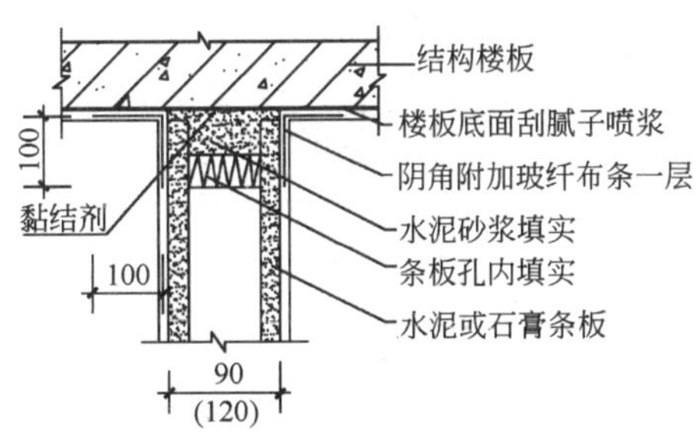

a)条板与结构梁板连接(非抗震)

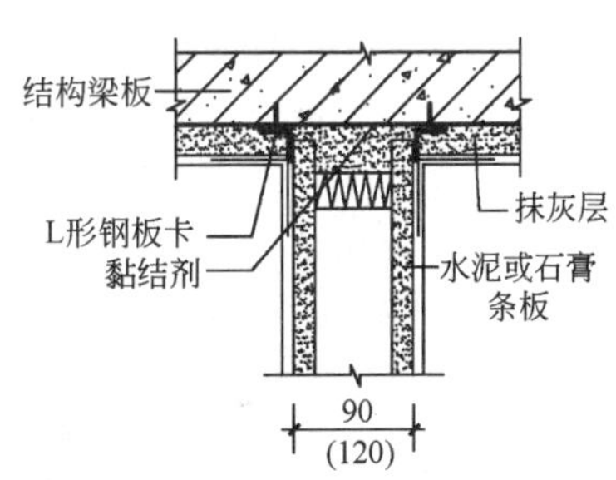

b)条板与结构梁板连接(抗震)

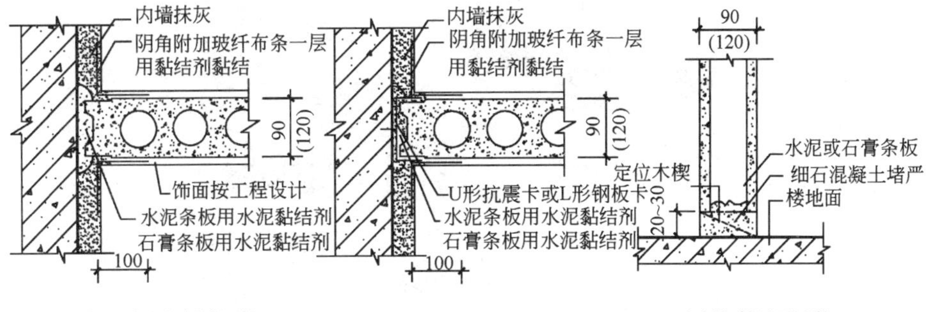

c)条板与墙连接(非抗震)　　d)条板与墙连接(抗震)　　e)条板与楼地面连接

图 6-21　轻质条板隔墙构造连接示意图(尺寸单位:mm)

6.2 屋顶

6.2.1 屋顶的形式

屋顶是建筑顶部的承重结构，承受着雨、雪、人等荷载，也是建筑最上部的围护结构，抵御室外风霜雨雪，为建筑提供适宜的内部空间环境。同时，屋顶又是建筑体量的一部分，其形式对建筑物的造型有很大影响，因而设计中还应注意屋顶的美观。在满足其他设计要求的同时，应力求创造出适合建筑类型的屋顶。

按所使用的材料，屋顶可分为钢筋混凝土屋顶、瓦屋顶、金属屋顶、玻璃屋顶等；按屋顶的外形和结构形式，又可以分为平屋顶、坡屋顶及悬索屋顶、薄壳屋顶、拱屋顶、折板屋顶等其他形式的屋顶。

(1)平屋顶

大量性民用建筑结构空间与建筑空间多为矩形，这种情况下采用与楼盖基本类同的屋顶结构，就形成平屋顶。平屋顶易于协调统一建筑与结构的关系，施工简单，屋面可以利用，较为经济合理，因而是广泛采用的一种屋顶形式，见图 6-22。

图 6-22 平屋顶

平屋顶也应有一定的排水坡度，一般把坡度小于 5%的屋顶称为平屋顶。

(2)坡屋顶

坡屋顶是我国的传统屋顶形式。现代的某些建筑考虑景观环境或建筑风格的要求也常采用坡屋顶，如图 6-23 所示。

坡屋顶的常见形式有单坡、双坡屋顶，硬山及悬山屋顶，四坡歇山及庑殿屋顶，圆形或多角形攒尖屋顶等，如图 6-24 所示。

图 6-23　坡屋顶

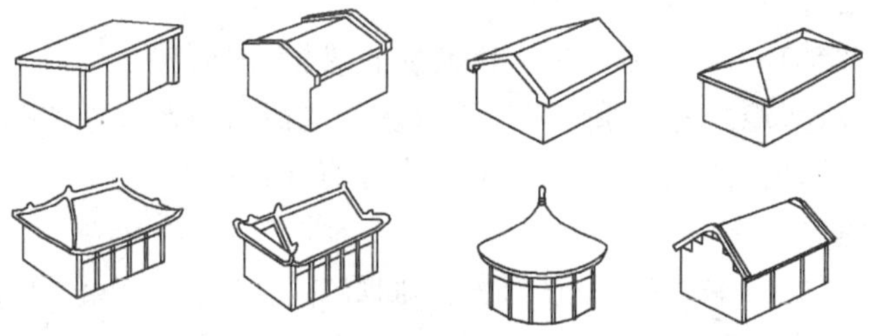

图 6-24　坡屋顶常见形式

坡屋顶的屋面防水材料多为瓦材，坡度较大，一般为 20°～30°。其受力较平屋顶复杂。

(3)其他形式的屋顶

民用建筑通常采用平屋顶或坡屋顶，有时也采用曲面或折面等其他特殊形状的屋顶，如拱屋顶、折板屋顶、薄壳屋顶、桁架屋顶、悬索屋顶、网架屋顶等，如图 6-25 所示。这些屋顶的结构形式独特，其传力系统、材料性能、施工及结构技术等都有一系列的理论和规范，再通过结构设计形成结构覆盖空间。建筑设计应在此基础上进行艺术处理，以创造出新型的建筑形式。

6.2.2　屋顶的设计要求

(1)结构要求

屋顶要承受风、雨、雪等荷载及其自重。如果是上人的屋顶，和楼板一样，还要承受人和家具等活荷载。屋顶将这些荷载传递给墙柱等构件，与它们共同构成建筑的受力骨架，因而屋顶应有足够的强度和刚度，以保证房屋的结构安全；从防水的角度考虑，也不允许屋顶受力后有过大的结构变形，否则易使防水层开裂，造成屋面渗漏。

图 6-25　其他形式的屋顶

(2)防水要求

作为围护结构，屋顶最基本的功能是防止渗漏，因而屋顶构造设计的主要任务就是解决防水问题。一般通过采用不透水的屋面材料及合理的构造处理来达到防水的目的，屋顶的防水在本章 6.4 节中会有详细讲解。

(3)保温隔热要求

在寒冷地区的冬季，室内一般都需要采暖，屋顶应有良好的保温性能，以保持室内温度。否则不仅浪费能源，还可能产生室内表面结露或内部受潮等一系列问题。

南方炎热地区的气候属于湿热型气候，夏季气温高、湿度大、天气闷热，如果屋顶的隔热性能不好，在强烈的太阳辐射和气温作用下，大量的热量就会通过屋顶传入室内，影响人们的工作和休息。

对于有空调的建筑来说，为保持其室内气温的稳定，减少空调设备的投资和经常维持费用，要求其外围护结构具有良好的热工性能。

(4)建筑艺术要求

屋顶是建筑外部形体的重要组成部分，其形式对建筑物的性格特征具有很大的影响，屋顶设计还应满足建筑艺术的要求。

中国古典建筑的坡屋顶造型优美，具有浓郁的民族风格，解放后，我国修建的不少著名建筑，也采用了中国古建筑屋顶的某些手法，取得了良好的建筑艺术效果。如北京民族文化宫塔楼为四角重檐尖屋顶，配以孔雀蓝琉璃瓦屋面，其民族特色分外鲜明，如图6-26所示。又如毛主席纪念堂虽采用的是平屋顶，但在檐口部分采用了两圈金黄色琉璃瓦，就与天安门广场上的建筑群取得了协调统一。国外也有很多著名建筑，由于重视了屋顶的建筑艺术处理而使建筑各具特色。

图6-26　北京民族文化宫

(5)其他要求

除了上述方面的要求外，社会的进步及建筑科技的发展还对建筑的屋顶提出了更高的要求。

例如，随着生活水平的提高，人们要求其工作和居住的建筑空间与自然环境更多地取得协调，改善生态环境。这就提出了利用建筑的屋顶开辟园林绿化空间的要求。国内外的一些建筑，如美国的华盛顿水门饭店、香港葵芳花园住宅、广州东方宾馆、北京长城饭店等，利用屋顶或天台铺筑屋顶花园，不仅拓展了建筑的使用空间，美化了屋顶环境，也改善了屋顶的保温隔热性能，取得了很好的综合效益。

再如，现代超高层建筑出于消防扑救和疏散的需要，要求屋顶设置直升飞机停机坪等设施，某些有幕墙的建筑要求在屋顶设置擦窗机轨道，某些“节能型”建筑要求利用屋顶安装太阳能集热器等。

屋顶设计时应对这些多方面的要求加以考查研究，协调好与屋顶基本要求之间的关系，以期最大限度地发挥屋顶的综合效益。

6.3　门和窗

门和窗是房屋的重要组成部分。门的主要功能是交通联系，窗主要供采光和通风之用，它们均属于建筑的围护构件。

在设计门窗时，必须根据有关规范和建筑的使用要求来决定其形式及尺寸大小。造型要美观大方，构造应坚固、耐久，开启灵活，关闭紧严，便于维修和清洁，规格类型应尽量统一，并符合现行《建筑模数协调统一标准》(GBJ 2)的要求，以降低成本和适应建筑工业化生产的需要。

门窗按其制作的材料可分为木门窗、铝合金门窗、塑料门窗、彩板门窗等。

6.3.1 门的形式与尺度

门(窗)的形式主要取决于门(窗)的开启方式，不论其材料如何，开启方式均大致相同。本节所举例子主要是木门(窗)。

(1)门的形式

门按其开启方式通常有平开门、弹簧门、推拉门、折叠门、转门等。

①平开门

平开门是水平开启的门，它的铰链装于门扇的一侧与门框相连，使门扇围绕铰链轴转动。其门扇有单扇、双扇，向内开和向外开之分。平开门构造简单，开启灵活，加工制作简便，易于维修，是建筑中最常见、使用最广泛的门(图 6-27)。

②弹簧门

弹簧门(图 6-28)的开启方式与普通平开门相同，所不同的是，弹簧门以弹簧铰链代替普通铰链，或安装特制的弹簧，借助弹簧的力量使门扇能向内、向外开启并可经常保持关闭。它使用方便，美观大方，广泛用于商店、学校、医院、办公及商业大厦。为避免人流相撞，门扇或门扇上部应镶嵌安全玻璃。

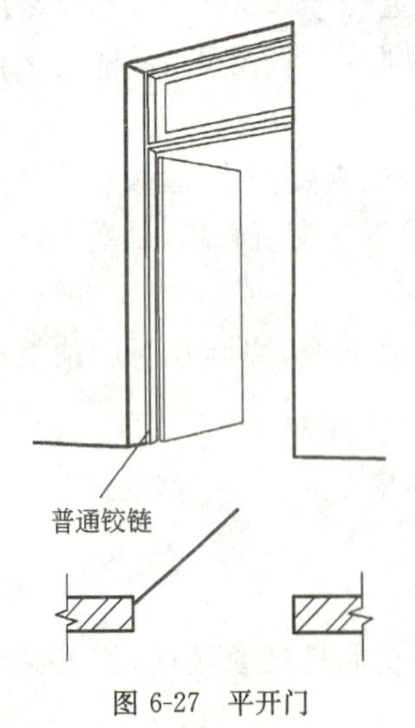

图 6-27 平开门

图 6-28 弹簧门

③推拉门

推拉门开启时门扇沿轨道向左右滑行，通常为单扇和双扇，也可做成双轨多扇或多轨多扇，开启时门扇可隐藏于墙内或悬于墙外。根据轨道的位置，推拉门可为上挂式和下滑式。当门扇高度小于 4m 时，一般采用上挂式推拉门，即在门扇的上部装置滑轮，滑轮吊在门过梁的预埋上导轨上；当门扇高度大于 4m 时，一般采用下滑式推拉门，即在门扇下部装置滑轮，将滑轮置于预埋在地面的下导轨上。为使门保持垂直状态下稳定运行，导轨必须平直，并有一定的刚度，下滑式推拉门的上部应设导向装置，较重型的上挂式推拉门则在门的下部设导向装置。

推拉门开启时不占空间，受力合理，不易变形，但在关闭时难于严密，构造亦较复杂，多用在工业建筑中，较多用作仓库和车间大门。在民用建筑中，一般采用轻便推拉门分隔内部空间(图 6-29)。

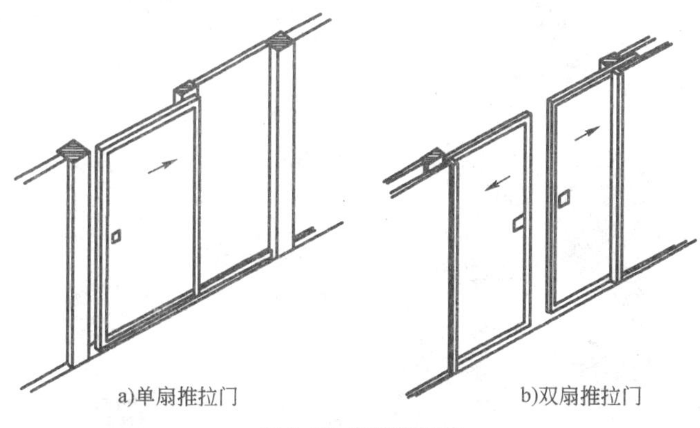

图 6-29 轻便推拉门

④折叠门

折叠门可分为侧挂式折叠门和推拉式折叠门两种，见图 6-30。

侧挂式折叠门由多扇门构成，每扇门宽度 500～1 000mm，一般以 600mm 为宜，适用于宽度较大的洞口。侧挂式折叠门与普通平开门相似，只是门扇之间用铰链相连而成。当用铰链时，一般只能挂两扇门，不适用于宽大洞口。如侧挂门扇超过两扇时，则需使用特制铰链。

推拉式折叠门与推拉门构造相似，在门顶或门底装滑轮及导向装置，每扇门之间连以铰链，开启时门扇通过滑轮沿着导向装置移动。

折叠门开启时占空间少，但构造较复杂，一般用在公共建筑或住宅中作灵活分隔空间用。

⑤转门

转门是由两个固定的弧形门套和垂直旋转的门扇构成,见图 6-31。门扇可分为三扇或四扇,绕竖轴旋转。转门对隔绝室外气流有一定作用,可作为寒冷地区公共建筑的外门,但不能作为疏散门。当设置在疏散口时,需在转门两旁另设疏散用门。

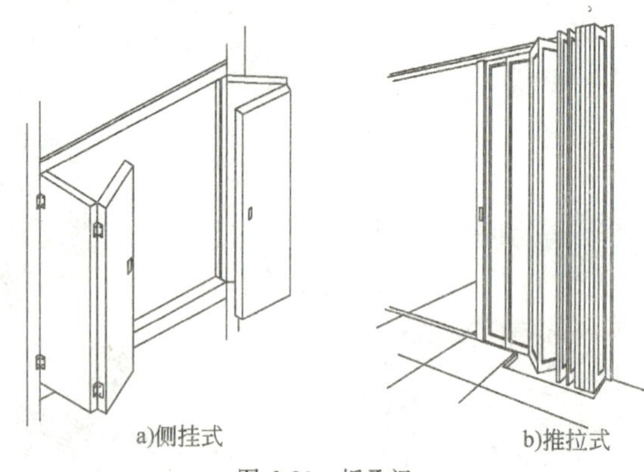

a)侧挂式　　b)推拉式

图 6-30　折叠门

图 6-31　转门

(2)门的尺度

门的尺度通常是指门洞的高宽尺寸。门作交通疏散用,其尺度取决于人的通行要求、家具器械的搬运及与建筑物的比例关系等,并要符合现行《建筑模数协调统一标准》(GBJ 2)的规定。

一般民用建筑门的高度不宜小于 2 100mm。如门设有亮子时,亮子高度一般为 300～600mm,则门洞高度为门扇高加亮子高,再加门框及门框与墙间的缝隙尺寸，即门洞高度一般为 2 400～3 000mm。公共建筑大门高度可视需要适当提高。

门的宽度考虑人的尺度和家具的搬运，一般内门宽应大于或等于 900mm，辅助房间门可小些，但也不能小于 700mm。

为了使用方便，一般民用建筑门（木门、铝合金门、塑料门），均编制有标准图，在图上注明类型及有关尺寸，设计时可按需要直接选用。

6.3.2 窗的形式与尺度

（1）窗的形式

窗按其在建筑中的位置，可分为侧窗和天窗。侧窗按其开启方式，通常有固定窗、平开窗推拉窗、悬窗、立转窗等。

①固定窗

无窗扇、不能开启的窗为固定窗，见图6-32。固定窗的玻璃直接嵌固在窗框上，可供采光和眺望之用，不能通风。固定窗构造简单，密闭性好，多与门亮子和开启窗配合使用。

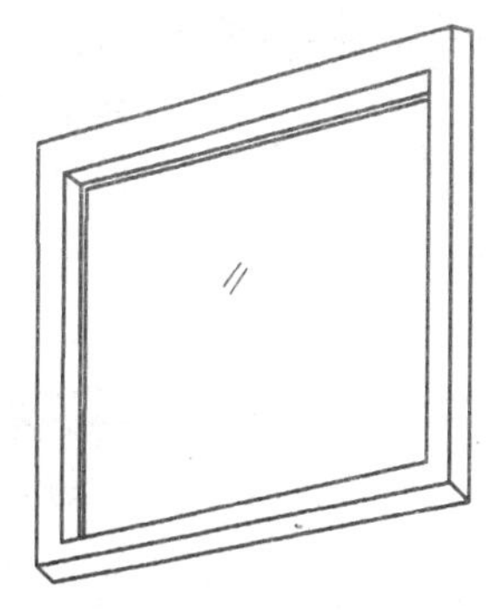

图 6-32 固定窗

②平开窗

铰链安装在窗扇一侧与窗框相连，向外或向内水平开启。平开窗有单扇、双扇、多扇及向内开与向外开之分。平开窗构造简单，开启灵活，制作维修均方便，是民用建筑中使用最广泛的窗，见图 6-33。

③推拉窗

推拉窗开启时窗扇沿轨道向左右滑行，使用方便、不占空间，是中小型民用建筑常用的形式，见图 6-34。但推拉窗密闭性较差。

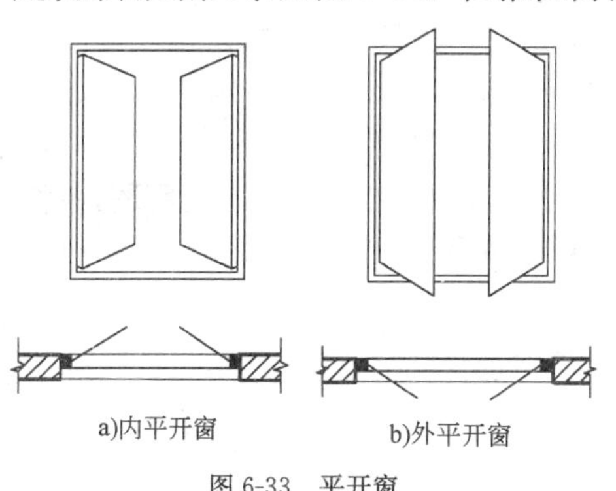

a)内平开窗　b)外平开窗

图 6-33 平开窗

图 6-34 推拉窗

④悬窗

根据铰链和转轴位置的不同，悬窗可分为上悬窗、中悬窗及下悬窗。

上悬窗铰链安装在窗扇的上边，一般向外开，防雨好，多用作外门和门上的亮子。

下悬窗铰链安在窗扇的下边，一般向内开，通风较好，但不防雨，不宜用作外窗，常用作内门上的亮子。

中悬窗是在窗扇两边中部装水平转轴，开启时窗扇绕水平轴旋转，窗扇上部向内，下部向外，对挡雨、通风有利，并且开启易于机械化，故常用作大空间建筑的高侧窗，也可用于外窗或靠外廊的窗等，见图 6-35。

图 6-35　中悬窗在厂房中的应用

(2)窗的尺度

窗的尺度主要取决于房间的采光通风、构造做法及建筑造型等要求，并要符合现行《建筑模数协调统一标准》(GBJ 2)的规定。为使窗坚固耐久，一般平开木窗的窗扇高度为 800～1 200mm，宽度不宜大于 50mm；上下悬窗的窗扇高度为 300～600mm，中悬窗窗扇高不宜大于 1 200mm，宽度不宜大于 1 000mm；推拉窗高宽均不宜大于 1 500mm。对于一般民用建筑用窗，各地均有通用图，各类窗的高度与宽度尺寸通常采用扩大模数 3M 数列作为洞口的标志尺寸，需要时可按所需类型及尺度大小直接选用。

6.3.3　木门构造

(1)平开门的组成

门一般由门框、门扇、亮子、五金零件及其附件组成(图 6-36)。

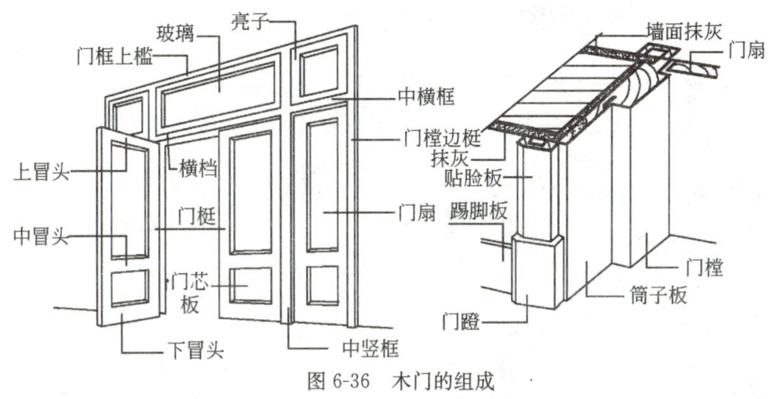

图 6-36 木门的组成

①门框

门框又称门樘,一般由两根竖直的边框和上框组成。当门带有亮子时,还有中横框。多扇门则还有中竖框 。

门框的断面形式与门的类型、层数有关,同时应利于门的安装,并应具有一定的密闭性。

②门扇

常用的木门门扇有镶板门(包括玻璃门、纱门)和夹板门。

a. 镶板门　其门扇由边梃、上冒头、中冒头(可做数根)及下冒头组成骨架,内装门芯板而构成,见图 6-37。该种门构造简单,加工制作方便,适于一般民用建筑作内门和外门。

b. 夹板门　是用断面较小的方木做成骨架,两面粘贴面板而成,见图 6-38。门扇面板可用胶合板、塑料面板及硬质纤维板。面板和骨架形成一个整体,共同抵抗变形。夹板门的形式可以是全夹板门、带玻璃或带百页夹板门。

夹板门常用于一般民用建筑作内门和外门。

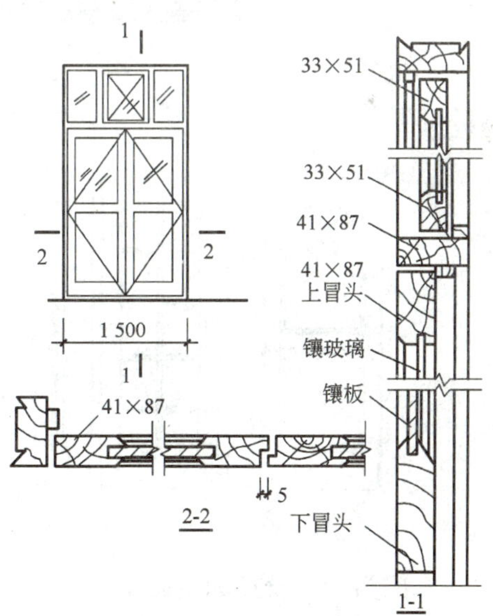

图 6-37 镶板门的构造(尺寸单位:mm)

(2)成品装饰木门

在酒店、宾馆、办公大楼、中高档

住宅等民用建筑中广泛采用成品装饰木门，该门采用标准化、工厂化生产，现场组装成形的新工艺，同时具有很好的装饰效果，见图 6-39。

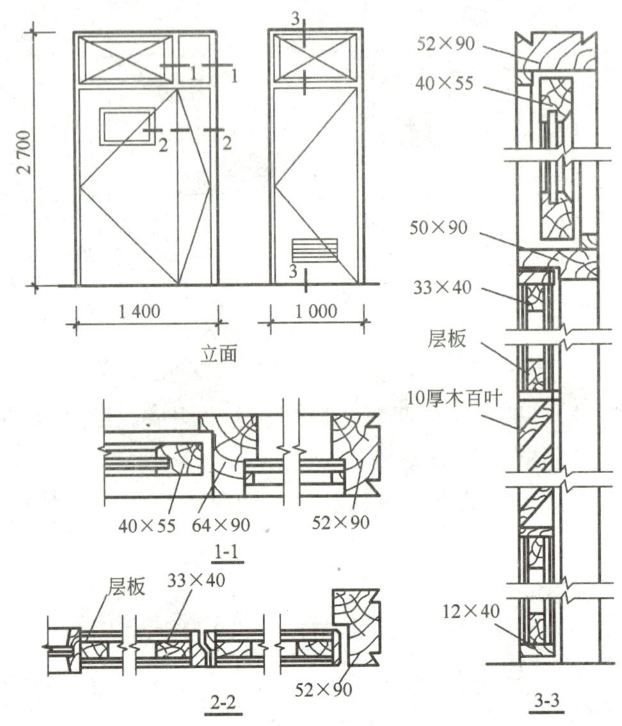

图 6-38　夹板门构造（尺寸单位：mm）

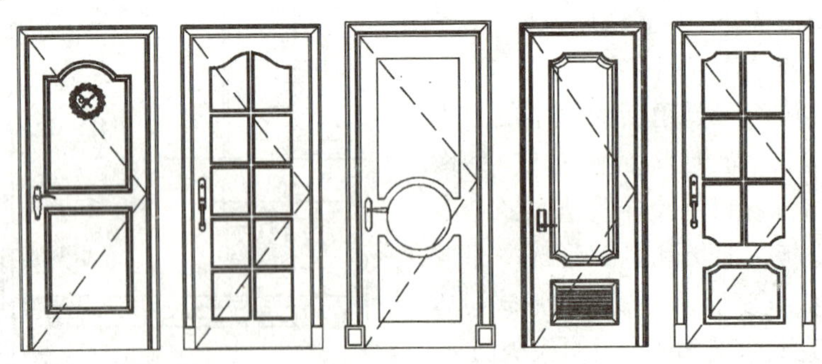

图 6-39　成品装饰木门

木门为无钉胶接固定施工，工期短，施工现场无噪声、垃圾、污染等。木门窗的木材为松木、榉木或其他优良材种，内框骨架采用指接工艺，榫接胶合严密，填充芯料选用电热拉伸定型蜂窝芯。

6.3.4 铝合金门窗

铝合金门窗质量轻、密封性好、坚固耐用、色泽美观。铝合金门窗框料型材表面经过氧化着色处理，既可保持铝材的银白色，也可以制成各种柔和的颜色或带色的花纹，如古铜色、暗红色、黑色等。还可以在铝材表面涂刷一层聚丙烯酸树脂保护装饰膜，制成的铝合金门窗造型新颖大方，表面光洁，外表美观，色泽牢固，增加了建筑立面和内部的美观。

由于铝合金门窗框料传热系数大，为节省能源，采用断热型铝合金门窗型材。断热铝合金型材可较大地降低铝合金门窗的传热系数。

用铝合金门窗框的厚度构造尺寸来区别各种铝合金门窗的称谓，如平开门门框厚度构造尺寸为 50mm 宽，即称为 50 系列铝合金平开门，推拉窗窗框厚度构造尺寸 90mm 宽，即为 90 系列铝合金推拉窗等。

铝合金门窗设计通常采用定型产品，选用时应根据不同地区，不同气候，不同环境，不同建筑物的不同使用要求，选用不同的门窗框系列。

图 6-40 为铝合金门构造示意图。

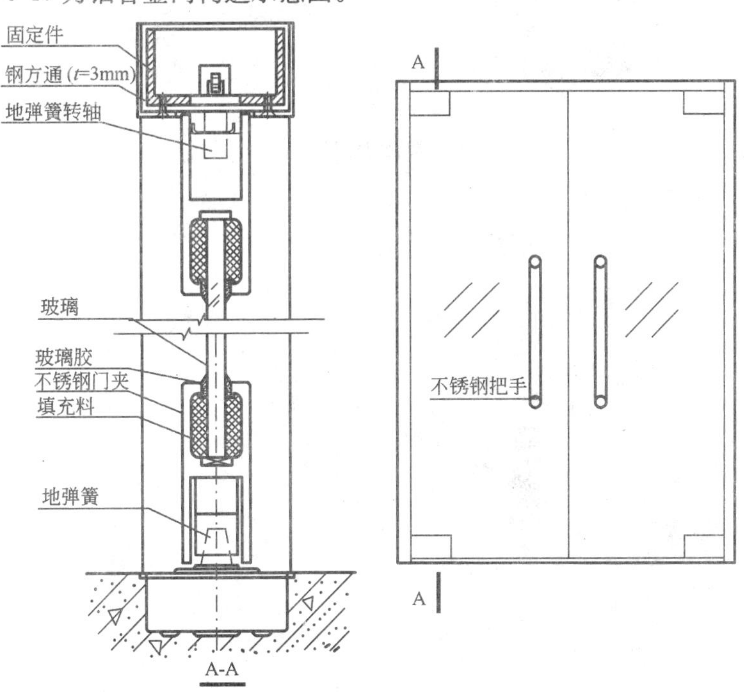

图 6-40 铝合金门构造示意图

6.3.5 塑料门窗

塑料门窗是以聚氯乙烯、改性聚氯乙烯或其他树脂为主要原料，以轻质碳酸钙为填料，添加适量助剂和改性剂，经挤压机挤出成各种截面的空腹门窗异型材，再根据不同的品种规格选用不同截面异型材料组装而成，见图6-41。由于塑料的变形大、刚度差，一般在型材内腔加入钢或铝等，以增加抗弯能力，即所谓塑钢门窗，较之全塑门窗刚度更好。

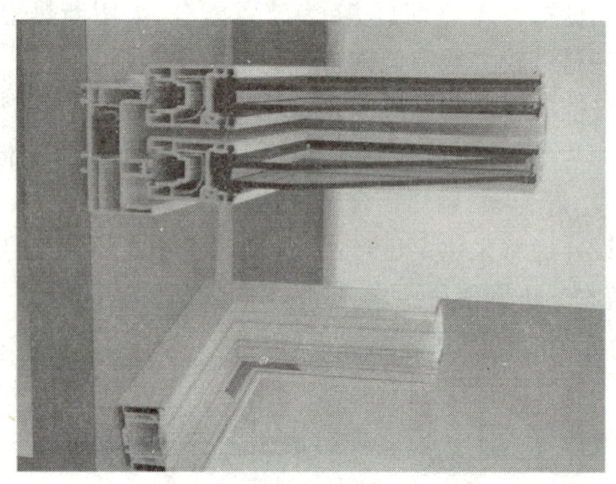

图6-41 塑料门窗型材断面

塑料门窗线条清晰、挺拔，造型美观(图6-42)，表面光洁细腻，不但具有良好的装饰性，而且还具有良好的隔热性和密封性。其气密性为木窗的3倍，铝窗

图6-42 塑钢窗在某住宅的应用

的 1.5 倍；热损耗为金属窗的 1/1 000；隔声效果比铝窗高 30dB 以上。同时，塑料本身具有耐腐蚀等性能，不用涂涂料，可节约施工时间及费用。因此，塑料门窗在国外发展很快，在建筑上得到大量应用。

塑料门窗型材断面分为若干系列，常用的有 60 系列、80 系列、88 系列推拉窗和 60 系列平开窗、平开门系列。

6.3.6 天窗

房屋顶部开设的窗称为天窗，也称顶部采光。在工业与民用建筑中，当进深较大，或侧窗采光不能满足要求时，常常采用天窗来补充。按天窗进光的形式，可将其分为两大类：一类是从侧面进光的天窗，一类是从顶部进光的天窗。从顶部进光的天窗透光率高，而侧面进光的天窗透光率较低。

(1)工业建筑中的天窗

工业建筑中主要用于单层工业厂房的天窗其形式有多种，常见的有矩形、井式、锯齿形等。

①矩形天窗

矩形天窗主要由天窗架、天窗扇、天窗屋面板、天窗侧板及天窗端壁等构件组成，如图 6-43 所示。

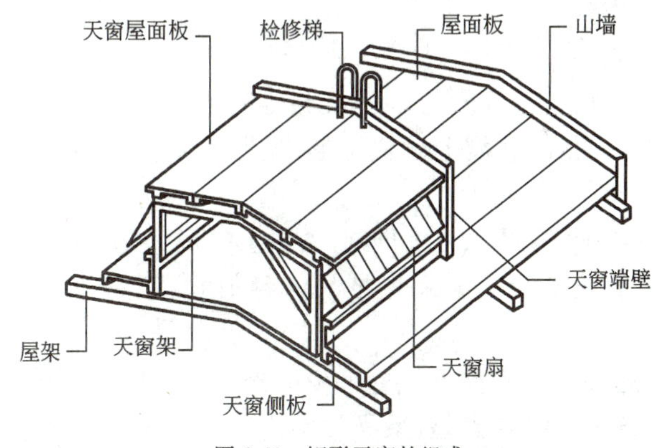

图 6-43 矩形天窗的组成

②井式天窗

井式天窗是将屋面拟设天窗位置的屋面板下沉铺在屋架下弦上，形成一个个凹嵌在屋架空间内的井状天窗(图 6-44)。它具有布置灵活、排风路径短捷、通风性能好、采光均匀等特点，在热加工车间中采用(某些冷加工车间也有应用)效果甚好。

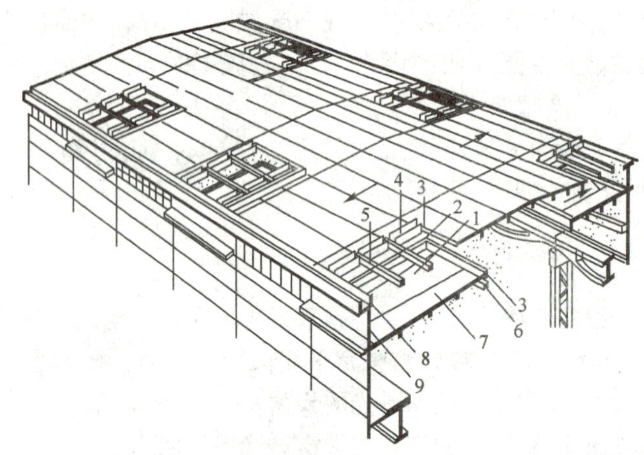

图 6-44　井式天窗

1-水平口；2-垂直口；3-泛水口；4-挡雨片；5-空格板；6-檩条；7-井底板；8-天沟；9-挡风侧墙

③锯齿形天窗

锯齿形天窗是将厂房屋盖做成锯齿形，窗设于垂直面上。这种天窗能利用天棚倾斜面反射光线，采光效率较矩形天窗高。窗口一般朝北或接近北向，无直射阳光进入室内。常用于要求光线稳定，要调节温湿度的厂房，如纺织厂等。

④平天窗

平天窗的类型有采光罩、采光带、采光板等三种。

采光罩是在屋面板的孔洞上设置锥形、弧形透光材料，图 6-45a）为弧形采光罩。

采光带是在屋面的通长（横向或纵向）孔洞上设置平板透光材料，图 6-45b）是横向采光带和纵向采光带的两种形式（平行于屋架者为横向采光带）。

采光板是在屋面板的孔洞上设置平板透光材料，见图 6-45c）。

这三种平天窗的共同特点是：采光效率比矩形天窗高 2～3 倍，布置灵活，采光也较均匀，构造简单，施工方便，但造价低，易积尘，适用于一般冷加工车间。

（2）中庭天窗

民用建筑天窗通常用在采光中庭中，中庭天窗应具有足够的安全性能 、良好的防水性能及防止眩光对室内的影响。

中庭天窗常见的形式有以下几种：

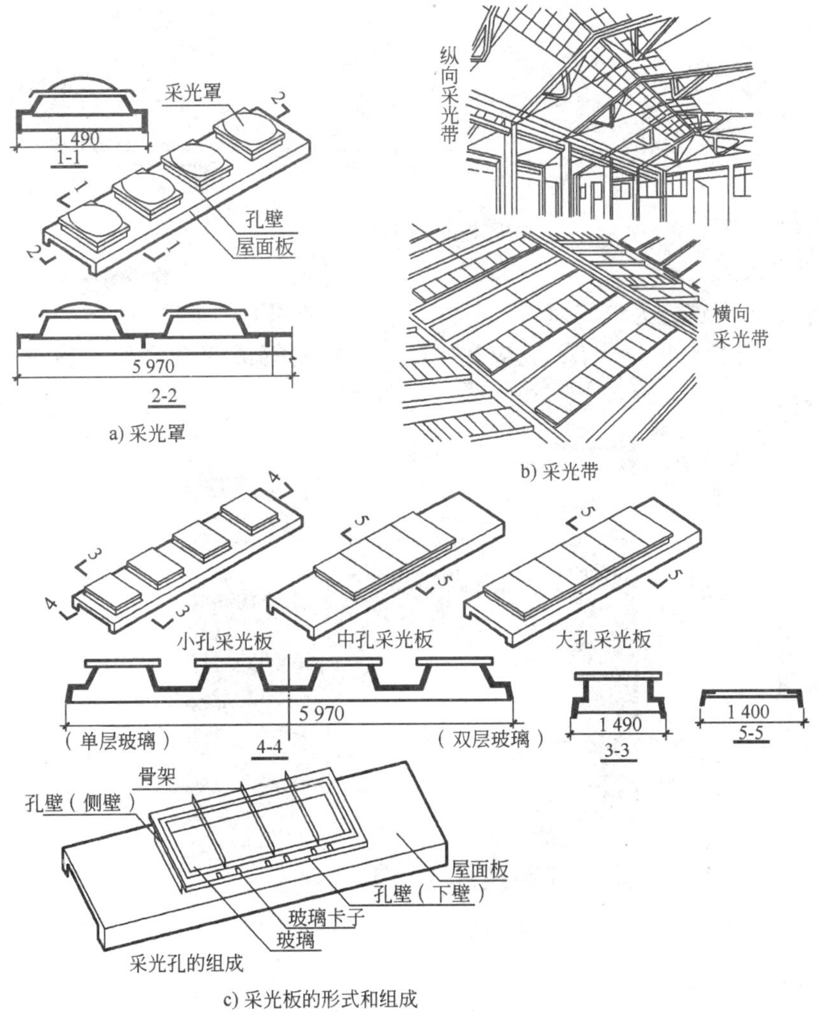

a) 采光罩

b) 采光带

c) 采光板的形式和组成

图 6-45　平天窗的各种形式(尺寸单位:mm)

①棱锥形天窗

棱锥形天窗有方锥形、六角锥形、八角锥形等多种形式，见图 6-46。尺寸不大的棱锥形天窗，可用有机玻璃热压成采光罩。它具有很好的刚度和强度，外形光洁美观，可单个使用，也可将若干个采光罩安装在井式梁上组成大片玻璃顶，构造简单，施工安全方便。当中庭采用角锥体系平板网架作屋顶承重结构时，利用网架的倾斜腹杆作支架，可构成棱锥形玻璃顶。

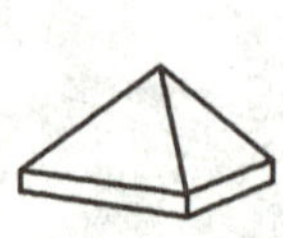
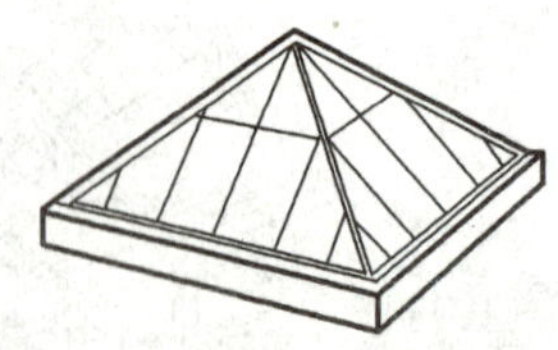
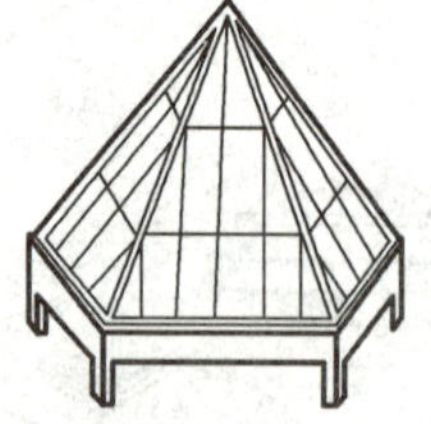

图 6-46 棱锥形天窗

②斜坡式天窗

斜坡式天窗分为单坡、双坡、多坡等形式。玻璃面的坡度一般为 15°～30°，每一坡面长度不宜过大，一般应在 15m 以内，用钢或铝合金作天窗骨架，见图 6-47。

图 6-47 斜坡式天窗

③拱形天窗

拱形天窗的外轮廓一般为半圆形(图 6-48)，用金属型材作拱骨架，根据中庭空间的尺度大小和屋顶的结构形式，可布置成单拱、多拱并列和连续拱。透光部分一般采用有机玻璃或玻璃钢，也可采用拱形有机玻璃采光罩组成大片玻璃顶。

④圆穹形天窗

圆穹形天窗具有很好的艺术效果(图 6-49)，天窗直径根据中庭的使用功能和空间大小确定，天窗曲面可为球形面或抛物曲面，天窗矢高视空间造型效果和结构要求而定。

图 6-48 拱形天窗

图 6-49 圆穹形天窗

⑤其他形式的天窗

除上面几种天窗外，还可结合具体的平面空间及结构演变成其他形式的天窗，如锯齿形天窗、利用双曲扁壳和扭壳构成的侧向进光天窗及树枝状玻璃顶等，见图 6-50。

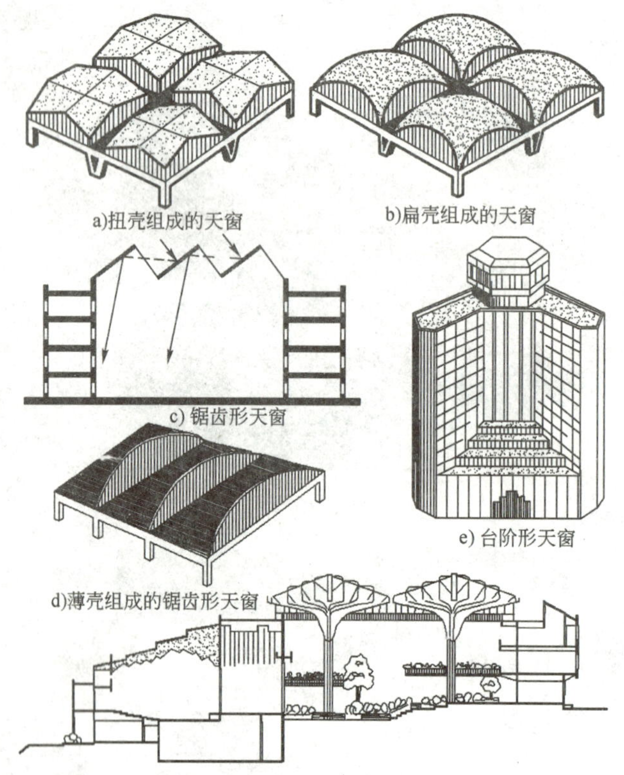

日本川崎市政广场，它的中庭由4个树状悬挑钢结构形式天窗覆盖着一个巨大的室内广场，周围设有剧院、会议厅、陈列厅、图书馆、室内游泳池、健身房、茶室等

图6-50 中庭天窗形式

6.4 围护结构热工设计

建筑的墙、屋顶、门窗等构成了建筑的围护结构，是人为的室内空间与自然的室外空间的界面。在寒冷冬季，热量通过建筑围护结构由室内高温一侧向室外低温一侧传递，使热量损失。同时，在南方炎热夏季，在强烈的太阳辐射和气温作用下，大量的热量会通过围护结构传入室内，使室内温度过高，在使用空调制冷的情况下会增加空调的能耗，因此建筑要节能，增强建筑围护结构的保温隔热性能至关重要。

6.4.1 保温材料

保温材料一般为轻质、疏松、多孔或纤维的材料，其重度不大于 10kN/m³，导热系数不大于 0.25W/(m·K)。材料的堆积密度、表观密度越小，导热系数越小。保温材料的堆积密度和表观密度见表 6-1。保温材料按照其与水的关系，分为吸湿性保温材料和憎水性保温材料。吸湿性保温材料内部孔隙相互连通，有水的侵袭会降低材料的保温性能，而憎水性保温材料内部孔隙相互不连通，保温性能不受水侵袭的影响。另外，保温材料按其成分分为无机材料和有机材料两种，按其形状可分为以下三种类型：

保温材料的堆积密度和表观密度　　表 6-1

保温材料种类	材 料 名 称	要求的堆积密度 (kg/m³)	要求的表观密度 (kg/m³)
松散保温材料	膨胀蛭石 膨胀珍珠岩 高炉溶渣	<300 <120 500～800	— —
板状保温材料	泡沫塑料类板材 微孔混凝土类板材 膨胀蛭石板材 膨胀珍珠岩板材	—	30～130 500～700 300～800 300～800

(1)松散保温材料

常用的松散保温材料有膨胀蛭石(粒径 3～15mm)、膨胀珍珠岩、矿棉、岩棉、玻璃棉、炉渣(粒径 5～40mm)等。

(2)整体保温材料

通常用水泥或沥青等胶结材料与松散保温材料拌和，整体浇筑在需保温的部位，如沥青膨胀珍珠岩、水泥膨胀珍珠岩、水泥膨胀蛭石、水泥炉渣等。

(3)板状保温材料

板状保温材料种类较多，如加气混凝土板、泡沫混凝土板、膨胀珍珠岩板、膨胀蛭石板、矿棉板、挤塑聚苯板 、膨胀聚苯板、泡沫塑料板、岩棉板、木丝板、刨花板、甘蔗板等。有机纤维板材的保温性能一般较无机板材要好，但耐久性较差，只有在通风条件良好、不易腐烂的情况下使用才较为适宜。

保温材料的导热系数，随含水率的增大而增大，而保温性能却随之下降。含水率每增加 1%，则其导热性能增大 5%左右。因此，对于大多数吸湿性的保温材料应该保持其干燥。

6.4.2 墙体的保温隔热构造

改善墙体热工性能主要是提高外墙的保温与隔热性能。根据《民用建筑热工设计规范》(GB 50176—93),评定外墙保温隔热性能的指标是传热系数$K[W/(m^2 \cdot K)]$和热惰性指标D。传热系数K反映了墙体传热能力的强弱,应选K值较小的墙体材料,但对于一些地区,外墙严重受到不稳定温度波作用,如重庆等夏热冬冷地区,西墙的外表面温度昼夜温差可达40℃,对于这种温度波幅很大的非稳态传热条件下的建筑,就还需要考虑抵抗温度波和热流波在建筑中传播能力的热惰性指标D,使室内温度在外界环境气温变化的情况下保持相对的稳定。D值越大,外墙抵抗环境气温变化的能力就越强。

(1)墙体的保温措施

寒冷地区冬季室内温度高于室外,热量从高温一侧向低温一侧传递。图6-51是外墙冬季的传热过程。提高建筑外墙的保温能力,就是要使外墙的传热系数K值变小,热阻增大,减少墙体传热造成的热损失。围护结构的热阻大小取决于材料的厚度和本身的导热性能。材料层的厚度是有一定限制的,而各种不同材料的导热系数则相差非常大。

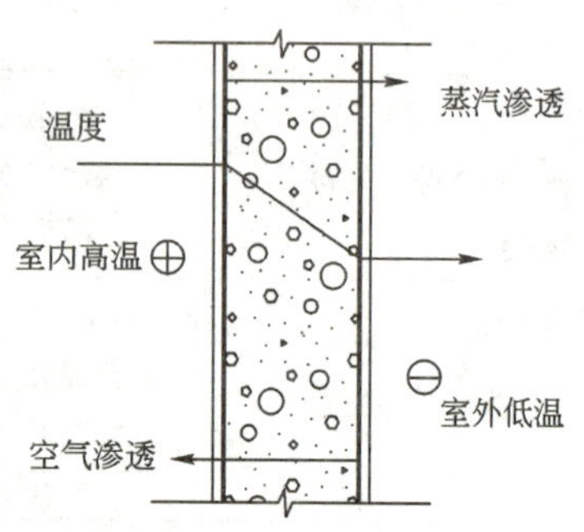

图6-51 外墙冬季传热过程

增强墙体保温性能的措施分为单一材料墙体技术和复合材料墙体技术。

①单一材料墙体技术

a. 增加外墙厚度　但是墙体加厚,会增加结构自重,多用墙体材料,也占用建筑面积,使有效空间缩小等。

b. 选用K值较小的材料　如保温空心砌块、加气混凝土、陶粒砌块等,这类材料一般导热系数小,孔隙率高,密度小,保温效果好,但是强度不高,不能承受较大的荷载,一般用于框架填充墙等。

②复合材料墙体技术

a. 采用多层复合材料的组合墙,形成保温构造系统,解决保温和承重双重问题,即在普通墙体的基础上增设一层高效保温材料而组合成的墙体。因为高效保温材料的导热系数非常小,增设几厘米的厚度就可以大大提高墙体的保温性能。外墙保温系统根据保温材料与承重材料的位置关系,有外墙外保温、外墙内保温及夹芯保温几种方式。目前,应用较多的保温材料为EPS(模塑聚苯乙烯泡沫塑料)板、XPS板或颗粒。此外，岩棉、膨胀珍珠岩、加气混凝土等也是可供选择的保温材料。图6-52、图6-53为外墙外保温和外墙内保温示例。

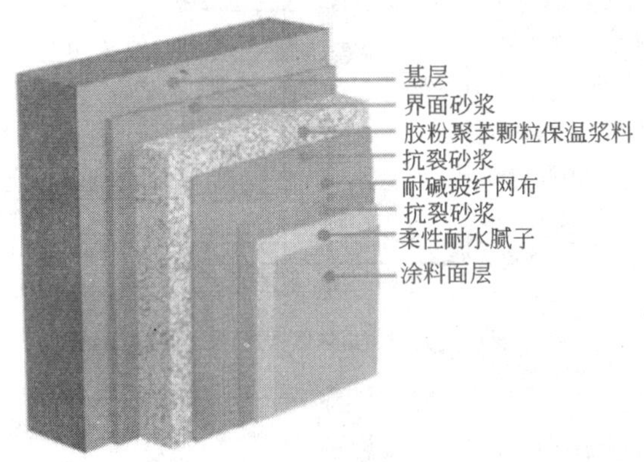

图6-52　外墙外保温示例

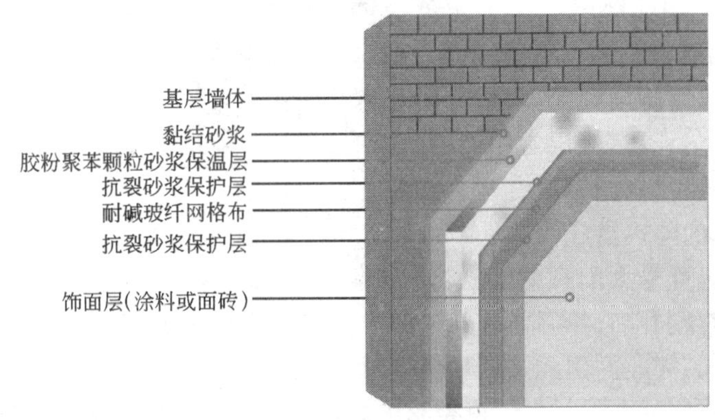

图6-53　外墙内保温示例

b.采用具有复合空腔构造的外墙，使墙体根据需要具有热工调节性能。如近年来在公共建筑中有一定运用的各种双层皮组合外墙及利用太阳能的被动式太阳房集热墙等，还可以利用遮阳、百叶和引导空气流通的各种开口设置，来强化外墙体系的热工调节能力，如图6-54所示为被动式太阳房的墙体构造示例:通过可加热空气的空腔及进出风口的设置，使外墙成为一个集热散热器，在太阳能的作用下，在外墙设置可以分别提供保温或隔热降温功能的空气置换层。

此外，由于建筑外围护结构的两侧有温差，当室内外空气中的水蒸气含量不相等时，水蒸气分子会从压力高的一侧通过围护结构向压力低的一侧渗透。

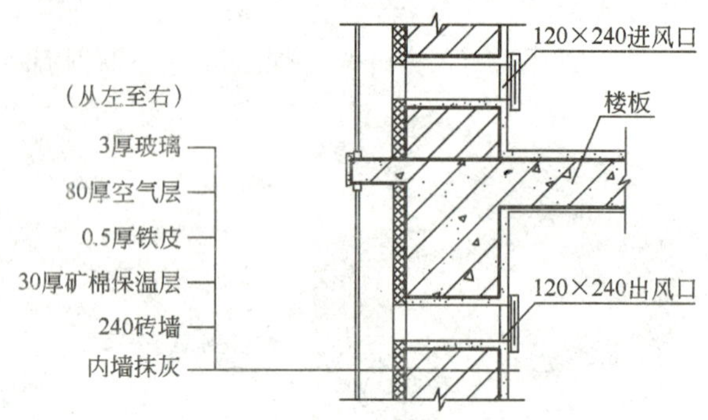

图 6-54 被动式太阳房集热墙构造(尺寸单位:mm)

在此过程中,如果温度达到了露点温度,在外围护结构中就会出现结露现象,形成凝结水,由于水的导热系数较大,会使外墙的保温能力明显降低。为了避免这种情况产生,如墙体材料为亲水材料,则应在靠室内高温一侧设置隔蒸汽层,阻止水蒸气进入墙体。隔蒸汽层常用卷材、防水涂料或薄膜等材料(图6-55)。

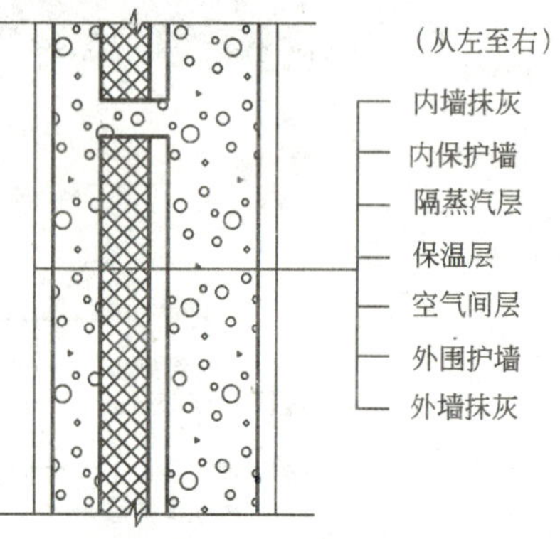

图 6-55 隔蒸汽层的设置

(2)墙体的隔热措施

炎热地区夏季太阳辐射强烈,使外墙外表面温度急剧升高,然后通过导热的方式传入室内,增大建筑的能耗,对于建筑的西墙,尤其如此。因此,外墙应具有足够的隔热能力。

①选用热惰性大的材料。该类材料热阻大、重量大,如砖墙、土墙等,可减少外墙内表面的温度波动。

②在外墙表面选用光滑、平整、浅色的材料,以增加对太阳光的反射能力,降低吸收率。表 6-2 为各种材料或颜色表面的太阳辐射热吸收率。

各种材料或颜色表面的太阳辐射热吸收率 表 6-2

材料或颜色	吸 收 率	材料或颜色	吸 收 率
铝箔	0.05	深灰色	0.7
铝粉涂料	0.50	浅绿色	0.4
白灰粉刷	0.12	深绿色	0.7
白漆	0.2	一般黑色	0.85
浅灰色	0.4		

③设置通风间层,如通风墙等,通过空气流动带走热量。

④墙面的垂直绿化是降低墙面太阳辐射热的生态型措施,利用植物特有的蒸腾作用不但可以吸收大部分的太阳辐射热,而且还不会对周围环境产生热负荷,并且增加了城市绿量,见图 6-56。

6.4.3 屋顶的保温和隔热措施

当太阳光照射到屋顶上,少部分热量被反射后,一部分由屋顶表面向大气辐射,加热环境空气;另一部分热量经屋顶材料内部以导热的方式加热屋面内表面并辐射加热室内空气。见图 6-57。

图 6-56 墙面的垂直绿化

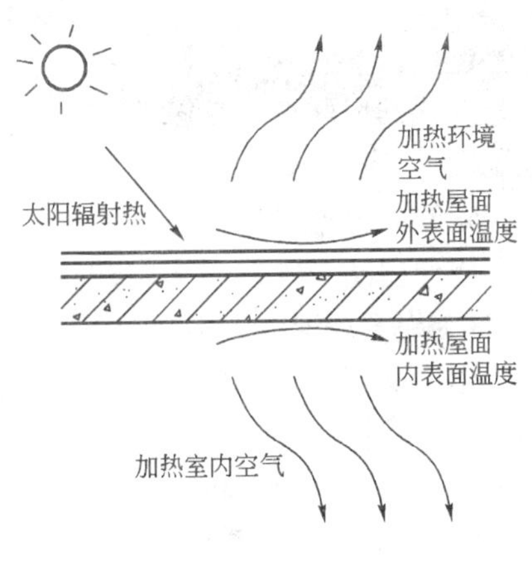

图 6-57 屋顶上太阳辐射热传递途径

(1)屋顶保温隔热的设计原则

为提高屋面的保温隔热性能,设计上应遵守以下设计原则:

①选用导热性小、蓄热性大的材料,同时还要考虑到屋面荷载,选用密度小的材料。

②应根据建筑物的使用要求,屋面的结构形式,环境气候条件,防水处理方式和施工技术条件、经济技术条件 ,通过比较确定保温材料。

③屋面保温材料的确定,应根据节能建筑的热工要求确定保温隔热层厚度,同时还要注意保温材料层的排列。

④各类保温材料的选用应结合工程造价、铺设的具体部位、保温层是否封闭等因素加以考虑。

(2)屋顶保温措施

和墙体保温一样，根据《民用建筑热工设计规范》(GB 50176—93)，评定屋顶保温隔热性能的指标是传热系数 $K[W/(m^2 \cdot K)]$ 和热惰性指标 D、热阻 R。要增大屋顶的热阻，降低总传热系数，一般是在普通屋顶的基础上增加一定厚度的保温材料。增加保温层厚度对提高屋面保温性能效果明显，见表 6-3。

不同厚度保温材料的总传热系数　　表 6-3

保温层(挤塑板)厚度(mm)	总传热系数 $K[W/(m^2 \cdot K)]$	保温层(挤塑板)厚度(mm)	总传热系数 $K[W/(m^2 \cdot K)]$
20	1.252	40	0.670
25	1.040	50	0.564
30	0.974		

注：屋面的构造层次从上至下为铺地砖、水泥砂浆黏结层、挤塑板、防水层、水泥砂浆找平层、陶粒找坡层、现浇钢筋混凝土板、水泥石灰砂浆。

平屋顶的屋面坡度较缓，宜于在屋面结构层上设置保温层。保温层的设置有以下两种处理方式：

①正置式保温

即将保温层设置在结构层和防水层之间，下设隔蒸汽层，成为封闭的保温层，也称为内置式保温。大部分不具备自防水功能的保温材料都可以采用这种方式。图 6-58 为正置式卷材平屋顶保温屋面构造。

②倒置式保温

即将保温层设置在防水层上，成为敞露的保温层，也称为外置式保温。倒置式保温屋面坡度不宜大于3%，构造层次见图6-59。保温层对防水层起到屏蔽

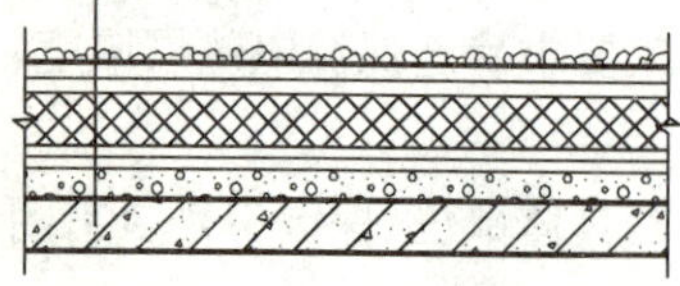

图 6-58　正置式保温卷材屋面

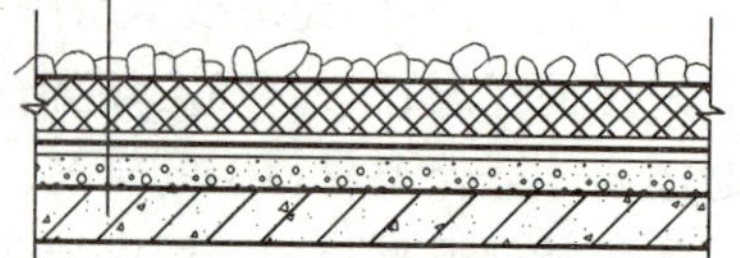

图 6-59　倒置式保温卷材屋面

和防护的作用，使之不受阳光和气候变化的影响而温度变形较小，也不易受到来自外界的机械损伤。此法施工便捷，利于维修。倒置式保温屋面在国外被认为是一种可以克服传统做法缺陷、比较完善与成功的屋面构造设计。

由于保温层没有防水层的遮蔽，倒置式保温仅适用于憎水性的保温材料，具有自防水功能，如挤塑型聚苯乙烯板、聚氨酯硬泡沫塑料板等。其做法可干铺，也可采用与防水层材性相容的胶黏剂粘贴，或整体式现喷硬质聚氨酯泡沫塑料，形成整体保温层。

保温层上应铺设防护层，以防止保温层表面破损和延缓其老化过程。保护层应选择有一定重量、足以压住保温层的材料，使之不致在下雨时漂浮起来。可选择大粒径的石子或混凝土板、地砖等，其间铺一层聚酯无纺布作隔离层。

(3)屋顶隔热构造

在夏季太阳辐射和室外气温的综合作用下，从屋顶传入室内的热量要比从墙体传入室内的热量多得多。在我国南方地区的建筑屋面隔热尤为重要，应采取适当的构造措施解决屋顶的降温和隔热问题。

屋顶隔热降温的基本原理是：减少直接作用于屋顶表面的太阳辐射热量。所采用的主要构造做法是：屋顶间层通风隔热、屋顶蓄水隔热、屋顶植被隔热、屋顶反射阳光隔热等。

①屋顶架空通风隔热

通风隔热就是在屋顶设置架空通风间层，使其上层表面遮挡阳光辐射，同时利用风压和热压作用将间层中的热空气不断带走，使通过屋面板传入室内的热量大为减少，从而达到隔热降温的目的。

架空通风隔热间层设于屋面防水层上，架空层内的空气可以自由流通，见图 6-60。其隔热原理是：一方面利用架空的面层遮挡直射阳光，另一方面架空层内被加热的空气与室外冷空气产生对流，将层内的热量源源不断地排走，从而达到降低室内温度的目的。

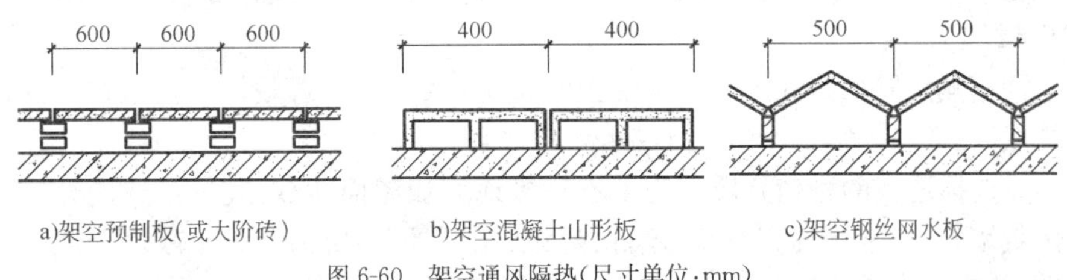

图 6-60 架空通风隔热(尺寸单位:mm)

②蓄水隔热

蓄水隔热屋面利用平屋顶所蓄积的水层来达到屋顶隔热的目的，见图6-61，其原理为:在太阳辐射和室外气温的综合作用下,水能吸收大量的热而由液体蒸发为气体,从而将热量散发到空气中,减少了屋顶吸收的热能,起到隔热的作用。水面还能反射阳光,减少阳光辐射对屋面的热作用。水层在冬季还有一定的保温作用。此外,水层长期将防水层淹没,使混凝土防水层处于水的养护下,减少由于温度变化引起的开裂和防止混凝土的碳化,使防水材料在水层的保护下推迟老化过程,延长使用年限。

图 6-61　蓄水隔热

总的来说,蓄水屋面具有既能隔热又可保温,既能减少防水层的开裂又可延长其使用寿命等优点。在我国南方地区,蓄水屋面对于建筑的防暑降温和提高屋面的防水质量能起到很好的作用。如果在水层中养殖一些水浮莲之类的水生植物,利用植物吸收阳光进行光合作用和叶片遮蔽阳光的特点,其隔热降温的效果将会更加理想。

③种植隔热

种植隔热的原理是:在平屋顶上种植植物,借助栽培介质隔热及植物吸收阳光进行光合作用和遮挡阳光的双重功效来达到降温隔热的目的。见图 6-62。

种植隔热屋面是在屋面防水层上直接铺填种植介质,栽培各种植物。其构造要点(图 6-63)为:

a.选择适宜的种植介质　为了不过多地增加屋面荷载,宜尽量选用轻质材料作栽培介质,常用的有谷壳、蛭石、陶粒、泥炭等,即所谓的无土栽培介质。近年来,还有以聚苯乙烯、尿甲醛、聚甲基甲酸酯等合成材料泡沫或岩棉、聚丙烯腈絮状纤维等作栽培介质的,其质量更轻,耐久性和保水性更好。

图 6-62　种植隔热

图 6-63　种植隔热构造示意图

b. 过滤层　为了防止栽培基质从底层渗透流失，应在基质层下设置一道过滤层，一般采用不大于 200g/m^2 的聚酯无纺布。

c. 蓄排水层　蓄排水层应设于过滤层的下部，用来储存水分，同时能保证多余的水迅速排出屋面，防止植物烂根。蓄排水层应首选专用的强度高、蓄水量大、耐久性好的塑料排水板，在荷载允许的情况下，也可采用粒径为 20～40mm 的卵石或轻质陶粒。

d. 隔根层　植物都有丰富的根系，为了防止根系穿透屋面防水层甚至屋面板，必须在种植基质层下加设隔根层。常用高密度聚乙烯土工膜（HDPE）或聚氯乙烯防水卷材作隔根层。

6.4.4　门窗的保温隔热

建筑门窗是建筑围护结构中热工性能最薄弱的部位，其能耗约占建筑围护结构总能耗的 40%～50%，同时它也是建筑中的得热构件，可以通过太阳光透射入室内而获得太阳热能，因此是影响建筑室内热环境和建筑节能的重要因素。

(1)门窗热工设计指标

在建筑设计工程中，应根据建筑所处城市的建筑气候分区、建筑功能要求、建筑形式等因素恰当地选择门窗材料和构造方式，使建筑外门窗的热工性能符合该地区建筑节能设计标准的相关规定。

①传热系数

建筑外门窗选用材料和构造方法不同，其传热系数也不相同。外门窗传热系数应选用经计量认证的质检机构提供的检测值。常见外门窗传热系数见表6-4。

建筑外门窗的传热系数 表 6-4

类型		建筑户门、外窗及阳台门窗名称	传热系数 $K[W/(m^2 \cdot K)]$	遮阳（遮蔽）系数 SC
门		多功能户门（具有保温、隔声、防盗等功能）	1.5	
		夹板门或蜂窝夹板门	2.5	
		双层玻璃门	2.5	
窗	铝合金	单层普通玻璃窗	6.0～6.5	0.8～0.9
		单框普通中空玻璃窗	3.6～4.2	0.75～0.85
		单框低辐射中空玻璃窗	2.7～3.4	0.4～0.44
		双层普通玻璃窗	3.0	0.75～0.85
	断热铝合金	单框普通中空玻璃窗	3.3～3.5	0.75～0.85
		单框低辐射中空玻璃窗	2.3～3.0	0.4～0.55
	塑料	单层普通玻璃窗	4.5～4.9	0.8～0.9
		单框普通中空玻璃窗	2.7～3.0	0.75～0.85
		单框低辐射中空玻璃窗	2.0～2.4	0.4～0.55
		双层普通玻璃窗	2.3	0.75～0.85

②门窗综合遮阳系数

对于南方炎热地区，在强烈的太阳辐射条件下，阳光直射到室内，将严重影响建筑室内热环境，因此外窗应采取适当的遮阳措施，以降低建筑空调能耗。门窗遮阳效果是玻璃遮阳和建筑外遮阳综合作用的结果，综合遮阳系数＝玻璃遮阳系数×建筑外遮阳系数。玻璃遮阳是指玻璃本身有一定的遮挡太阳光的作用，建筑外遮阳分为水平遮阳、垂直遮阳、综合遮阳及挡板遮阳，见图 6-64。为了解决夏季遮阳和冬季对阳光的需求，建筑也常采用活动遮阳，见图 6-65。

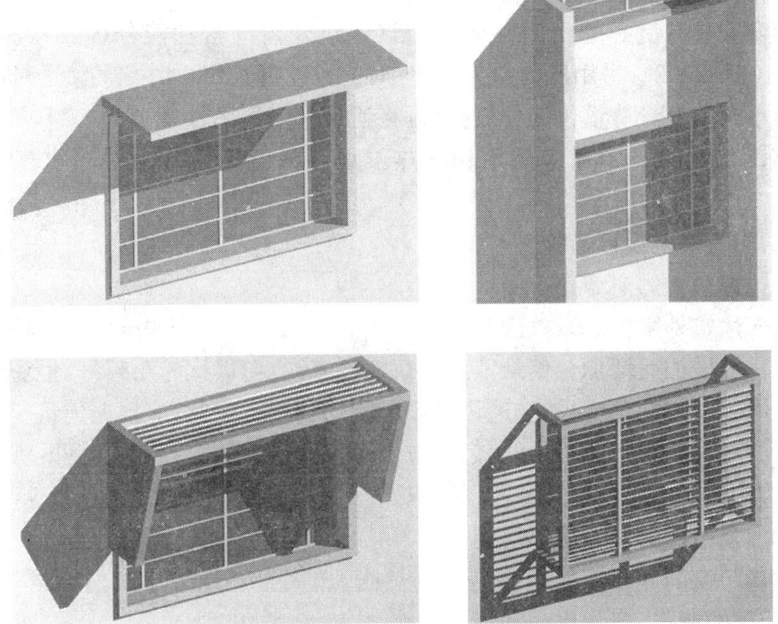

图 6-64 遮阳实例

图 6-65 活动遮阳实例

③门窗气密性指标

外窗应具有良好的密闭性能，根据《建筑外窗气密性能分级及检测方法》(GB 7107—2002)，采用压力差为10Pa时的单位缝长每小时空气渗透量和单位面积每小时空气渗透量作为分级指标，将建筑外窗气密性能分为5级，1级气密性最差，5级最好。门窗应满足相应热工地区节能设计标准对门窗气密性的要求。

(2)门窗节能设计措施

①选择适宜的窗墙比

由于建筑外窗传热系数通常比墙体大很多，因此，建筑物的冷、热耗量随窗墙面积比的增加而增加。仅从节约建筑能耗来说，窗墙比越小越好，但窗墙比过小又会影响窗户的正常采光、通风和太阳能的利用。因此，应根据建筑所处的气候分区、建筑的类型、使用功能、门窗方位等选择适宜的窗墙比，达到既满足建筑造型的需要，又能符合建筑节能的要求。

②加强门窗的保温隔热性能

改善门窗的保温性能主要是提高热阻，选用导热系数小的门窗框、玻璃材料，从门窗的制作、安装提高其气密性能。

③加强门窗的隔热性能

提高门窗的隔热性能主要有两个途径：一是采用合理的建筑外遮阳，设计挑檐、遮阳板、活动遮阳等；二是选择玻璃时，选用合适遮蔽系数，也可以采用对太阳红外线反射能力强的热反射材料贴膜。

6.5 围护与分隔体系的防水构造

为保证舒适的建筑室内空间，建筑室内的围护与分隔体系必须进行防排水设计，这些部位主要指建筑的屋面、外墙面、地下室外墙和底板等围护体系，还包括室内用水的部位如厨房、卫生间、阳台等。

6.5.1 概述

构件表面受水以后，应很快排除，以防渗漏。在处理防水问题时，应兼顾“防”和“排”两个方面。所谓“防”，就是要采用相应的防水材料，采取妥善的构造方法，把水隔绝在建筑之外；所谓“排”，就是要将建筑的受水面形成一定的坡度，采取疏导的措施，使水能够及时排走，减少水在建筑面上的停留时间，不至于因为积水而造成渗漏。

(1)防水材料

①卷材

a. 高聚物改性沥青类防水卷材　该卷材以高分子聚合物改性沥青为涂盖层，纤维织物或纤维毡为胎体，粉状、粒状、片状或薄膜材料为复面材料制成的可卷曲的片状防水材料。如 SBS 改性沥青卷材、再生胶改性沥青聚酯卷材、铝箔塑胶聚酯卷材、丁苯橡胶改性沥青卷材等。

b. 高分子类卷材　凡以各种合成橡胶或合成树脂或二者的混合物为主要原材，加入适量化学助剂和填充料加工制成的弹性或弹塑性卷材，均称为高分子防水卷材。常见的有三元乙丙橡胶防水卷材、氯化聚乙烯防水卷材、聚氯乙烯防水卷材、氯丁橡胶防水卷材、再生胶防水卷材、焦塑防水柔毡、聚乙烯橡胶防水卷材、丙烯酸树脂卷材等。

高分子防水卷材具有质量轻(2kg/m^2)、使用温度范围宽(－20～80℃)、耐候性能好、抗拉强度高(2～18.2MPa)、延伸率大(＞450％)等特点，近年来在国内的各种防水工程中得到广泛应用。

c. 卷材胶黏剂　卷材防水的施工方法可分为两大类：一类为热施工法，另一类为冷施工法。前者包括传统的热玛蹄脂黏结法、热熔法、热风焊接法，后者包括冷黏法、自黏法、机械固定法等。冷黏法则需要与卷材配套使用的溶剂型胶黏剂，如适用于改性沥青类卷材的 RA-86 型氯丁胶胶黏剂、SBS 改性沥青胶黏剂等。

②防水混凝土

防水混凝土是在施工中调整集料级配或添加外加剂，以增强混凝土密实度，获得强度和抗渗性能满足要求的混凝土。防水混凝土分为普通防水混凝土、外加剂防水混凝土及膨胀水泥防水混凝土。普通防水混凝土主要通过采用较小的水灰比，适当提高水泥用量、砂率及灰砂比，控制石子最大粒径，加强养护等方法，以抑制或减少混凝土孔隙率，改变孔隙特征，提高砂浆及其与粗集料界面之间的密实性和抗渗性。采用普通防水混凝土施工简便，造价低廉，质量可靠，适用于地上和地下防水工程。外加剂防水混凝土在拌和物中加入微量有机物(引气剂、减水剂、三乙醇胺)或无机盐(如氯化铁)，提高混凝土的密实性和抗渗性，适用于抗水性、耐久性要求较高的防水工程。膨胀水泥防水混凝土是利用膨胀水泥水化时产生的体积膨胀，使混凝土在约束条件下的抗裂性和抗渗性获得提高，主要用于地下防水工程和后灌缝。

③防水涂膜

防水涂膜的种类很多，主要有高聚物改性沥青涂膜、合成高分子防水涂膜及聚合物水泥防水涂膜。有些防水涂料需要与胎体增强材料（即所谓的布）配合，以增强涂层的贴附覆盖能力和抗变形能力。目前，使用较多的胎体增强材料为0.1mm×6mm×4mm或0.1mm×7mm×7mm的中性玻璃纤维网格布或中碱玻璃布、聚酯无纺布等。

（2）排水坡度

①排水坡度的表示方法

a.角度法　用排水面与水平面的夹角来表示排水坡度，如$\alpha=26°$、$\alpha=30°$等，通常用于坡屋顶，如图6-66a)所示。

b.斜率法　用排水面的起坡高度与坡面的水平长度之比来表示排水坡度，即$H:L$，如1:3、1:20、1:50等，可用于坡屋顶也可用于平屋顶，如图6-66b)所示。

c.百分比法　用排水面的高度与坡面水平投影长度的百分比来表示排水坡度，如$i=1\%$、$i=2\%$、$i=3\%$等，主要用于平屋顶、楼地面，如图6-66所示。

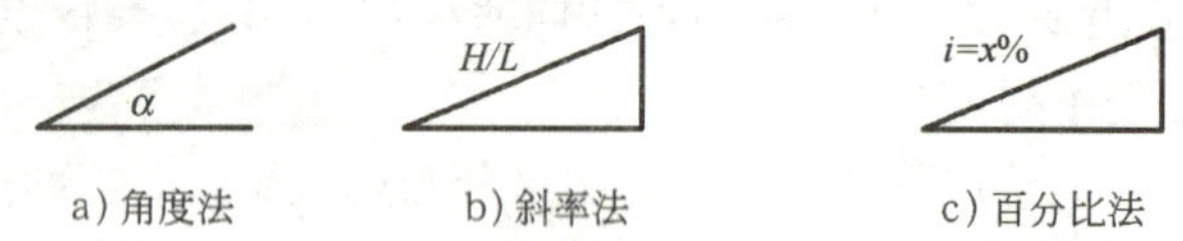

图6-66　排水坡度的表示方法

影响排水坡度大小的因素有防水材料尺寸大小、受水量及排水的路线长短。防水材料尺寸小，接缝必然较多，容易产生缝隙渗漏，因而应有较大的排水坡度；如排水面水量大，渗漏的可能性较大，坡度就应适当加大；如排水的路线较长，有人活动、屋顶蓄水等，坡度可适当小一些。反之，则可以取较大的排水坡度。

②排水坡度的形成

排水坡度的形成应考虑以下因素：建筑构造做法合理，满足房屋室内外空间的视觉要求；不过多增加建筑荷载；结构经济合理，施工方便等。

a.材料找坡　将楼面或屋面结构层水平搁置，其上用轻质材料垫置起坡，这种方法叫做材料找坡，如图6-67a)所示。常见的找坡材料有水泥焦渣、石灰炉渣等。由于找坡材料的强度和平整度往往均较低，应在其上加设水泥砂浆找平层。采用材料找坡的房屋，室内可获得水平的顶棚面，但找坡层会加大结构荷载，当房屋跨度较大时尤为明显。材料找坡适用于坡度为5%以内、跨度不大的排水面。

b.结构找坡　将楼面或屋顶的结构层倾斜搁置，形成所需的排水坡度，而不在屋面上另加找坡材料，这种方法叫做结构找坡，如图6-67所示。结构找坡省工省料，构造简单，不足之处是室内顶棚呈倾斜状。结构找坡适用于室内美观要求不高或设有吊顶的房屋。坡屋顶就是结构找坡，由屋架形成排水坡度。

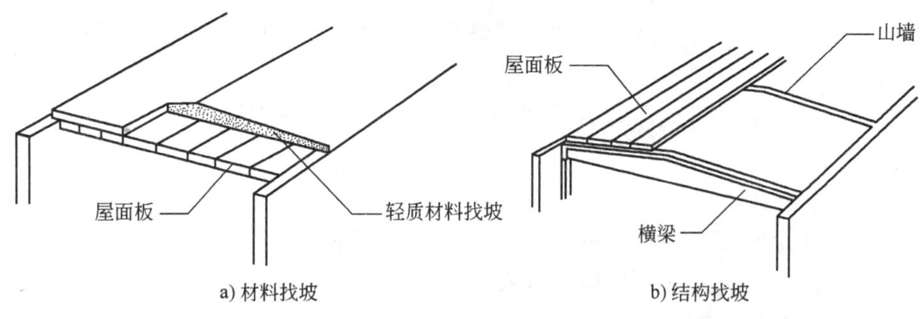

图 6-67　屋顶坡度的形成

6.5.2　平屋顶防排水

屋顶的防排水是一项综合性技术，它涉及建筑及结构的形式、防水材料、屋顶坡度、屋面构造处理等问题，需综合加以考虑。

我国现行《屋面工程技术规范》(GB 50345—2004)根据建筑物的性质、重要程度、使用功能要求及防水耐久年限等，将屋面防水划分为 4 个等级，各等级均有不同的设防要求，详见表 6-5。

屋面防水等级和设防要求　　表 6-5

项　目	屋面防水等级			
	I	II	III	IV
建筑物类别	特别重要的民用建筑和对防水有特殊要求的工业建筑	重要的工业及民用建筑、高层建筑	一般的工业及民用建筑	非永久性的建筑
防水层耐用年限(年)	25	15	10	5
设防要求	三道或三道以上防水设防	二道防水设防	一道防水设防	一道防水设防
防水层选用材料	宜选用合成高分子防水卷材、高聚物改性沥青防水卷材、金属板材、合成高分子防水涂料、细石防水混凝土等材料	宜选用高聚物改性沥青防水卷材、合成高分子防水卷材、金属板材、合成高分子防水涂料、高聚物改性沥青防水涂料、细石防水混凝土、平瓦、油毡瓦等材料	宜选用高聚物改性沥青防水卷材、合成高分子防水卷材、三毡四油沥青防水卷材、金属板材、高聚物改性沥青防水涂料、细石防水混凝土、平瓦、油毡等材料	可选用二毡三油沥青防水卷材、高聚物改性沥青防水涂料等材料

(1)平屋顶防排水构造

平屋顶防排水构造具有多种材料叠合、多层次做法的特点,其基本构造组成如图 6-68 所示。

根据防水层材料选择的不同,分为卷材防水屋面、刚性防水屋面及涂膜防水屋面。

①卷材防水屋面构造

卷材防水屋面是防水卷材形成的连续致密不透水的构造层,从而达到防水的目的。由于作为防水层的卷材具有一定的延伸性和适应变形的能力,故而又被称为柔性防水屋面。

卷材防水屋面较能适应温度、振动、不均匀沉陷因素的变化作用,能承受一定的水压,整体性好,不易渗漏。卷材防水屋面适用于防水等级为 I～IV 级的屋面防水。

防水卷材品种的选择应根据当地历年最高气温、最低气温、屋面坡度和使用条件等因素,选择耐热度、柔性相适应的卷材。

卷材防水屋面构造的基本层次分别为:结构层、找平层、结合层、防水层、保护层。还可根据建筑当地气候条件、屋顶的使用需要或为提高屋面性能而设置辅助层次,如保温层、隔热层、隔蒸汽层、找坡层等。如图 6-69 所示。

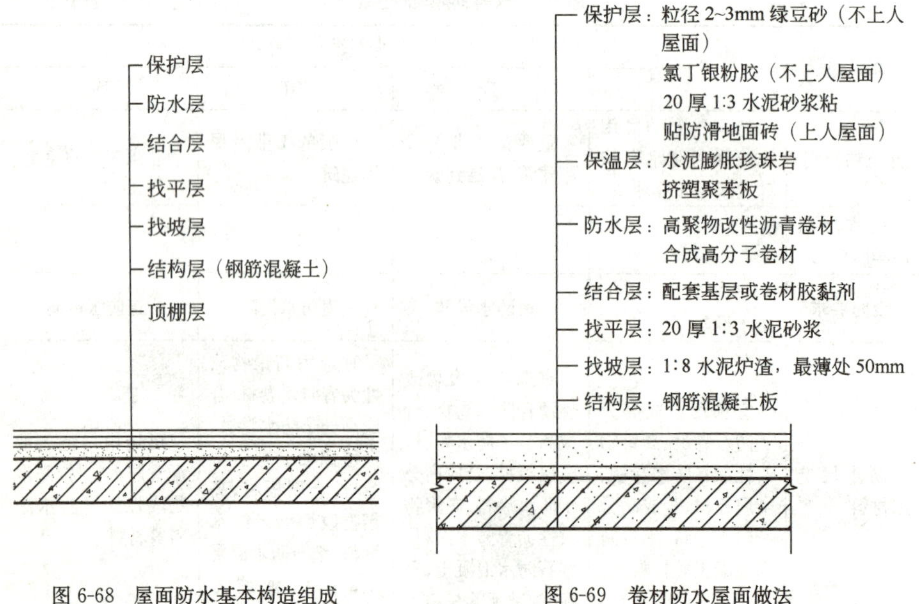

图 6-68 屋面防水基本构造组成

图 6-69 卷材防水屋面做法

②刚性防水屋面构造

刚性防水屋面是指用防水混凝土作防水层的屋面，因混凝土属于脆性材料，抗拉强度较低，故而称为刚性防水屋面。刚性防水屋面的主要优点是构造简单，施工方便，造价较低；缺点是易开裂，对气温变化和屋面基层变形的适应性较差。所以刚性防水主要适用于防水等级为 III 级的屋面防水，也可用作防水等级为 I 级、II 级屋面多道设防中的一道防水层；刚性防水层不适用于受较大振动或冲击的建筑屋面。

如图 6-70 所示，刚性防水屋面的构造一般有：结构层、找平层、隔离层、防水层等。刚性防水屋面应采用结构找坡，坡度宜为 2%～3%。

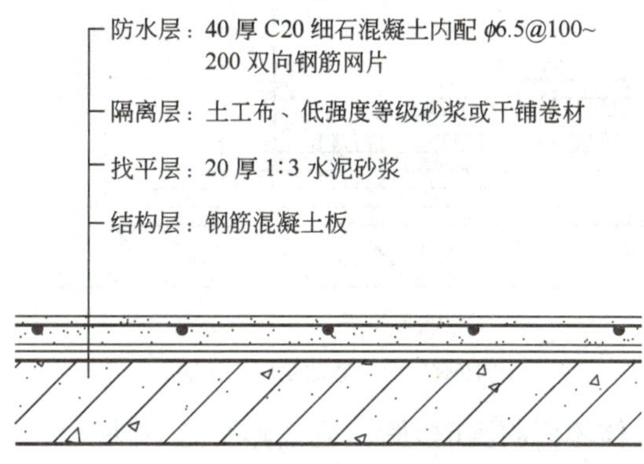

图 6-70 刚性防水屋面做法

设置隔离层是因为结构层在荷载作用下会产生挠曲变形，在温度变化作用下也会产生胀缩变形，由于结构层较防水层厚，刚度相应也较大，当结构产生上述变形时容易将刚度较小的防水层拉裂。因此，宜在结构层与防水层间设一隔离层使二者脱开。隔离层可采用干铺塑料膜、土工布、低强度等级砂浆或卷材铺设。

刚性防水屋面的防水层应采用强度等级不低于 C20 的细石混凝土整体现浇而成，其厚度不小于 40mm，并应配置直径 4～6mm、间距 100～200mm 的双向钢筋网片，钢筋的保护层厚度不小于 10mm。

③涂膜防水屋面构造

涂膜防水屋面是用防水材料涂刷在屋面基层上，利用涂料干燥或固化以后的不透水性来达到防水的目的。涂膜防水屋面具有防水、抗渗、黏结力强、耐腐蚀、耐老化、延伸率大、弹性好、不易燃、无毒、施工方便等诸多优点，已广泛用于建筑各部位的防水工程中。

涂膜防水主要适用于防水等级为III级、IV级的屋面防水，也可用作I级、II级屋面多道防水设防中的一道防水。

防水涂膜应多遍涂布，涂层厚度应均匀，且表面平整，待先涂布的涂料干燥成膜后，方可涂布后一遍涂料，且前后两遍涂料的涂布方向应相互垂直，每道涂膜防水层厚度应满足规范要求。见图 6-71。

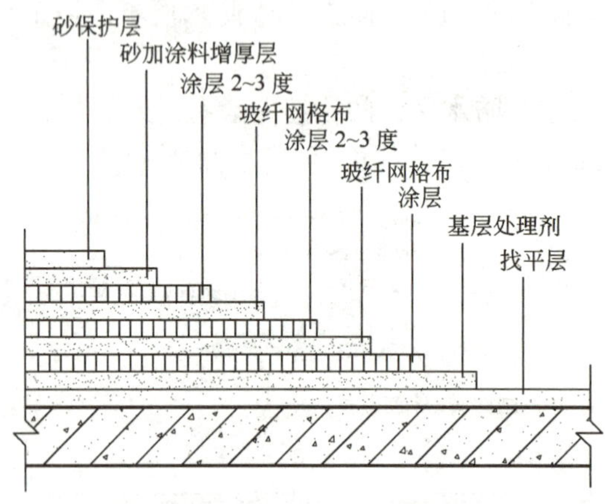

图 6-71　涂膜防水屋面做法

涂层间夹铺胎体增强材料时，胎体应铺贴平整，排除气泡，并与涂层黏结牢固。在胎体上涂布涂料时应使涂料浸透胎体，覆盖完全，不得有胎体外露现象。转角及立面的涂膜应薄涂多遍，不得有流淌和堆积现象。

涂膜防水层应设置保护层，可采用细砂、云母、蛭石、浅色涂料、水泥砂浆、块体材料或细石混凝土等，当采用后三种材料作保护层时，应在涂膜层与保护层间加设隔离层。

④复合防水屋面

根据建筑屋面防水等级多道设防的要求，可将卷材、涂膜、细石混凝土等材料复合使用，也可使卷材叠层。当采用多道防水层不同防水材料复合使用时，应注意将耐老化、耐穿刺的防水层放在最上面，相邻材料应具有相容性。刚性材料应设置在柔性材料的上部，涂膜防水宜在卷材防水层下部。复合防水屋面见图6-72。

(2)平屋顶排水组织

①屋顶排水方式

屋顶排水方式分为无组织排水和有组织排水两类。

a. 无组织排水　又称自由落水，意指屋面雨水自由地从檐口落至室外地面。

自由落水构造简单，造价低廉，缺点是自由下落的雨水会溅湿墙面。这种方法适用于一般低层或少雨地区建筑，标准较高的低层建筑或临街建筑都不宜采用。常见无组织排水如图 6-73 所示。

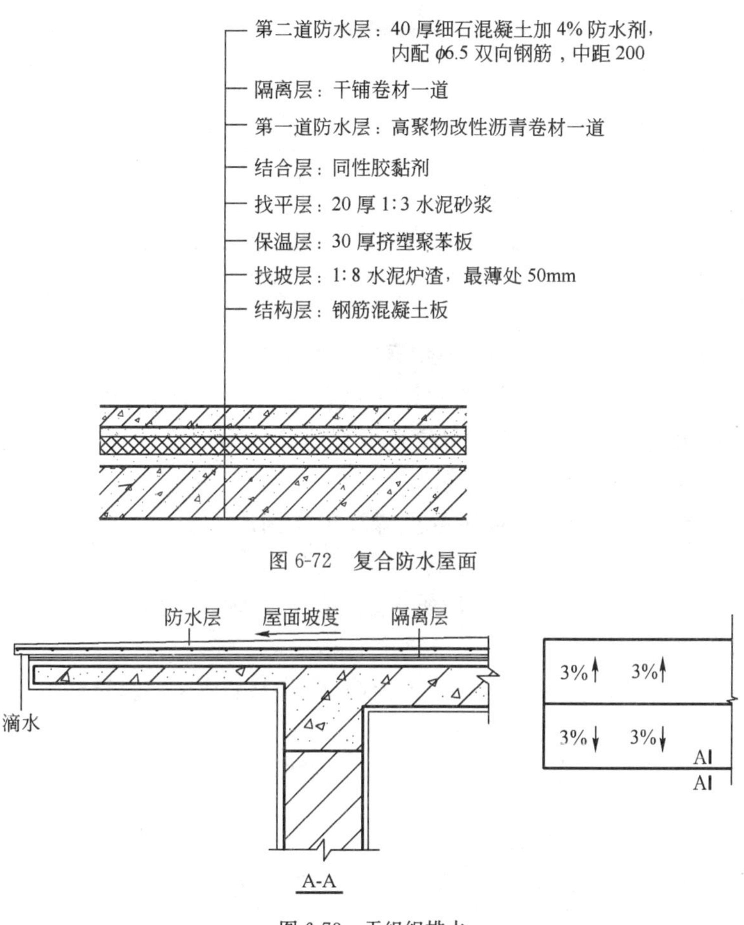

图 6-72　复合防水屋面

图 6-73　无组织排水

b. 有组织排水　是通过排水系统，将屋面积水有组织地排至地面。即把屋面划分成若干排水区，使雨水有组织地排到檐沟中，经过水落口排至水落斗，再经水落管排到室外，最后排往城市地下排水管网系统。有组织排水又可分为内排水和外排水两种方法，广泛应用于多层及高层建筑、高标准低层建筑、临街建筑，严寒地区的建筑也应采用有组织排水方式。

②有组织排水常用方案

有组织排水通常采用檐沟外排水、女儿墙外排水及内排水方案，见图 6-74。

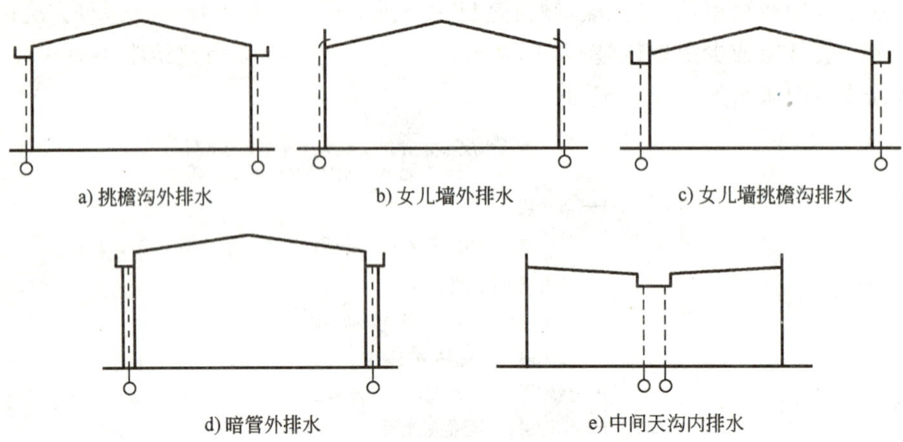

图 6-74 有组织排水方案

a.檐沟外排水　屋面雨水直接流入挑檐沟内,再由沟内纵坡导入水落口。此种方案排水通畅,设计时檐沟的高度可视建筑体型而定。挑檐沟外排水是一种常用的排水形式,如图 6-75 所示。

b.女儿墙外排水　房屋周围的外墙高于屋面时即形成封檐,高于屋面的这段外墙又称作女儿墙。如将女儿墙与屋面交接处做出坡度为 1%的纵坡,让雨水沿此纵坡流向弯管式水落口,再流入墙外的水落斗及水落管,即形成女儿墙外排水。这种方案的排水不如檐沟外排水通畅。

平屋顶女儿墙外排水方案施工较为简便,经济性较好,建筑体形简洁,是一种常用的排形式,如图 6-76 所示。

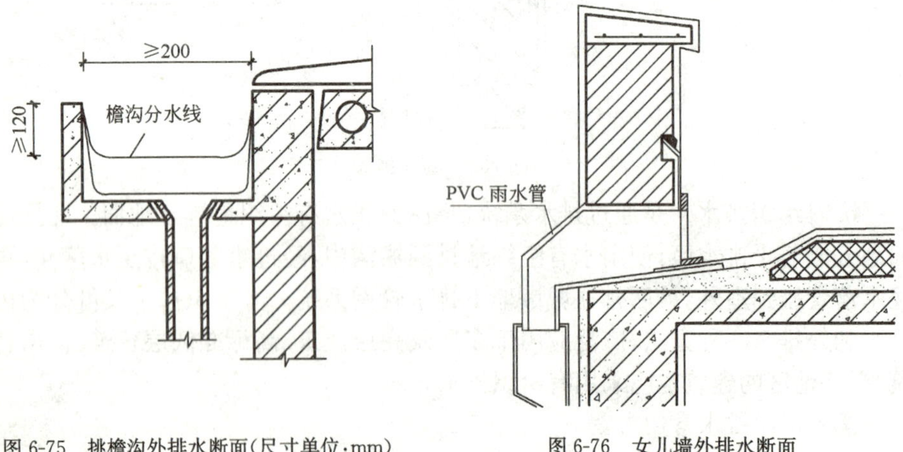

图 6-75　挑檐沟外排水断面(尺寸单位:mm)　　图 6-76　女儿墙外排水断面

c. 内排水　内排水方案的屋面向内倾斜，坡度方向与外排水相反，如图6-77所示。屋面雨水汇集到中间天沟内，再沿天沟纵坡流向水落口，最后排入室内水落管，经室内地沟排往室外。内排水方案的水落管在室内接头甚多，易渗漏，多用于不宜采用外排水的建筑屋顶，如高层及多跨建筑等。

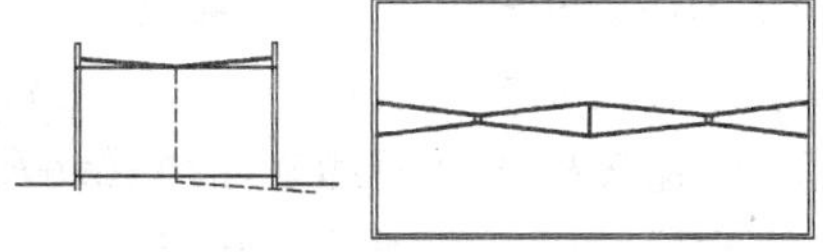

图 6-77　内排水示意图

d. 其他排水方案　上述几种排水方案是最基本的形式。在实践中还可根据需要派生出各种不同的排水形式，如蓄水屋面常用的檐沟女儿墙外排水方案，为使水落管隐蔽而做的外墙暗管排水或管道井暗管内排水等。

③排水组织设计要点

采用有组织排水方式时，应使屋面流水线路短捷，檐沟或天沟流水通畅，雨水口的负荷适当且布置均匀。对排水系统还有如下要求：

a. 屋面流水线路不宜过长，因而屋面宽度较小时可做成单坡排水；如屋面宽度较大，如 12m 以上时宜采用双坡排水。

b. 水落口负荷按每个水落口排除 150～200m^2 屋面集水面积的雨水量计算。当屋面有高差时，如高处屋面的集水面积小于 100m^2，可将高处屋面的雨水直接排在低屋面上，但出水口处应采取防护措施；如高处屋面面积大于 100m^2，高屋面则应自成排水系统。

c. 檐沟或天沟应有纵向坡度，使沟内雨水迅速排到水落口。纵坡的坡度一般为 1%，用石灰炉渣等轻质材料垫置起坡。

d. 水落管的管径有 75mm、100mm、125mm 等几种，常用 100mm。管材有铸铁、石棉、水泥、塑料、陶瓷等。

6.5.3　坡屋顶防排水

坡屋面采用结构找坡形成较大的坡度。根据屋面承重结构材料的不同，坡屋面分为传统坡屋面和现代坡屋面。传统坡屋面为木屋盖体系构成较大坡度的屋面骨架，靠屋面瓦材的相互搭接，形成水“排”的通道，快速把雨水排出屋面，防止雨水渗透；而现代坡屋面则用钢筋混凝土肋梁结构为承重构件，防排水采用“防”“排”结合的方式。以下将主要介绍现代坡屋顶的防排水。

(1)坡屋顶的防水

现代坡屋顶为现浇钢筋混凝土结构屋面，上覆瓦材料，屋面的名称随瓦的种类而定，如块瓦屋面、油毡瓦屋面、块瓦形钢板彩瓦屋面等。

平瓦屋面适用于防水等级为II～IV级防水，油毡瓦屋面适用于防水等级为II级、III级的屋面防水，金属板材屋面适用于防水等级为I～III级的屋面防水。

①块瓦屋面

块瓦包括彩釉面和素面西式陶瓦、彩色水泥瓦及一般的水泥平瓦、黏土平瓦等能钩挂、可钉、绑固定的瓦材。

铺瓦方式包括水泥砂浆卧瓦、钢挂瓦条挂瓦、木挂瓦条挂瓦。钢、木挂瓦条有两种固定方法：一种是挂瓦条固定在顺水条上，顺水条钉牢在细石混凝土找平层上；另一种是不设顺水条，将挂瓦条和支承垫块直接钉在细石混凝土找平层上。

块瓦屋面应特别注意块瓦与屋面基层的加强固定措施。一般来说，地震地区和风荷载较大的地区，全部瓦材均应采取固定加强措施。非地震和大风地区，当屋面坡度大于1∶2时，全部瓦材也应采取固定加强措施。

②油毡瓦屋面

油毡瓦是以玻纤毡为胎基的彩色块瓦状屋面防水片材，规格一般为1 000mm×333mm×2.8mm，其屋面防水构造做法如图6-78所示。铺瓦方式采用钉粘结合，以钉为主的方法。

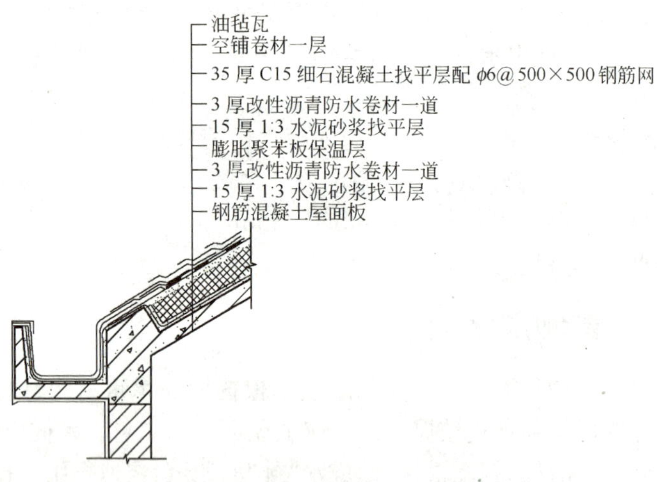

图6-78 油毡瓦屋面防水构造做法

③块瓦形钢板彩瓦屋面

块瓦形钢板彩瓦系用彩色薄钢板冷压成型呈连片块瓦形状的屋面防水板材。瓦材用自攻螺钉固定于冷弯型钢挂瓦条上。其屋面防水构造做法如图6-79所示。

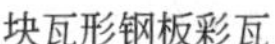
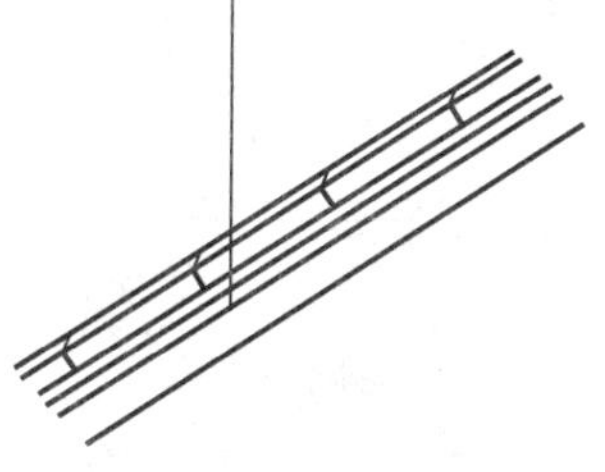

图 6-79　块瓦形钢板彩瓦屋面防水构造做法

(2)坡屋面排水

坡屋面排水组织也分为自由落水和有组织排水两种。有组织排水分为挑檐沟外排水、女儿墙外排水和内排水。挑檐沟可采用现浇钢筋混凝土檐沟，也可采用镀锌铁皮或石棉水泥等轻质材料制作，悬挂在坡屋顶的挑檐处(见图 6-80)。檐沟的纵坡一般由檐沟斜挂形成，不宜在沟内垫置材料起坡。女儿墙外排水是根据建筑造型的需要，在建筑檐口处设置女儿墙，这时，屋顶防水卷材一定要上铺至女儿墙上(见图 6-76)。坡屋面内排水多用于多跨建筑内。

图 6-80　挑檐沟

6.5.4　阳台、雨篷防排水

阳台和雨篷经常受雨水的侵袭，在设计上应进行防排水设计。对于砖混结构建筑，阳台楼地面应低于室内地面 60mm 左右，框架结构应低于室内地面 50mm 左右，以避免雨水流入室内，并应做一定坡度和布置排水设施，使排水顺畅。排水坡度一般为1%～2%，用轻质材料起坡，采取有组织排水的方式，将各楼层阳台雨水排至雨水立管。对于临时性建筑或是低标准的低层建筑阳台，也可采取水舌的排水方式。见图6-81。

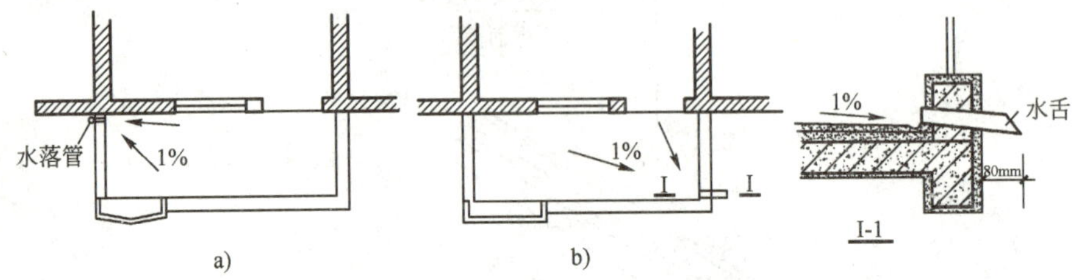

图6-81 阳台排水处理

对于梁悬挑雨篷，其梁可在板上或在板下，为了防止雨水溅到外墙上，应对与外墙相交的部位进行防水处理。雨篷板面上应设一定的排水坡度，当雨篷汇水面积较小时，如窗上部的雨篷板，可采用自由落水；当汇水面较大时，应布置排水设施进行有组织排水。见图6-82。

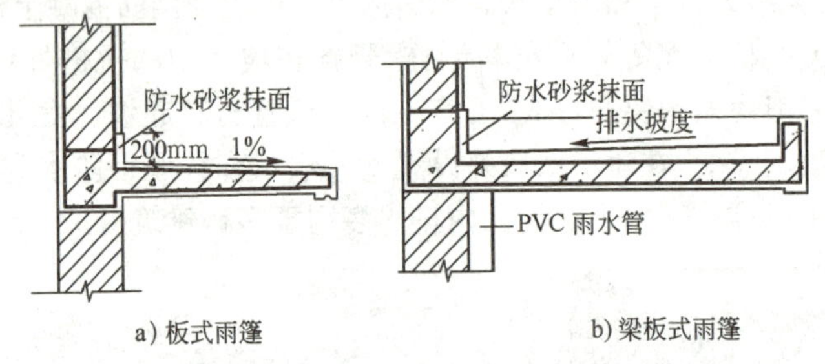

a) 板式雨篷　　b) 梁板式雨篷

图6-82 雨篷构造

6.5.5 地下室防排水

(1)地下室及其分类

建筑物底层以下的房间叫地下室。它是在限定的占地面积中争取到的使用空间。地下室可用于设备用房、储藏库房、地下商场、餐厅、车库，以及战备防空等。

地下室的类型较多，按使用性质分为普通地下室和人防地下室。普通地下室即普通的地下空间。人防地下室是有人民防空要求的地下空间，人防地下室应妥善解决紧急状态下的人员隐蔽与疏散，应有保证人身安全的技术措施。按埋入地下深度，地下室分为全地下室(地下室地平面低于室外地坪的高度超过该房间净高1/2)和半地下室(地下室地面低于室外地坪面高度超过该房间净高1/3，且不超过1/2)。按结构材料分，地下室有砖墙地下室和混凝土墙地下室。

由于地下室的墙身、底板长期受到地下潮气或地下水的侵蚀，因此，必须根据地下水的情况和工程的要求，对地下室设计采取相应的防潮、防水措施。

(2)地下室的防潮措施

地下室的防潮、防水做法取决于地下室地坪与地下水位的关系。当设计最高地下水位低于地下室底板 300～500mm，且基地范围内的土壤及回填土无形成上层滞水的可能时，地下水不会直接侵入地下室，地下室外墙和底板只受到土层中潮气的影响，这时，一般只做防潮处理。

防潮的具体做法是：砌体必须用水泥砂浆砌筑，并在地下室外墙外侧做垂直防潮层，即先做 20mm 厚 1∶2.5 水泥砂浆找平层，并高出散水 300mm 以上，然后刷冷底子油一道、热沥青两道(至散水底)。之后回填低渗透性的土壤，如黏土、灰土等。此外，地下室所有墙体均应设两道水平防潮层：一道设于地下室地坪附近，另一道设于室内外地坪之间，以防止土中潮气和地面雨水因毛细管作用沿墙体上升而影响结构。当地下室的内墙为砖墙时，墙身与底板相交处也应做水平防潮层，见图 6-83。

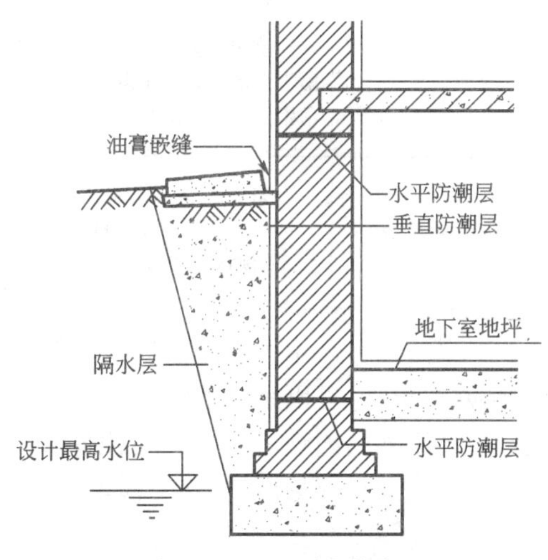

图 6-83　地下室防潮构造

(3)地下室的防水措施

当设计最高地下水位高于地下室底板标高且地面水可能下渗时，应对地下室采取防水处理。

地下室防水工程设计方案，应该遵循“以防为主，以排为辅”的基本原则，防水设计应定级准确、方案可靠、施工简便、经济合理，可根据工程的重要性和使用中对防水的要求按地下室防水工程设防表的要求进行设计(见表 6-6)。

地下工程防水等级标准(GB 50108—2001)　　表 6-6

防水等级	使用范围	标准
1级	人员长期停留的场所;因有少量湿渍会使物品变质、失效的储物场所及严重影响设备正常运转和危及工程安全运营的部位;极重要的战备工程	不允许渗水,结构表面无湿渍
2级	人员经常活动的场所;在有少量湿渍的情况下不会使物品变质、失效的储物场所及基本不影响设备正常运转和工程安全运营的部位;重要的战备工程	不允许漏水,结构表面可有少量湿渍。 工业与民用建筑:总湿渍面积不应大于总防水面积(包括顶板、墙面、地面)的1/1 000;任意100m^2,防水面积上的湿渍不超过1处,单个湿渍的最大面积不大于0.1m^2。 其他地下工程:总湿渍面积不应大于总防水面积的6/1 000;任意100m^2防水面积上的湿渍不超过4处,单个湿渍的最大面积不大于0.2m^2
3级	人员临时活动的场所,一般战备工程	有少量漏水点,不得有线流和漏泥砂。 任意100m^2防水面积上的漏水点数不超过7处,单个漏水点的最大漏水量不大于2.5L/d,单个湿渍的最大面积不大于0.3m^2
4级	对渗漏水无严格要求的工程	有漏水点,不得有线流和漏泥砂。 整个工程平均漏水量不大于2L/(m·d);任意100m^2防水面积的平均漏水量不大于4L/(m·d)

根据实际情况,地下室防水可采用柔性防水或刚性防水,必要时可以采用刚柔结合防水方案。在特殊要求下,可以采用架空、夹壁墙等多道设防方案。地下室外防水无工作面时,可采用外防内贴法,有条件的则转为外防外贴法施工。地下室外防水层的保护,可以采取软保护层,如聚苯板等。

①防水混凝土

防水混凝土适用于防水等级为1～4级的地下整体式混凝土结构,不适用于环境温度高于80℃或处于耐侵蚀系数小于0.8的侵蚀性介质中使用的地下工程。防水混凝土用于立墙时,厚度为200～250mm;用于底板时,厚度为250mm。防水混凝土的抗渗等级取决于工程埋置深度。见图6-84a)。

②卷材防水

卷材防水适用于受侵蚀性介质作用或受振动作用的地下工程,应铺设在混凝土结构主体的迎水面上。卷材防水层用于建筑物地下室时,应铺设在结构主体底板垫层至墙体顶端的基面上，在外围形成封闭的防水层。

防水卷材一般采用高聚物改性沥青防水卷材(包括 APP 塑性卷材和 SBS 弹性卷材)和合成高分子卷材(如三元乙丙-丁基橡胶防水卷材、氯化聚乙烯-橡胶共混防水卷材等)。见图 6-84b)。

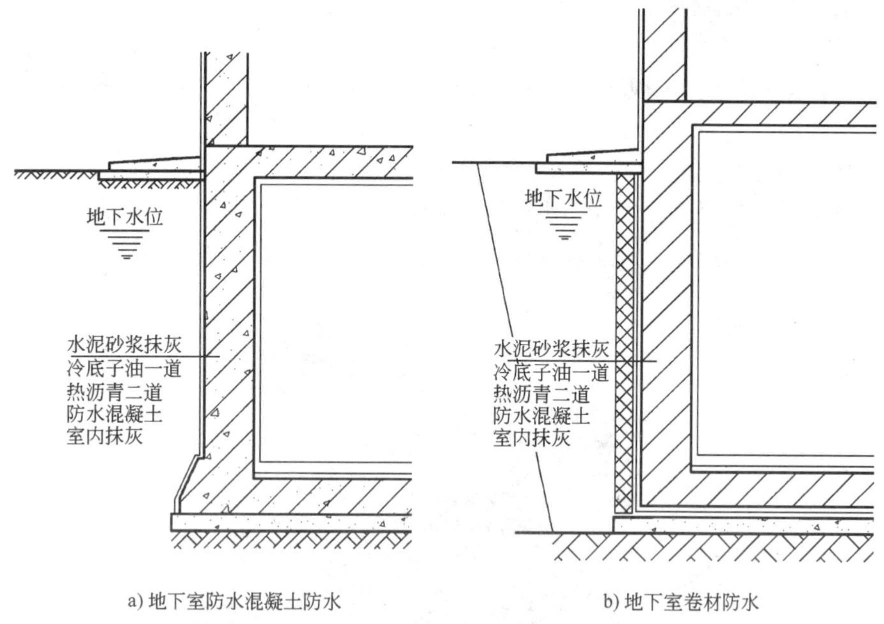

a) 地下室防水混凝土防水　　b) 地下室卷材防水

图 6-84　地下室防水实例

③水泥砂浆防水

水泥砂浆防水，即在混凝土或砌体结构的基层上采用多层抹面的防水做法，可用于结构主体的迎水面或背水面。用作水泥砂浆防水层的砂浆包括普通水泥砂浆、聚合物水泥防水砂浆、掺外加剂或掺合料防水砂浆等，宜采用多层抹压法施工。

④涂膜防水

涂膜防水，即在受侵蚀性介质作用或受振动作用的地下工程主体迎水面或背水面涂刷涂料的防水做法。可作涂膜防水层的涂料包括无机防水涂料和有机防水涂料。无机防水涂料可选用水泥基防水涂料、水泥基渗透结晶型涂料。有机防水涂料可选用反应型、水乳型、聚合物水泥防水涂料。无机防水涂料宜用于结构主体的背水面，有机防水涂料宜用于结构主体的迎水面。用于背水面的有机防水涂料应具有较高的抗渗性，且与基层有较强的黏结性。

6.5.6 室内防排水

建筑室内需要排水的部位除地下室外，还有住宅建筑的厨房、卫生间及公共建筑室内如卫生间、洗衣房、实验室等用水的部位，在设计上仍旧要考虑到“防”“排”结合的方法。

(1)“排”的方面

设定排水坡度，一般为1%～2%，坡向地漏，大量用水的楼地面面层标高低于其他室内楼地面50mm左右。

(2)“防”的方面

受水面应加设防水层，常用的有一布四涂涂膜防水、高分子防水卷材防水。见图6-85，有防水要求的建筑四周除门洞外，应做混凝土翻边，其高度不应小于120mm。

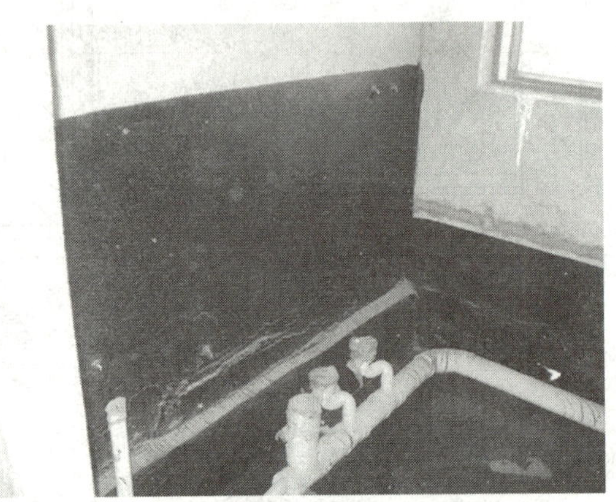

图6-85　卫生间涂膜防水

6.5.7 墙脚防排水

墙脚是指室内地面以下、基础以上的这段墙体。内外墙都有墙脚，外墙的墙脚又称勒脚。由于砖砌体本身存在很多微孔，以及墙脚所处的位置，常有地表水和土壤中的水渗入，影响室内卫生环境。因此，必须做好墙脚防潮，增强勒脚的坚固及耐久性，排除房屋四周地面水。墙脚位置见图6-86。

(1)墙身防潮

墙身防潮的方法是在墙脚铺设防潮层，防止土壤和地面水渗入砖墙体。墙身防潮层的设置见图6-87。

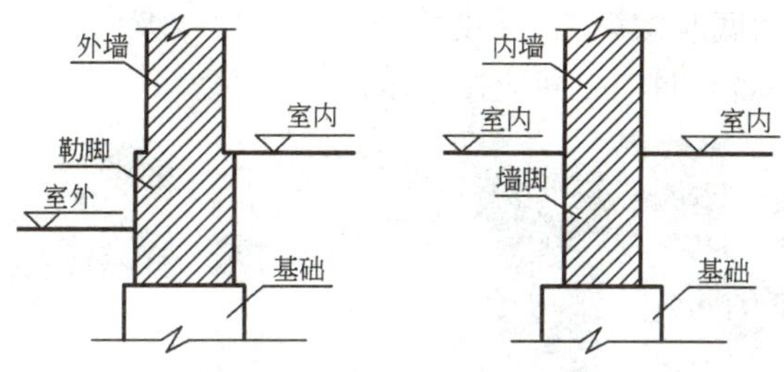

图 6-86　内外墙的墙脚位置

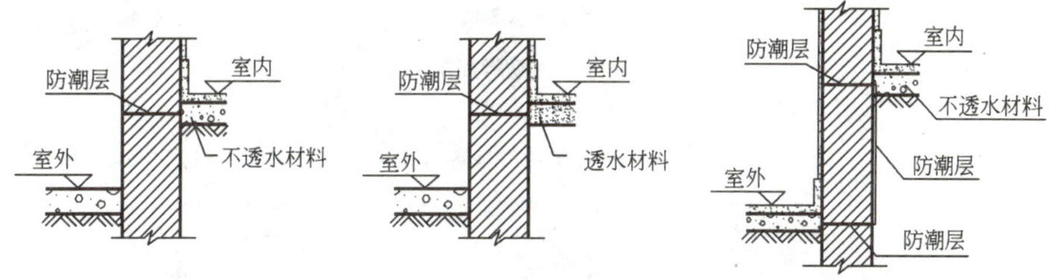

图 6-87　墙身防潮层的设置

墙身水平防潮层的构造做法常用的有以下三种：

①防水砂浆防潮层。采用 1∶2 水泥砂浆加 3%～5%防水剂，厚度为 20～25mm 或用防水砂浆砌三匹砖作防潮层。

②细石混凝土防潮层。采用 60mm 厚的细石混凝土带，内配 3 根 $\phi6$ 钢筋，其防潮性能好。

③油毡防潮层。抹 20mm 厚水泥砂浆找平层，上铺一毡二油。此做法防水效果好，但因油毡隔离削弱了砖墙的整体性，不应在刚度要求高或地震区采用。

如果墙脚采用不透水的材料(如条石或混凝土等)，或设有钢筋混凝土地圈梁时，可以不设防潮层。

(2)勒脚

勒脚是外墙的墙脚，它和内墙脚一样，受到土壤中水分的侵蚀，应做相同的防潮层。另外，勒脚的做法、高矮、色彩等应结合建筑造型，选用耐久性高的材料或防水性能好的外墙饰面。一般采用如图 6-88 所示几种构造做法。

(3)外墙四周排水

建筑四周可采取散水或明沟排除雨水。散水的做法通常是在素土夯实上，铺三合土、混凝土等材料，厚度 60～70mm。散水应设不小于 3%的排水坡，见图 6-89。散水宽度一般为 0.6～1.0m。散水与外墙交接处应设分格缝，分格缝用弹性材料嵌缝，防止外墙下沉时将散水拉裂。明沟见图 6-90，可用砖砌、石砌、混凝土现浇，沟底应做纵坡，坡度为0.5%～1%，坡向窨井。沟中心应正对屋檐滴水位置，外墙与明沟之间应做散水。

石材勒脚

水泥砂浆勒脚

花岗石勒脚

图6-88　勒脚实例

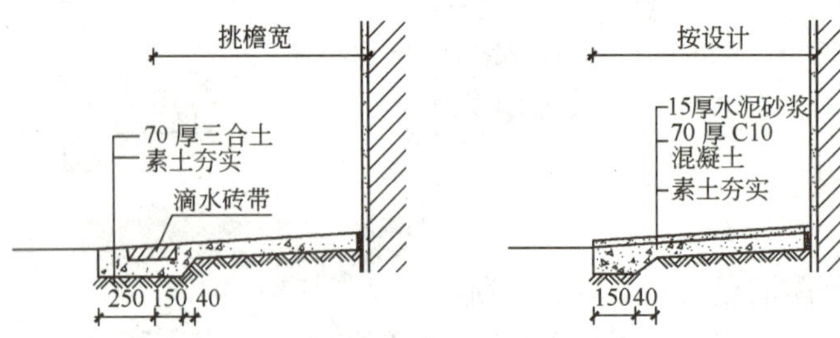

图6-89　散水构造做法(尺寸单位:mm)

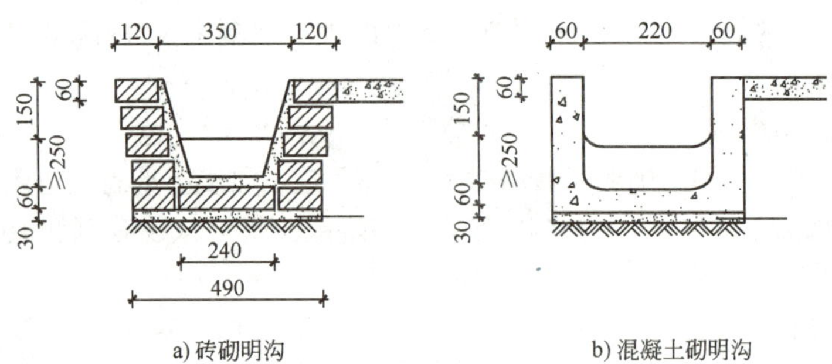

a) 砖砌明沟

b) 混凝土砌明沟

图6-90　明沟构造做法(尺寸单位:mm)

复习思考题

1. 简述建筑物围护与分隔体系的组成。
2. 绘简图示意框架填充墙与框架柱、梁、板的连接措施。
3. 简述幕墙的分类标准和不同类型。
4. 简述玻璃幕墙的分类标准和不同类型。

5. 简述石材幕墙的分类标准和不同类型。

6. 绘简图示意铝板幕墙的板块构造。

7. 简述隔墙构造设计中主要考虑的问题。

8. 简述隔墙构造的不同类型和特点。

9. 屋顶形式有哪些？结合到你周围的建筑举例。

10. 屋顶的设计要求有哪些？

11. 门窗的作用和要求有哪些？

12. 门的形式有哪几种，窗的形式有哪几种？

13. 简述铝合金门窗的特点。

14. 简述塑料门窗的优点。

15. 单层工业厂房常用的天窗有哪几种形式？

16. 中庭天窗有哪几种形式？举例说明。

17. 建筑保温材料有哪几种类型，各有什么特点？

18. 增强墙体保温性能的措施有哪几种？

19. 屋顶的传热途径是什么？以图示表达。

20. 加强屋顶保温隔热的设计原则是什么？

21. 屋顶的保温有哪两种方式？请各举例以图示表达。

22. 屋顶的隔热措施有哪些？

23. 门窗的遮阳系数是怎么确定的？

24. 门窗的节能设计措施有哪些？

25. 防水材料有哪几类？各有什么特性？

26. 影响屋面的坡度有哪些？其形成方法有哪些？

27. 什么叫无组织排水和有组织排水？它们的优缺点和适用范围是什么？

28. 常见的有组织排水方案有哪几种？各适用于何种条件？

29. 如何确定屋面排水坡面的数目？

30. 根据屋面防水材料的不同，防水做法分为哪几种？各自的适用范围是什么？

31. 什么是刚性防水屋面？有哪些构造层次？

32. 地下室在什么情况下防潮，什么情况下防水？防潮的具体做法是什么？防水有哪几种做法？

33. 厨房、卫生间是怎么解决防排水问题的？

34. 简述墙体防潮层的设置位置、做法及特点。

第 7 章　建筑装修构造

7.1　装修概述

一幢建筑在结构主体完成之后，为了满足人们的使用要求，还需要对结构表面，内、外墙面，楼、地面，顶棚等有关部位进行一系列的加工处理，即进行装修。可以说，结构主体完成之后的工作都是装修工程涉及的范围，其规模虽不及主体工程宏大，但它关系到工程质量标准和人们的生产、生活及工作环境的优劣，是建筑物不可缺少的有机组成部分。

7.1.1　饰面装修的作用

(1)保护作用

建筑结构构件暴露在大气中，在风、霜、雨、雪和太阳辐射等的作用下，构件可能因热胀冷缩导致结构节点被拉裂，影响牢固与安全。如果通过抹灰、油漆等饰面装修进行处理，不仅可以提高构件、建筑物对外界各种不利因素如水、火、酸、碱、氧化、风化等的抵抗能力，还可以保护建筑构件不直接受到外力的磨损、碰撞和破坏，从而提高结构构件的耐久性，延长其使用年限。

(2)改善环境条件，满足房屋的使用功能要求

为了创造良好的生产、生活和工作环境，一般建筑物都需进行装修。装修不仅可以改善室内外清洁、卫生条件，而且还能增强建筑物的采光、保温、隔热、隔声性能。

(3)美观作用

装修不仅具有使用功能和保护作用，还有美化和装饰作用。建筑师根据室内外环境的特点，正确、合理运用建筑线形及不同饰面材料的质地和色彩给人以不同的感受。同时，通过巧妙组合，还可创造出优美、和谐、统一而又丰富的空间环境，以满足人们在精神方面对美的要求。

7.1.2 饰面装修的基层

饰面装修是在结构主体完成之后进行的。凡附着或支托饰面层的结构构件或骨架，均视为饰面装修的基层，如内外墙体、楼地板、吊顶龙骨等。

(1)基层处理原则

①基层应有足够的强度和刚度

饰面层附着于基层。为了保证饰面不至于开裂、起壳、脱落，要求基层必须具有足够强度。饰面变形不仅影响美观而且影响使用。如果墙体或顶棚饰面开裂、脱落，还可能砸伤行人，酿成事故。可见，具有足够强度和刚度的基层，是保证饰面层附着牢固的重要因素。

②基层表面必须平整

饰面层平整均匀是达到美观的必要条件，而基层表面的平整均匀又是使饰面层达到平整均匀的重要前提。为此，对饰面主要部位的基层如内外墙体、楼地板、吊顶骨架等在砌筑、安装时必须平整。基层表面凹凸过大，必然使找平层厚度增加，且不易找平。

③确保饰面层附着牢固

饰面层附着于基层表面应牢固可靠。但实际工程中，不论地面、墙面、顶棚到处可见饰面层出现开裂、起壳、脱落现象。其原因常常是由于构造方法不妥和面层与基层材料性能差异过大或黏结材料选择不当等因素所致。所以应根据不同部位和不同性质的饰面材料采用不同材料的基层和相应的构造连接措施，如粘、钉、抹、涂、贴、挂等使其饰面层附着牢固。

(2)基层类型

①实体基层

实体基层是指用砖、石等材料组砌或用混凝土现浇或预制的墙体，以及预制或现浇的各种钢筋混凝土楼板等。这种基层强度高、刚度好，其表面可以做任何一种饰面，如罩刷各种涂料，抹涂各种抹灰，铺贴各类面砖，粘贴各种卷材等。

②骨架基层

骨架隔墙、架空木地板、各种形式吊顶的基层均属于这一类型。

骨架基层由于使用的材料不同，有木骨架基层和金属骨架基层之分。构成骨架基层中的骨架通常称为龙骨。木龙骨多为方木，金属龙骨多为型钢或薄壁型钢、铝合金型材等。

7.2　墙面装修

墙面装修是建筑装修中的重要内容，它对提高建筑的艺术效果、美化环境起着很重要的作用，还具有保护墙体的功能和改善墙体热工性能的作用。墙体表面的饰面装修，因其位置不同，有外墙面装修和内墙面装修两大类型；又因其饰面材料和做法不同，可分为抹灰类、贴面类、涂料类及裱糊类。

图 7-1 为常见外墙装修实例。

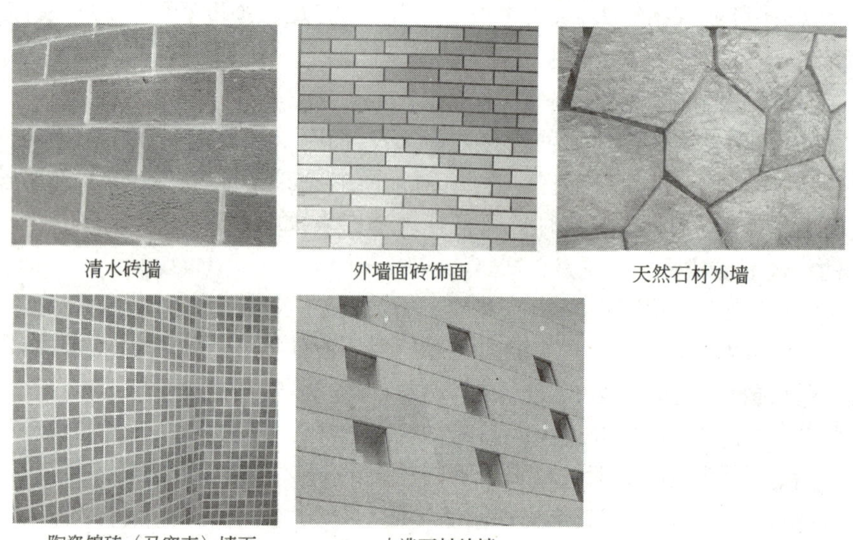

图 7-1　常见外墙装修实例

7.2.1　抹灰类墙面装修

抹灰是我国传统的饰面做法，它是将砂浆涂抹在房屋结构表面上的一种装修工程，其材料来源广泛、施工简便、造价低，通过工艺的改变可以获得多种装饰效果，因此在建筑墙体装饰中应用广泛。

(1)抹灰的组成

为保证抹灰质量，做到表面平整，黏结牢固，色彩均匀，不开裂，施工时须分层操作。抹灰一般分三层，即底灰(层)、中灰(层)、面灰(层)，见图 7-2。

底灰又叫刮糙，主要起与基层黏结和初步找平作用。这一层用料和施工对整个抹灰质量有较大影响，其用料视基层情况而定。当墙体基层为砖、石时，可采用水泥砂浆或混合砂浆打底；当基层为骨架板条基层时，应采用石灰砂浆作底灰，并在砂浆中掺入适量麻刀(纸筋)或其他纤维，施工时将底灰挤入板条缝隙，以加强拉结，避免开裂、脱落。

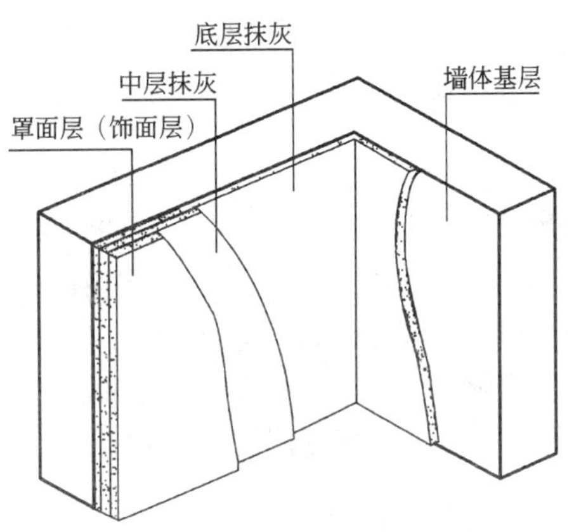

图 7-2　墙体抹灰饰面构造层次

中灰主要起进一步找平作用，材料基本与底层相同。

面灰主要起装饰美观作用，要求平整、均匀、无裂痕。面层不包括在面层上的刷浆、喷浆或涂料。

(2)常用抹灰种类、做法及应用

抹灰按照面层材料及做法分为一般抹灰和装饰抹灰。一般抹灰是指采用砂浆对建筑物的面层进行罩面处理，其主要目的是对墙体表面进行找平处理并形成墙体表面的涂层。装饰抹灰更注重抹灰的装饰性，除具有一般抹灰的功能外，还在材料、工艺、外观、质感等方面具有特殊的装饰效果。装饰抹灰常用的有水刷石饰面、水磨石饰面、斩假石饰面、干粘石饰面、弹涂饰面等，见图 7-3。

a)水刷石饰面

b)斩假石饰面

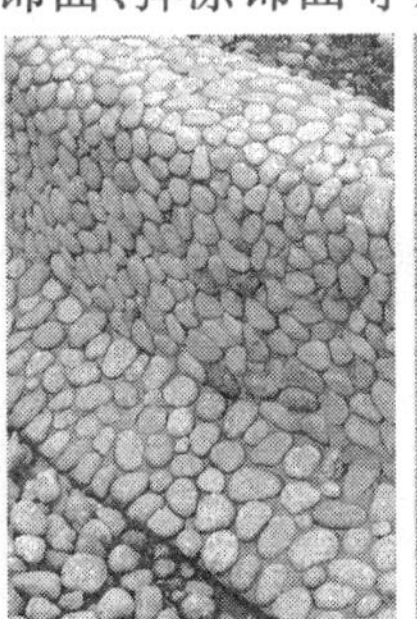
c)干粘石饰面

d)弹涂饰面

图 7-3　装饰抹灰饰面做法

装饰抹灰多采用石碴类饰面材料，以水泥为胶结材料，以石碴为骨料做成水泥石碴浆作为抹灰面层，然后用水洗、斧剁、水磨等方法除去表面水泥浆皮，或者在水泥砂浆面上甩粘小粒径石碴，使饰面显露出石碴的颜色、质感，具有丰富的装饰效果。

7.2.2 涂料类墙面装修

涂料饰面是在木基层表面或抹灰饰面的底灰、中灰及面灰上喷、刷涂料涂层的饰面装修。涂料饰面是靠一层很薄的涂层起保护和装饰作用，并根据需要可以配成多种色彩。按涂刷材料种类不同，可分为刷浆类饰面、涂料类饰面、油漆类饰面三类。涂料饰面涂层薄，抗蚀能力差，外用乳液涂料使用年限一般为 4～10 年，但是由于涂料饰面施工简单、省工省料、工期短、效率高、自重轻、维修更新方便，故在饰面装修工程中得到较为广泛的应用。

(1)刷浆饰面

刷浆饰面指在表面喷刷浆料或水性涂料的做法。适用于内墙刷浆工程的材料有石灰浆、大白浆、色粉浆等。刷浆与涂料相比，价格低廉但不耐久，现已少用。

①石灰浆

石灰浆系用石灰膏化水而成，根据需要可掺入颜料。为增强灰浆与基层的黏结力，石灰浆涂料的施工要待墙面干燥后进行，喷或刷两遍即成。

②大白浆

它是由大白粉掺入适量胶料配制而成。大白粉为一定细度的碳酸钙粉末。大白浆可掺入颜料而成色浆。

(2)涂料类饰面

涂料是指涂敷于物体表面能与基层牢固黏结并形成完整而坚韧保护膜的材料。建筑涂料是现代建筑装饰材料较为经济的一种材料，施工简单、工期短、工效高、装饰效果好、维修方便。外墙涂料具有装饰性良好、耐污染耐老化、施工维修容易、价格合理的特点。

①水溶性涂料

水溶性涂料有聚乙烯醇水玻璃内墙涂料、聚乙烯醇缩甲醛内墙涂料等，俗称 106 内墙涂料和 SJ-803 内墙涂料。这类涂料的优点是不掉粉，造价不高，施工方便，有的还能经受湿布轻擦，使用较为普遍，主要用于内墙饰面。

由丙烯酸树脂、彩色砂粒、各类辅助剂组成的真石漆涂料是一种具有较高装饰性的水溶性涂料，膜层质感与天然石材相似，色彩丰富，具有不燃、防水、耐久性好等优点，且施工简便，对基层的限制较少，适用于宾馆、剧场、办公楼等场所的内外墙饰面装饰。

②乳液涂料

乳液涂料是各种有机物单体经乳液聚合反应后生成聚合物，以非常细小的颗粒分散在水中，形成非均相的乳状液，故习惯上称为“乳胶漆”。

乳液涂料品种较多，主要用于内外墙饰面。掺有类似云母粉、粗砂粒等粗填料所配得的涂料，能形成有一定粗糙质感的涂层，称为乳液厚质涂料，通常用于外墙饰面。

③溶剂性涂料

溶剂性涂料是以高分子合成树脂为主要成膜物质，有机溶剂为稀释剂，加入一定量颜料、填料及辅料，经辊轧塑化、研磨搅拌溶解配制而成的一种挥发性涂料。这类涂料主要用于外墙饰面。

④氟碳树脂涂料

它是一类性能优于其他建筑涂料的新型涂料。由于采用具有特殊分子结构的氟碳树脂，该类涂料具有突出的耐候性、耐沾污性及防腐性能。作为外墙涂料其耐久性可达 15～20 年，可称之为超耐候性建筑涂料，特别适用于有高耐候性、高耐沾污性要求及有防腐要求的高层建筑和公共、市政建筑的构筑物，但其价位偏高。

(3)油漆类饰面

油漆涂料是由黏结剂、颜料、溶剂及催干剂组成的混合剂。油漆涂料能在材料表面干结成漆膜，使与外界空气、水分隔绝，从而达到防潮、防锈、防腐等保护作用。漆膜表面光洁、美观、光滑，改善了卫生条件，增强了装饰效果。常用的油漆涂料有调合漆、清漆、防锈漆等。

7.2.3 陶瓷贴面类墙面装修

(1)面砖饰面

面砖多数是以陶土或瓷土为原料，压制成型后经焙烧而成。由于面砖不仅可以用于墙面装饰也可用于地面，所以被人们称之为墙地砖。常见的面砖有釉面砖、无釉面砖、仿花岗岩瓷砖、劈离砖等。

釉面砖是用于建筑物内墙装饰的薄板状精陶制品。釉面砖的结构由两部分组成，即坯体和表面釉彩层。用釉面砖装饰建筑物内墙，可使建筑物具有独特的卫生、易清洗和清新美观的建筑效果。釉面砖主要用于高级建筑内外墙面及厨房、卫生间的墙裙贴面。

无釉面砖俗称外墙面砖，主要用于高级建筑外墙面装修。外墙面砖坚固耐用、色彩鲜艳、易清洗、防火、防水、耐磨、耐腐蚀、维修费用低。

(2)陶瓷锦砖饰面

陶瓷锦砖也称马赛克，是高温烧结而成的小型块材，为不透明的饰面材料，表面致密光滑，坚硬耐磨，耐酸耐碱，一般不易变色。它的尺寸较小，根据它的花色品种，可拼成各种花纹图案。铺贴时，先按设计的图案将小块的面材正面向下贴于500mm×500mm大小的牛皮纸上，然后牛皮纸面向外将马赛克贴于饰面基层，待半凝后将纸洗去，同时修整饰面。陶瓷锦砖可用于墙面装修，更多用于地面装修。

7.2.4 石材贴面类墙面装修

装饰用的石材有天然石材和人造石材之分，按其厚度有厚型和薄型两种，通常厚度在30～40mm以下的称板材，厚度在40～130mm以上的称为块材。

(1)石材的类型

①天然石材

天然石材饰面板不仅具有各种颜色、花纹、斑点等天然材料的自然美感，而且质地密实坚硬，故耐久性、耐磨性等均比较好，在装饰工程中的适用范围极为广泛。但是由于材料的品种、来源的局限性，造价比较高，属于高级饰面材料。板材饰面的天然石材主要有花岗岩、大理石及青石板。

②人造石材

人造石材属于复合装饰材料，它具有重量轻、强度高、耐腐蚀性强等优点。人造石材包括水磨石、合成石材等。人造石材的色泽和纹理不及天然石材自然柔和，但其花纹和色彩可以根据生产需要人为地控制，可选择范围广，且造价要低于天然石材墙面。

(2)石材饰面的安装

石材在安装前必须根据设计要求核对石材品种、规格、颜色，进行统一编号，天然石材要用电钻打好安装孔，较厚的板材应在其背面凿两条2～3mm深的砂浆槽。板材的阳角交接处，应做好45°的倒角处理。最后根据石材的种类及厚度，选择适宜的连接方法。常用的连接方式：可在墙柱表面拴挂钢筋网，将板材用铜丝绑扎，拴结在钢筋网上，并在板材与墙体的夹缝内灌以水泥砂浆，称之为拴挂法，见图7-4；还可用连接件挂接法，即通过连接件、扒钉等零件与墙体连接。另外，还有采用聚酯砂浆或树脂胶黏结板材固定的方式连接。

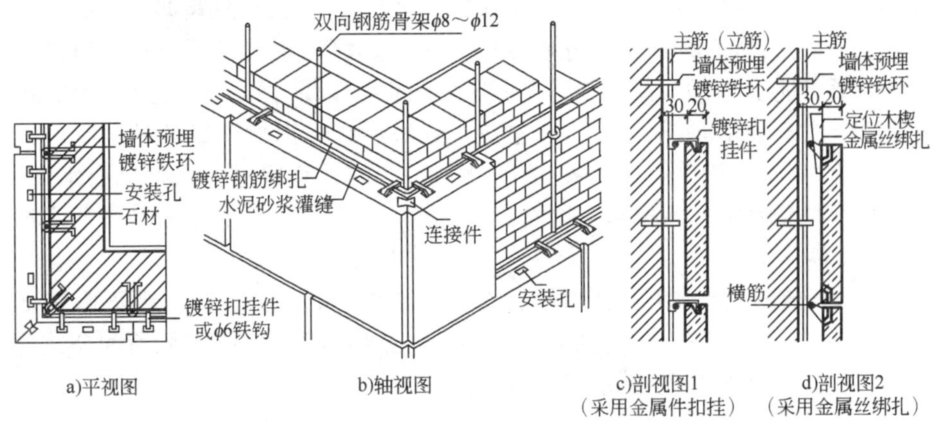

图 7-4　石材拴挂法(尺寸单位:mm)

7.3　楼地面装修

楼地面装修主要是指楼板层和地坪层的面层装修。面层一般包括面层和面层下面的找平层两部分。楼地面的名称是以面层的材料和做法来命名的,如面层为水磨石,则该地面称为水磨石地面;面层为木材,则称为木地面。

地面按其材料和做法可分为四大类型,即整体地面、块料地面、塑料地面、木地面。

7.3.1　整体地面

整体地面包括水泥砂浆地面、水泥石屑地面、水磨石地面等现浇地面。

(1)水泥砂浆地面

水泥砂浆地面即在混凝土垫层或结构层上抹水泥砂浆。该种地面构造简单,坚固,能防潮、防水而造价又较低。但水泥地面蓄热系数大,冬天感觉冷,空气湿度大时易产生凝结水,而且表面起灰,不易清洁。

(2)水泥石屑地面

它是以石屑替代砂的一种水泥地面,亦称豆石地面或瓜米石地面。这种地面性能近似水磨石,表面光洁,不起尘,易清洁,但造价却仅为水磨石地面的50%。

(3)水磨石地面

水磨石地面一般分两层施工。在刚性垫层或结构层上用水泥砂浆找平,上铺水泥白石子，待面层达到一定强度后加水用磨石机磨光、打蜡即成。所用水泥为普通水泥，所用石子为中等硬度的方解石、大理石、白云石屑等。为适应地面变形可能引起的面层开裂，以及施工和维修方便，做好找平层后，用嵌条把地面分成若干小块，尺寸约1m左右。分块形状可以设计成各种图案。嵌条用料常为玻璃、塑料或金属条(铜条、铝条)。如果将普通水泥换成白水泥，并掺入不同颜料做成各种彩色地面，谓之美术水磨石地面，但造价较普通水磨石高约4倍。

水磨石地面具有良好的耐磨性、耐久性、防水防火性，并具有质地美观、表面光洁、不起尘、易清洁等优点，通常应用于居住建筑的浴室、厨房、厕所和公共建筑门厅、走道及主要房间地面、墙裙等。

7.3.2 块料地面

块料地面是把地面材料加工成块(板)状，然后借助胶结材料贴或铺砌在结构层上。块料地面种类很多，常用的有黏土砖、水泥砖、大理石、缸砖、陶瓷锦砖、陶瓷地砖等。

(1)黏土砖地面

黏土砖地面用普通标准砖，有平砌和侧砌两种。这种地面施工简单，造价低廉，适用于要求不高或临时建筑地面及庭园小道等。

(2)水泥制品块地面

水泥制品块地面常用的有水泥砂浆砖、水磨石块、预制混凝土块等，常用于城市人行道或城市广场等人流量较大、使用频繁的场所。

(3)缸砖及陶瓷锦砖地面

缸砖也称防潮砖，是用陶土焙烧而成的一种无釉砖块。缸砖具有质地坚硬、耐磨、耐水、耐酸碱、易清洁等特点。缸砖色彩丰富，色调均匀，可拼出各种图案。

陶瓷锦砖又称马赛克，是以优质瓷土烧制而成的小尺寸瓷砖。它具有抗腐蚀、耐磨、耐火、吸水率小、抗压强度高、易清洗和永不褪色等优点。锦砖按一定图案反贴在牛皮纸上，不同形状和颜色由此而可以组合成各种图案，使饰面达到一定的艺术效果。陶瓷锦砖块小缝多，主要用于防滑卫生要求较高的卫生间、浴室等房间的地面。

(4)陶瓷地砖地面

陶瓷地砖又称墙地砖，其类型有釉面地砖、无光釉面砖和无釉防滑地砖及抛光同质地砖。地砖色彩丰富、色调均匀，砖面平整，抗腐耐磨，施工方便，且块大缝少,装饰效果好。特别是防滑地砖和抛光地砖又能防滑,因而越来越多地用于办公、商店、旅馆及住宅中。新型的仿花岗岩地砖,还具有天然花岗岩的色泽和质感,经磨削加工后表面光亮如镜。梯沿砖又称防滑条,它坚固耐用,表面有凸起条纹,防滑性能好,主要用于楼梯、站台等处的边缘。

7.3.3 塑料地面

从广义上讲,塑料地面包括一切由有机物质为主所制成的地面覆盖材料,如有一定厚度平面状的块材或卷材形式的油地毡、橡胶地毯,以及涂料地面和涂布无缝地面。

塑料地面装饰效果好,色彩选择性强、鲜艳,施工简单,维修保养清洗更换方便。塑料地面还具有一定弹性,脚感舒适,轻质耐磨,步行时噪声小。但它有易老化、日久失去光泽、受压后产生凹陷、不耐高热、硬物刻划易留痕等缺点。

下面重点介绍聚氯乙烯塑料地面、橡胶地面及涂料地面。

(1)聚氯乙烯塑料地面

聚氯乙烯塑料地面有卷材地板和块状地板两种。聚氯乙烯卷材地板是以聚氯乙烯树脂为主要原料,加入适当助剂,经涂敷工艺生产而成,适合于铺设客厅、卧室地面(中档装修)。聚氯乙烯块状地板是以聚氯乙烯及其共聚树脂为主要原料,经压延、挤出或挤压工艺生产而成。聚氯乙烯块状地板可由不同色彩和形状拼成各种图案,加上价格较低,因而使用广泛。

(2)橡胶地面

橡胶地面是以橡胶为主要原料再加入多种材料在高温下压制而成,有橡胶地砖、橡胶地板、橡胶脚垫、橡胶卷材、橡胶地毯等。橡胶地面具有良好的弹性,在抗冲击、绝缘、防滑、隔潮、耐磨、易清理等方面显示出优良的特性。橡胶地板在户内和户外都能长期使用,广泛运用在工业场地(车间、仓库)、停车库、现代住房(盥洗室、厨房、阳台、楼梯)、花圃、运动场地、游泳池畔、轮椅斜坡及潮湿地面防滑部位等。由于其强度高、耐磨性好,尤其适合于人流较多、交通繁忙和负荷较重的场合。通过配方的调整,橡胶地板还可以制作出许多特殊的性能和用途,如高度绝缘、抗静电、耐高温、耐油、耐酸碱等。同时还可以制成仿玉石、仿天然大理石、仿木纹等各种表面图案。不同型号和颜色的橡胶地板砖搭配组合还可以形成独特的地面装饰效果。

(3)涂料地面

涂料地面和涂布无缝地面的区别在于:前者以涂刷方法施工,涂层较薄;而后者以刮涂方式施工,涂层较厚。

用于地面涂料的有地板漆、过氯乙烯地面涂料、苯乙烯地面涂料等。这些涂料施工方便，造价较低，可以提高地面耐磨性、韧性及不透水性，适用于民用建筑中的住宅、医院等。用于工业生产车间的地面涂料，也称为工业地面涂料，一般常用环氧树脂涂料和聚氨酯涂料。这两类涂料都具有良好的耐化学性、耐磨损及耐机械冲击性能。

环氧树脂耐磨洁净地面涂料为双组分常温固化的厚膜型涂料，通常将其无溶剂环氧树脂涂料称为"自流平涂料"。环氧树脂自流平地面是一种无毒、无污染、与基层附着力强、在常温下固化形成整体的无缝地面，具有耐磨、耐刻划、耐油、耐腐蚀、抗渗且脚感舒适、便于清扫等优点，广泛用于医药、微电子、生物工程、无尘净化室等洁净度要求高的建筑工程中。

图 7-5 为常见地面装修实例。

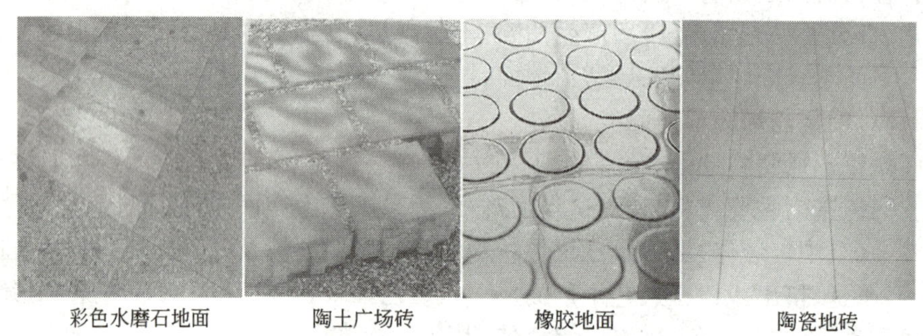

彩色水磨石地面　陶土广场砖　橡胶地面　陶瓷地砖

图 7-5　常见地面装修实例

7.4　顶棚装修

顶棚同墙面、楼地面一样，是建筑物主要装修部位之一。

7.4.1　顶棚类型

(1)直接式顶棚

直接式顶棚包括一般楼板板底、屋面板板底直接喷刷、抹灰、贴面。

(2)吊顶

在较大空间和装饰要求较高的房间中，因建筑声学、保温隔热、清洁卫生、管道敷设、室内美观等特殊要求，常用顶棚把屋架、梁板等结构构件及设备遮盖起来，形成一个完整的表面。由于顶棚是采用悬吊方式支承于屋顶结构层或楼板层的梁板之下，所以称之为吊顶。吊顶的构造设计应从上述多方面进行综合考虑。

7.4.2 顶棚构造

(1)直接式顶棚

直接式顶棚包括直接喷刷涂料顶棚、直接抹灰顶棚及直接贴面顶棚三种做法。

①直接喷刷涂料顶棚

当要求不高或楼板底面平整时，可在板底嵌缝后喷(刷)石灰浆或涂料两道。

②直接抹灰顶棚

对板底不够平整或要求稍高的房间，可采用板底抹灰，常用的有：纸筋石灰浆顶棚、混合砂浆顶棚、水泥砂浆顶棚、麻刀石灰浆顶棚、石膏灰浆顶棚。

③直接贴面顶棚

对某些装修标准较高或有保温吸声要求的房间，可在板底直接粘贴装饰吸声板、石膏板、塑胶板等。

(2)吊顶

吊顶一般由龙骨与面层两部分组成，见图7-6。

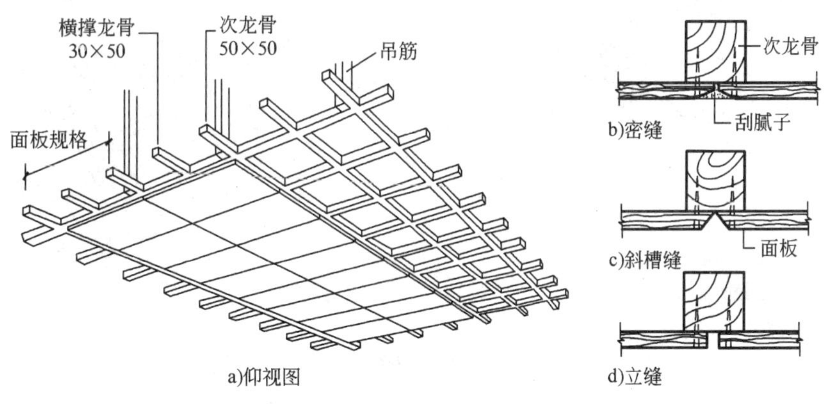

图7-6 木龙骨吊顶构造

吊顶龙骨分为主龙骨与次龙骨，主龙骨为吊顶的承重结构，次龙骨则是吊顶的基层。

主龙骨通过吊筋或吊件固定在屋顶(或楼板)结构上，次龙骨用同样的方法固定在主龙骨上。龙骨可用木材、轻钢、铝合金等材料制作，其断面大小视其材料品种、是否上人(吊顶承受人的荷载)及面层构造做法等因素而定。主龙骨断面比次龙骨大,间距通常为1m左右。悬吊主龙骨的吊筋为ϕ8～ϕ10钢筋,间距也是1m左右。次龙骨间距视面层材料而定,间距不宜太大,一般为300～500mm。对于刚度大的面层,不易翘曲变形,次龙骨间距可允许扩大至600mm。

吊顶面层分为抹灰面层和板材面层两大类。抹灰面层为湿作业施工,费工费时。板材面层,既可加快施工速度,又容易保证施工质量。板材吊顶有植物板材、矿物板材、金属板材等。

吊顶构造见图7-7。

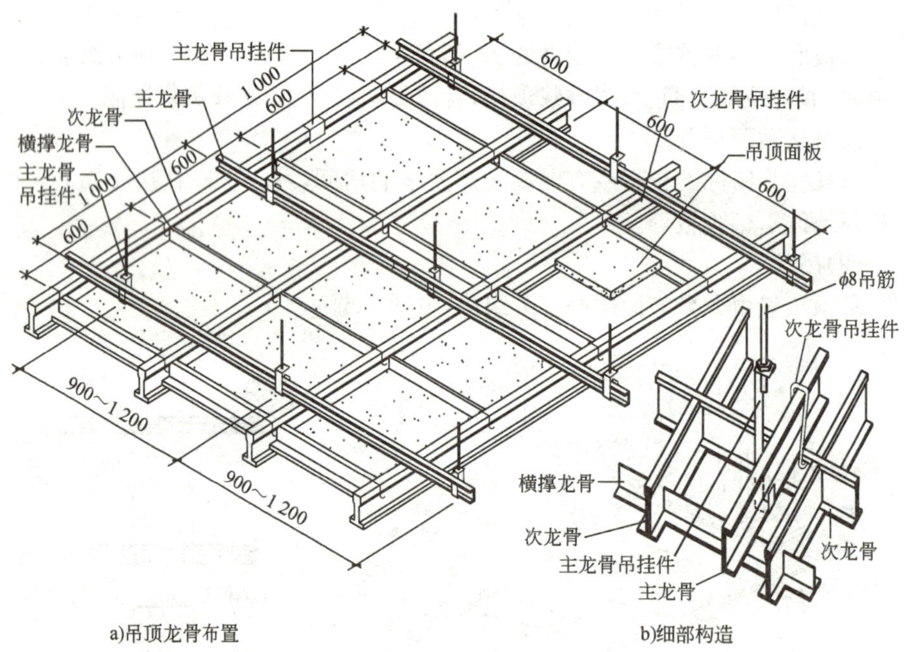

图7-7 金属龙骨吊顶构造(尺寸单位:mm)

复习思考题

1. 简述饰面装修的作用。
2. 简述饰面装修的基层处理原则。
3. 简述饰面装修的类型。
4. 简述墙面装修的种类及特点。

5. 简述水泥砂浆地面、水泥石屑地面、水磨石地面的优缺点、适应范围。

6. 简述常用的块料地面的种类、优缺点及其适应范围。

7. 简述塑料地面的优缺点及主要类型。

8. 简述直接抹灰顶棚的类型及其适应范围。

9. 设计吊顶应满足哪些要求？吊顶由哪几部分组成？

第 8 章　建筑设计实例

8.1　方案设计

8.1.1　课程设计任务书

(1)《全日制六班幼儿园建筑方案设计》任务书

一、课程名称：全日制六班幼儿园

二、课程的主要内容

(一)设计用地

本设计用地选位于某大学校园教职工居住区内，周边交通条件和朝向较好，用地内的绿化植被具有较好的景观和利用价值，整个用地面积宜控制在 3 500～4 500m^2 以内。

(二)设计总体指标控制

1. 用地面积：3 500～4 500m^2 以内。
2. 班级规模：6 班，20 人/班，共 120 人。
3. 建筑面积：按 10～12m^2/人计算，1 200～1 500m^2。
4. 建筑层数：三层及以下。

(三)建筑主要功能及面积参考指标

1. 活动及辅助用房

活动室：　　　50～60m^2/间，6 间

寝室：　　　50～60m^2/间，6 间

卫生间：　　　15m^2/间，6 间

衣帽教具储藏室：　　　9m^2/间，6 间

音体活动室：　　　100m^2

2. 办公及辅助用房

办公室：　　　12～15m^2/间，3～4 间

资料兼会议室：　　　25m^2

医务保健室：　　12～15m^2

晨检接待室：　　12～15m^2

隔离室：　　10～12m^2

传达值班室：　　9～12m^2

储藏室：　　12m^2/间，3～4 间

教工卫生间：　　15m^2

3. 生活供应用房

厨房主副食加工间：　　35m^2

厨房配餐间：　　10m^2

厨房主副食库房：　　18m^2

开水消毒间：　　10m^2

炊事员休息室：　　10m^2

洗衣房：　　12m^2

4. 室外活动场地

班级专用室外游戏场地：≥60m^2/班

共用室外游戏场地：≥280m^2(包括游戏器具、沙坑、30m 跑道、洗手池、蓄水深度小于 0.3m 的戏水池等)

(四)图纸要求

1. 总平面图：1∶500(应标注建筑总尺寸及与场地周边红线的距离)。

2. 各层平面图：1∶200～1∶150(至少标注两道尺寸)。

3. 立面图：1∶200～1∶150(至少两个立面，标注各层标高及总高度尺寸)。

4. 剖面图：1∶200～1∶150(应剖到主要功能房间或楼梯间)。

5. 活动室放大平面图：1∶50(绘制家具及设施布置并标注尺寸)。

6. 设计说明：技术经济指标(包括规模、总用地面积、总建筑面积)。

三、课程的教学重点及难点

1. 幼儿园是对 3～6 岁幼儿进行保育和教育的社会服务设施，应针对儿童的生理和心理特点进行设计；幼儿园设计涉及儿童心理、建筑功能、建筑与环境三个主要方面。其中，对儿童心理的了解、研究与运用是幼儿园建筑与其他民用建筑设计的主要区别之一。通过本课程设计引导学生通过建筑手段(空间、视觉造型、室内外环境)来满足和强化儿童的心理需求。

2. 建筑总体布局及功能设计应做到功能分区明确，方便管理，室外游戏场地与绿化庭园布置合理紧凑，建筑形象新颖并体现幼儿园建筑特征。

3. 幼儿园在日照、通风、安全等方面的技术标准应严格遵守现行《托儿所、幼

儿园建筑设计规范》(JGJ 39)的相关要求,并通过设计熟悉规范条例。

四、设计方法和步骤

1. 分析研究设计任务书,明确设计的目的和要求,根据所给条件,算出各类房间所需数目及面积。

2. 带着问题学习任务书上所提参考资料,参观已建成的同类建筑,扩大眼界,广开思路。

3. 在学习参观的基础上,对设计要求、具体条件及环境进行功能分析,从功能角度找出各部分、各房间的相互关系及位置。

4. 进行块体设计,即将各类房间所占面积粗略地估计平面和空间尺寸,用徒手单线画出初步方案的块体示意图(比例 1∶500 或 1∶200)。

在进行块体组合时,要多思考,多动手(即多画),多修改。从平面入手,但应着眼于空间。先考虑总体,后考虑细部,抓住主要矛盾,只要大布局合理就行了。

5. 在块体设计基础上,划分房间,进一步调整各类房间和细部之间的关系,深入发展成为定稿的平、立、剖面草图,比例为 1∶100～1∶200。

(2)《外国专家招待所建筑方案设计》任务书

一、设计总体指标

1. 总用地面积:4 000m^2 左右(自选)。

2. 总建筑面积:1 500～2 000m^2。

3. 建筑层数:四层及以下。

二、建筑主要功能及面积参考指标

1. 主要公共用房

入口门厅(含管理用房和总服务台):60～80m^2

咖啡室(兼餐厅、含厨房):180m^2

娱乐活动室(台球、乒乓球、棋牌):100～150m^2

自助洗衣房:80m^2

综合服务(打字、复印、日常用品、音像制品出租、自助银行):80～100m^2

公共卫生间:30m^2×2=60m^2

库房:9～15m^2/两层

服务员休息室:25～28m^2/层,应结合分层服务台和库房设置

2. 客房

单人间(含厨卫):35～45m^2/间,20～24 间

套间(含厨卫):55～65m^2/套,6～8 间

客房卫生间:每间客房应设专用卫生间,卫生间空间应能满足浴缸、坐式大便器、洗脸梳妆台三件的布置要求;厨房可考虑使用电炉,面积不宜小于 $3m^2$。

3. 室外活动场地

室外篮球练习场:1 个

室外临时停车位:3~4 个

三、图纸要求

1. 总平面图:1∶500(应标注建筑总尺寸及与场地周边红线的距离)。

2. 各层平面图:1∶100~1∶150(至少标注两道尺寸)。

3. 立面图:1∶100~1∶150(1~2 个方向立面,标注各层标高及总高度尺寸)。

4. 剖面图:1∶100~1∶150(3~4 个,应剖到主要功能房间或楼梯间)。

四、地形图:自选

(3)《单元式多层住宅方案设计》任务书

一、目的要求

通过理论教学、参观和设计实践,使学生初步了解一般民用建筑的设计原理,初步掌握建筑设计的基本方法与步骤,进一步训练和提高绘图技巧。

二、设计条件

1. 本设计为城市型住宅,位于城市居住小区或工矿住宅区内,具体地点自定。

2. 面积指标:平均每套建筑面积 $80\sim150m^2$。

3. 套型及套型比由设计者自定。

4. 层数:5 层。

5. 层高:2 800mm。

6. 结构类型:自定。

7. 房间组成及要求:

(1)居室:包括卧室和起居室。各居室间分区独立,不相互串通。其面积不宜小于下列规定:主卧室 $14m^2$,单人卧室 $9m^2$,起居室 $20m^2$。

(2)厨房:每户独用,房内设案台、灶台、洗池等(燃料——煤气、天然气自定)。

(3)卫生间:每户独用,设蹲位、淋浴(或盆浴)及洗脸盆。

(4)阳台:每户设生活阳台和服务阳台各一个。

(5)储藏设施:根据具体情况设搁板、吊柜、壁龛、壁柜等。

三、设计内容及深度要求

本设计按方案设计深度要求进行,用 AutoCAD 软件计算机制图,2 号图纸。

幼儿园设计(I)
设计说明
本设计选址于重庆大学B区家属区，其交通方便，家长接送孩子较为便利。本设计有较好的采光和通风，利用原有地形，使用廊子和中庭来组织空间，体量的处理上运用构成手法，功能分区合理，适于儿童生活和使用。
经济技术指标
总用地面积：4149.75m²
建筑面积：1496.00m²
容积率：36.04%
建筑密度：26.93%
总班数：6班
总平面图：1:500
建筑鸟瞰图
负一层平面图1:200
一层平面图1:200
花园
9F
卧室
活动室
衣帽
厕所
储藏
幻灯
花架
滑梯
水池
砂坑
资会
办公
厨房
配餐
开水
主食库
副食库
传达
晨检
隔离
医疗
储藏
休息
洗衣

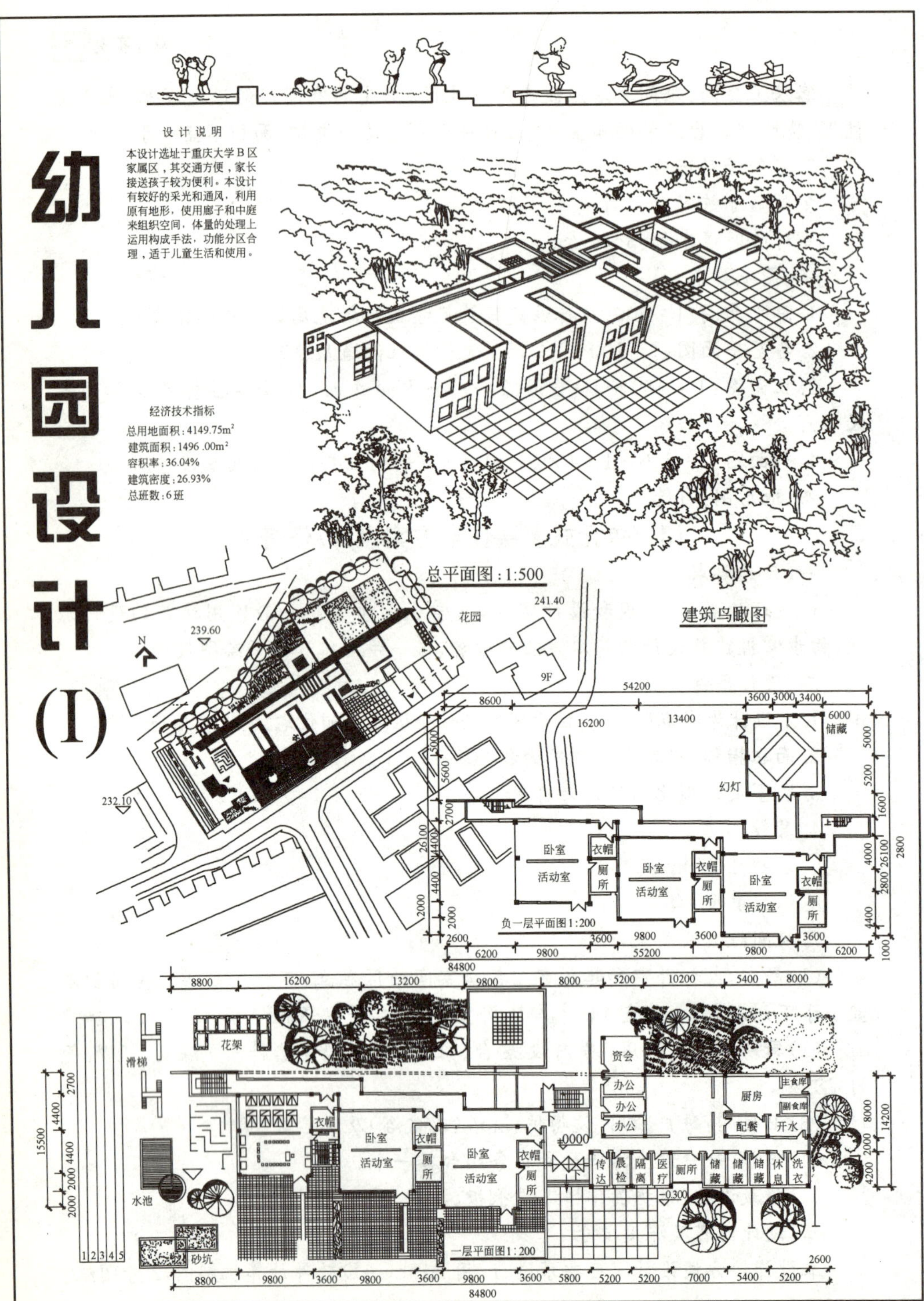

图 8-1

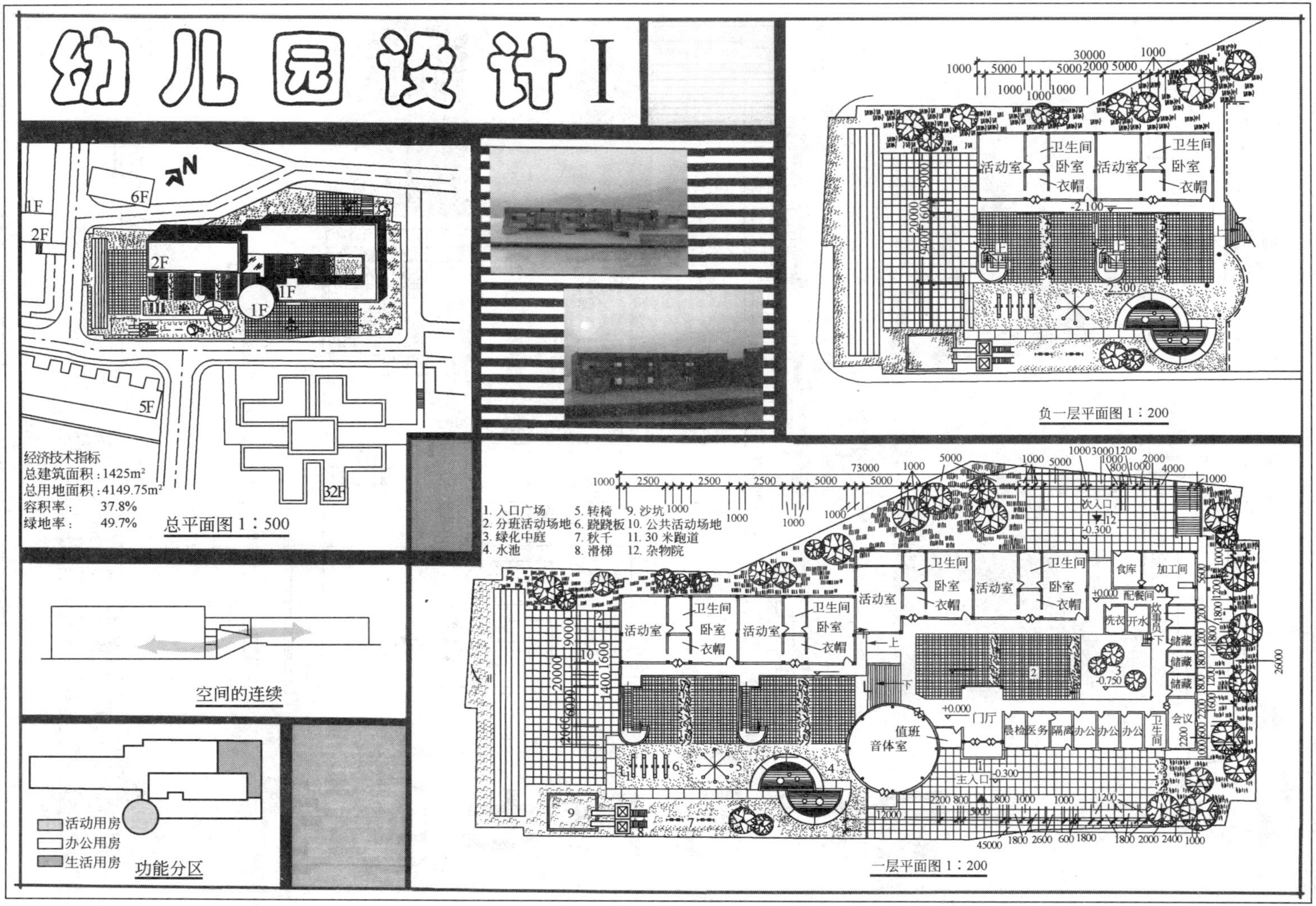
幼儿园设计 I
经济技术指标
总建筑面积：1425m²
总用地面积：4149.75m²
容积率：37.8%
绿地率：49.7%
总平面图 1：500
6F
5F
32F
2F
1F
空间的连续
活动用房
办公用房
生活用房
功能分区
负一层平面图 1：200
活动室
卫生间
卧室
衣帽
-2.100
-2.300
1. 入口广场
2. 分班活动场地
3. 绿化中庭
4. 水池
5. 转椅
6. 跷跷板
7. 秋千
8. 滑梯
9. 沙坑
10. 公共活动场地
11. 30 米跑道
12. 杂物院
次入口
食库
加工间
配餐间
炊事员
洗衣
开水
储藏
会议
卫生间
晨检
医务
隔离
办公
门厅
值班
音体室
主入口
+0.000
-0.300
-0.750
一层平面图 1：200

图 8-2

幼儿园设计(II)
北立面图1:200
4.400
4.000
-0.300
4.400
±0.000
-3.900
1-1剖面图1:200
4.400
3.600
±0.000
-0.300
4.000
3.600
±0.000
-3.600
-3.900
13200
1700
6000
2000
1000
1800
700
1800
1800
2700
9600
9600
500
700
1400
400
750
6250
800
1000
400
300
储藏＋衣帽
500
500
750
750
500
600
600
600
600
700
1000
2000
1000
2000
1400
1600
700
1800
600
700
13200
活动室大样图1:50
4.400
3.600
±0.000
-3.300
4.400
4.000
-0.300
南立面图1:200

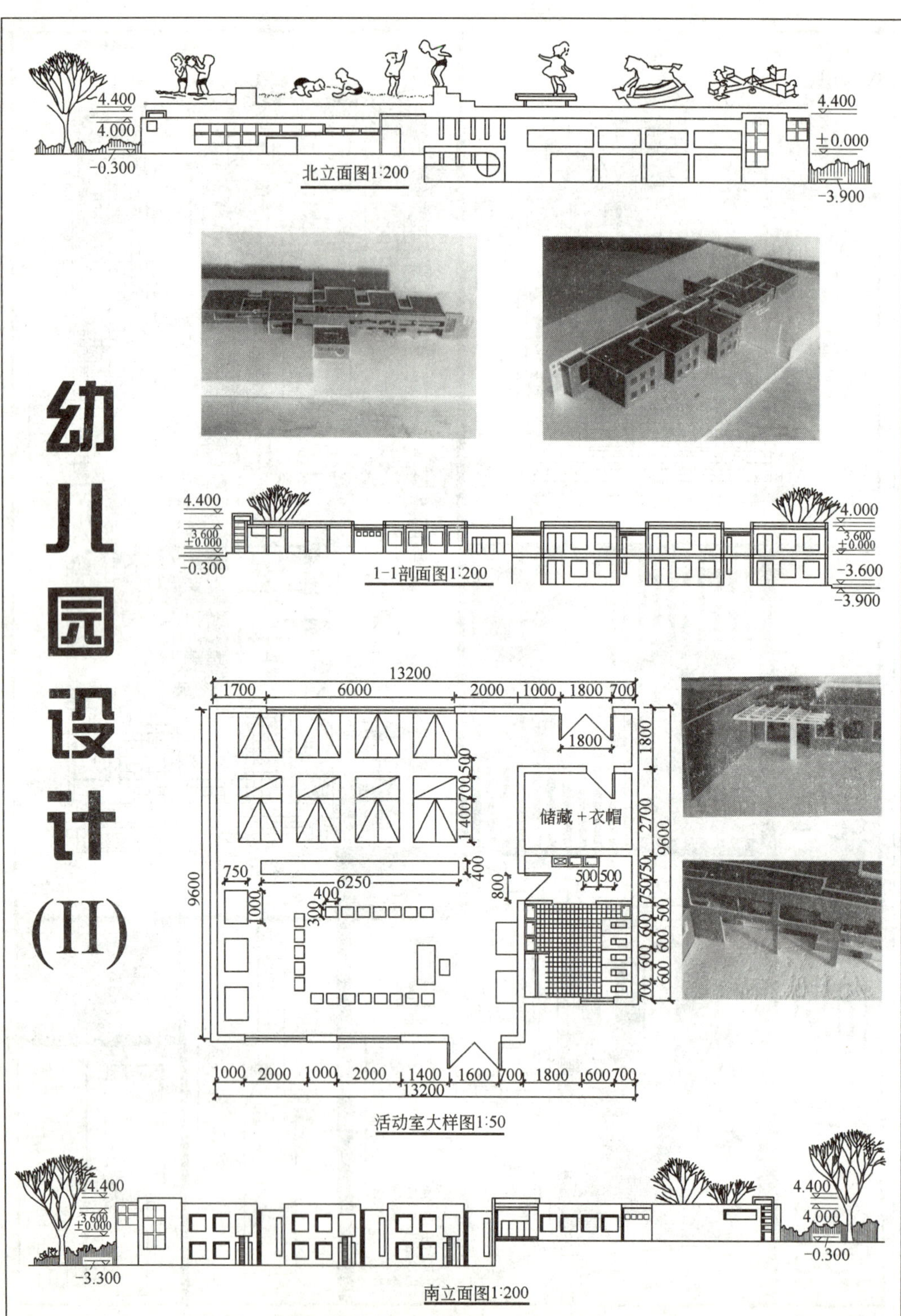

图 8-3

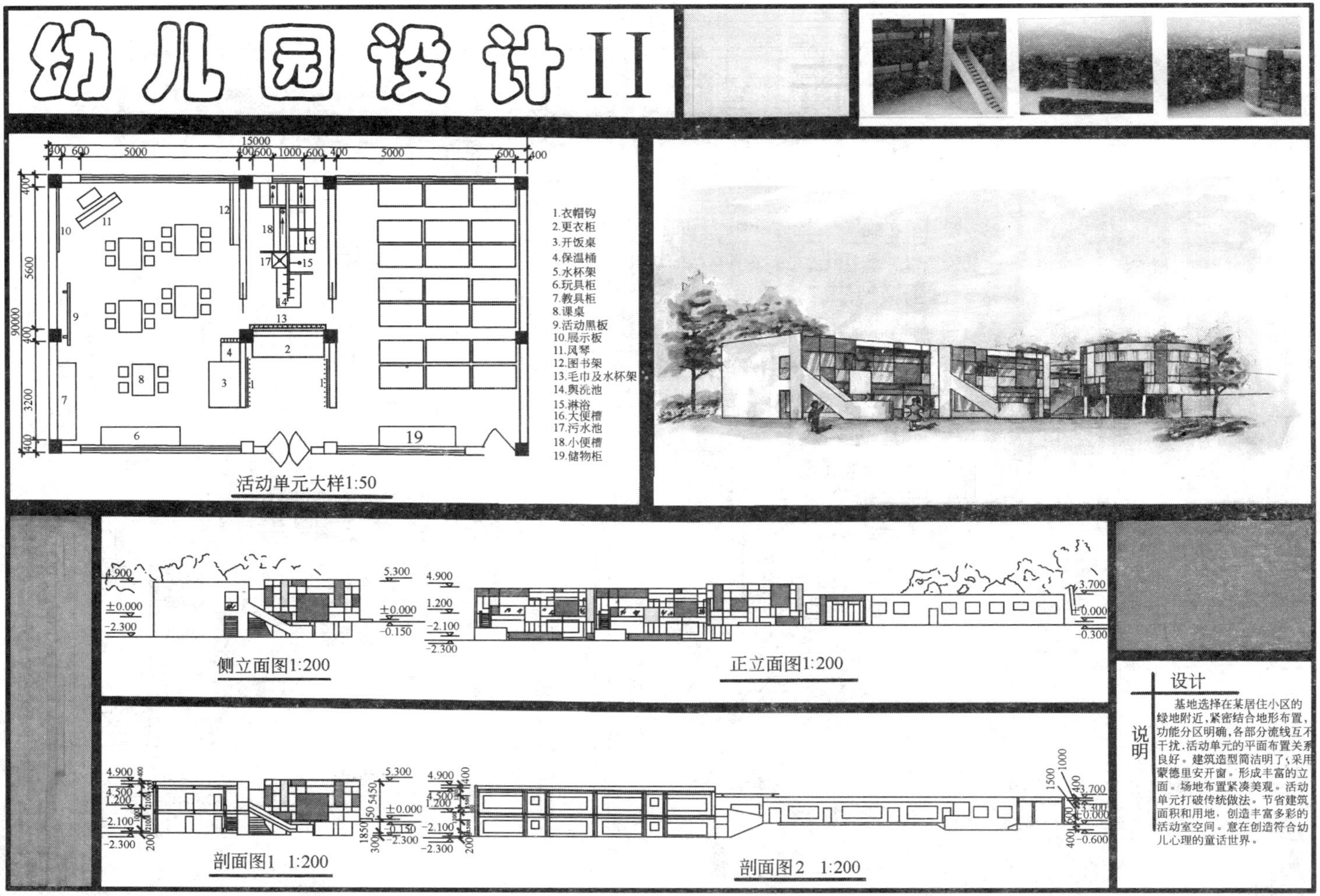

幼儿园设计II

1.衣帽钩
2.更衣柜
3.开饭桌
4.保温桶
5.水杯架
6.玩具柜
7.教具柜
8.课桌
9.活动黑板
10.展示板
11.风琴
12.图书架
13.毛巾及水杯架
14.舆洗池
15.淋浴
16.大便槽
17.污水池
18.小便槽
19.储物柜

活动单元大样1:50

侧立面图1:200

正立面图1:200

剖面图1　1:200

剖面图2　1:200

设计说明

基地选择在某居住小区的绿地附近，紧密结合地形布置，功能分区明确，各部分流线互不干扰。活动单元的平面布置关系良好。建筑造型简洁明了，采用蒙德里安开窗。形成丰富的立面。场地布置紧凑美观。活动单元打破传统做法。节省建筑面积和用地，创造丰富多彩的活动室空间。意在创造符合幼儿心理的童话世界。

图　8-4

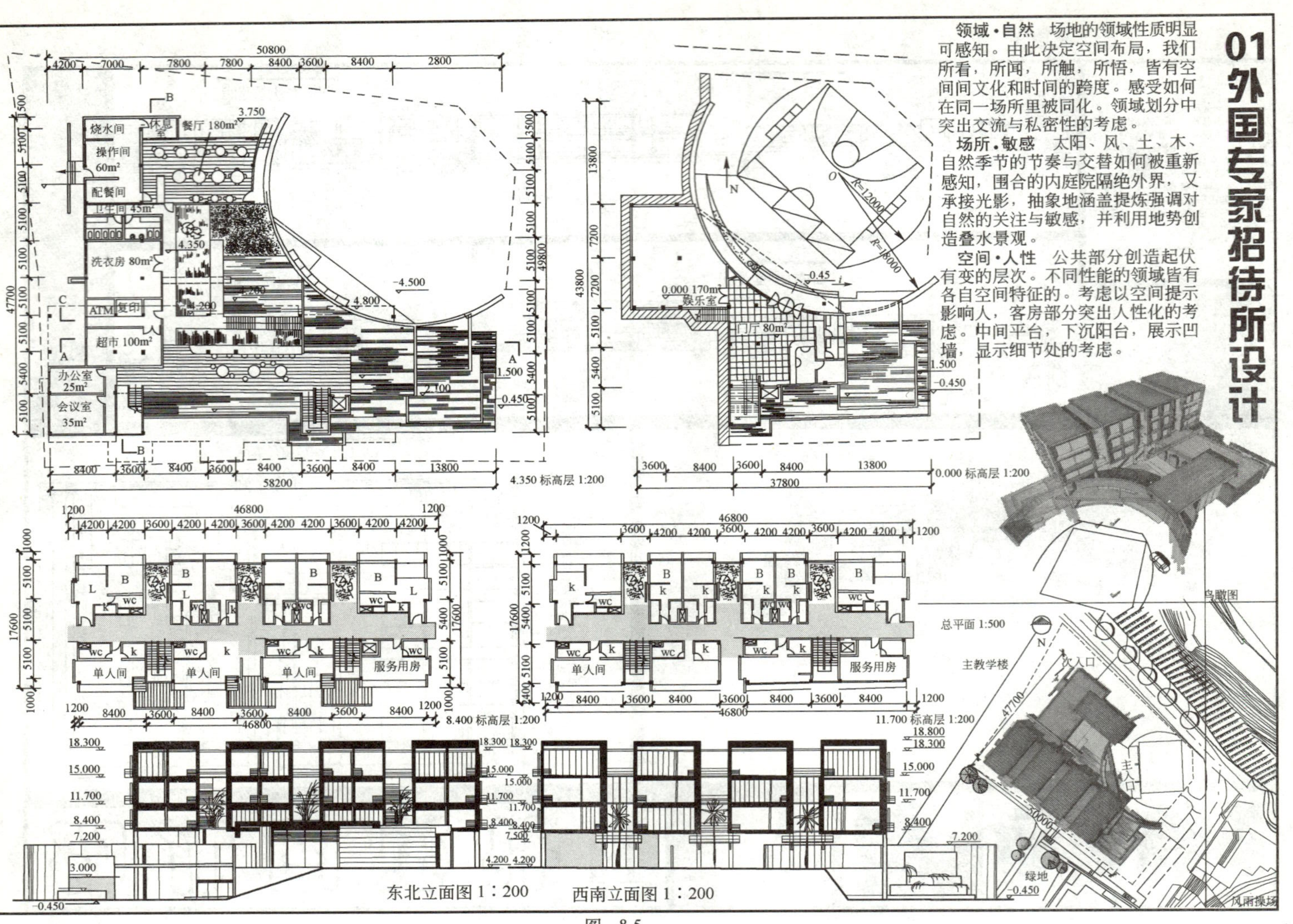
01外国专家招待所设计
领域·自然　场地的领域性质明显可感知。由此决定空间布局，我们所看，所闻，所触，所悟，皆有空间间文化和时间的跨度。感受如何在同一场所里被同化。领域划分中突出交流与私密性的考虑。
场所·敏感　太阳、风、土、木、自然季节的节奏与交替如何被重新感知，围合的内庭院隔绝外界，又承接光影，抽象地涵盖提炼强调对自然的关注与敏感，并利用地势创造叠水景观。
空间·人性　公共部分创造起伏有变的层次。不同性能的领域皆有各自空间特征的。考虑以空间提示影响人，客房部分突出人性化的考虑。中间平台，下沉阳台，展示凹墙，显示细节处的考虑。
烧水间
操作间 60m²
配餐间
休息室
餐厅 180m²
卫生间 45m²
洗衣房 80m²
ATM
复印
超市 100m²
办公室 25m²
会议室 35m²
4.350 标高层 1:200
娱乐室
0.000 170m²
门厅 80m²
0.000 标高层 1:200
8.400 标高层 1:200
11.700 标高层 1:200
单人间
服务用房
总平面 1:500
主教学楼
次入口
主入口
绿地
风雨操场
鸟瞰图
东北立面图 1：200
西南立面图 1：200

图　8-5

02
外国专家招待所设计
入口广场透视
客房大样 1:75
经济技术指标
用地面积：3090m²
建筑面积：2490m²
建筑层数：4
容积率：80%
覆盖率：30%
绿化率：35%
场地道路剖面
不压抑道路视线 · 体量空间顺应临江纵剖面
内向性
外向性
公共
半公共
私密
社会交流
领域性质
中心庭院透视
客房层
公共层
垂直交通
水平交通
通风
分离轴测
套间
单人间
大堂
卧房
洗衣
超市
A-A 剖面图 1：200
B-B 剖面图 1：200
C-C 剖面图 1：200
东南面透视

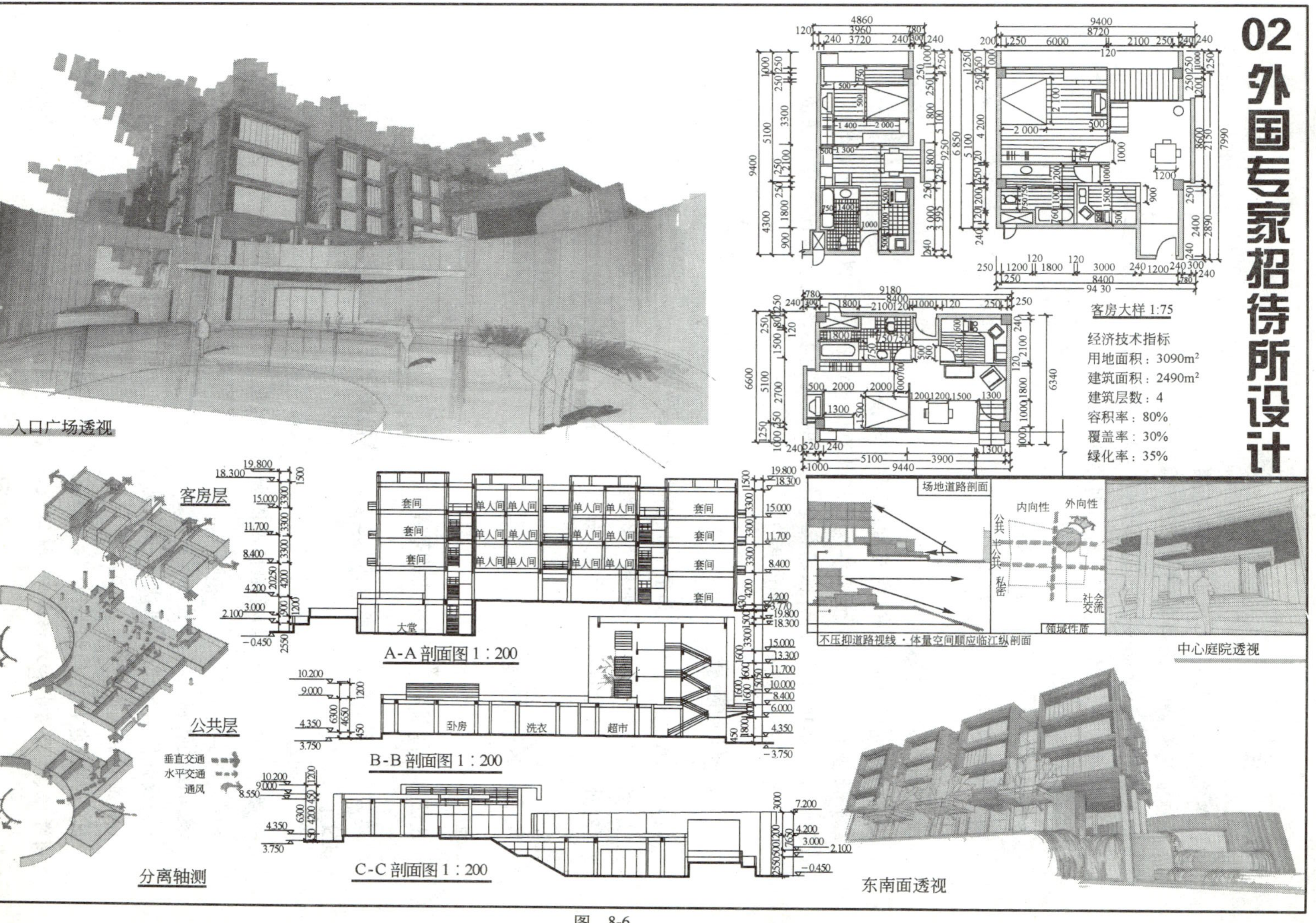

图 8-6

1. 单元底层平面图，比例 1∶100(布置家具设备)。

2. 标准层平面图，比例 1∶100。

3. 立面图：主要立面及侧立面，比例 1∶100(可画两单元组合立面)。

4. 剖面图 1 个，比例 1∶100(需剖到楼梯)。

5. 技术经济指标：

层套型建筑面积＝总建筑面积(m^2)/总套数

标准层使用面积系数＝标准层使用面积(m^2)/标准层总建筑面积(m^2)×100%

四、设计方法与步骤

1. 分析研究设计任务书，明确目的、要求及条件。

2. 广泛查阅相关设计资料，参观已建成的住宅建筑，扩大眼界，广开思路。

3. 在学习参观的基础上，根据住宅各房间的功能要求及各房间的相互关系进行平面组合设计(比例 1∶100 或 1∶200)。

8.1.2 作业展示

(1)幼儿园设计方案 I，如图 8-1、图 8-2 所示。

(2)幼儿园设计方案 II，如图 8-3、图 8-4 所示。

(3)外国专家招待所设计方案，如图 8-5、图 8-6 所示。

8.2 施工图设计

8.2.1 建筑施工图编制深度要求

建筑施工图应包括图纸目录、施工图说明、设计图纸和合同约定的有关文件和批文。

1.1 图纸目录

一般为绘制的图纸，如有选标准图和重复利用图，也应列出。

1.2 施工图说明

施工图说明应包括以下内容：

(1)设计依据的文件、批文和相关规范

(2)工程概况

①一般应包括建筑的名称、性质、建设地点、建设单位、建筑等级、建筑层数、使用年限、屋面防水和人防等级、抗震设防烈度、主要结构类型等。

②主要经济技术指标(也可列在总平面图上)

总用地面积、容积率、停车位、总建筑面积、覆盖率、建筑占地面积、绿地率。

(3)设计标高及尺寸

①本工程相对标高±0.000与总图相对应的绝对标高。

②建筑标高与结构标高的关系。

③标高及尺寸单位。

(4)墙体材料及构造做法

①墙体材料、厚度、砌筑砂浆。

②墙体连接、预埋件的要求(包括不同材料墙体的连接、转角及丁字接头的构造处理、预埋木砖及铁件的处理等)。

③管道竖井:包括通风、排烟竖井,强、弱电及水管井等的做法及要求。

(一般通风、排气竖井的内壁应随砌随抹,要求表面光滑平整,排烟竖井应用耐火砖及耐火水泥砂浆砌筑,强、弱电井和管线安装好后每层均在楼板层标高用与楼板耐火极限相同的材料封堵。水管井则视水管检查口的位置每隔一层或两层用与楼板相同耐火等级的材料进行封堵。)

④留洞及管线埋设位置的确定。

(5)楼地面做法

各不同部位楼地面的做法。

(6)地下室、地面、楼面、屋面(平台)的防水

①地下室外墙及底板的防水方案及做法要求,地下室水池的防水做法。

②首层地面的防潮防水做法与要求。

③楼层中有水房间的防水做法与要求。

④屋面(平台)的防、排水做法与要求(包括构造层次、坡度、变形缝、分格缝、管道出屋面等薄弱部位的处理要求等)。

⑤卫生间等,防水施工完后,须做蓄水试验等。

(7)墙体及吊顶的装修做法

①外墙:选用材料、色彩及做法。

②内墙的装修材料与做法(亦可列表表达)。

③吊顶材料及做法,吊顶高度的控制。

(8)门窗、五金

①门窗选用的材料及五金配件标准。

②门窗立面划分简单。

(9)楼梯、电梯、自动扶梯

①栏杆、扶手做法(包括靠窗楼梯防护栏杆做法)。

②电梯载质量、速度选型及安装技术要求。

③自动扶梯坡度、宽度、速度及输送能力选型。

(10)油漆

木材及金属等基层选用的油漆及做法。

(11)消防设计

①总体设计上如何考虑。

②地下室和商业裙房有无自动喷淋灭火器装置和火灾自动报警系统。

③防火分区划分。

④通道设置的情况。

⑤电梯台数、载重和速度选型。

(12)其他

①建筑中需另做二次装修的部位。

②施工中各工种间的配合要求。

③图纸及改图的要求。

④幕墙及采光天棚等专项工程的设计和施工要求。

1.3 总平面图

(1)总平面布置图,应具有以下内容

①现状地形图,能表明保留的地形和地物并有坐标值。

②场地四周的测量坐标(或定位尺寸)、道路红线和建筑红线位置。

③场地四邻原有及规划道路的位置、名称(主要坐标值或定位尺寸),以及主要建筑物和构筑物的位置、名称、层数。

④建筑物、构筑物(建筑基座外的人防工程、地下车库、贮水池等隐藏工程以虚线表示)的名称或编号、层数及定位(坐标或相互关系尺寸)。

⑤场地内的广场、停车场、运动场地、道路(包括:道路宽度、坡度、变坡点、转折点等)、排水沟等的定位(用坐标或相互关系尺寸)。

⑥指北针或风玫瑰图。

⑦简要说明。

(2)竖向布置图

一般工程可与总平面合在一起,不单独做。

(3)管道综合图

可放在水工种图中。

(4)绿化及建筑小品布置

①绿化(含水面)及植物配置,人行步道及硬质铺地的定位。

②建筑小品的位置(坐标或定位尺寸)、设计标高、详图索引。

③指北针。

④简要说明。

(5)详图

道路横断面、路面结构、挡土墙、护坡、池壁、广场、运动场地、停车场地、建筑小品等的详图。

1.4 平、立、剖面图

(1)平面图

①轴线和轴线编号、门窗的定位和编号、门的开启方向、房间名称、房间的特殊要求。

②三道尺寸线:总尺寸(轴线或外包尺寸)、轴线尺寸、门窗洞口及墙段尺寸。

③墙身宽度,柱宽、深和与轴线的关系尺寸。

④地下层平面应表示标高、各种用房的名称、各设备用房的设备和汽车库等的布置,排水沟、地沟、集水坑等的位置及尺寸,排水沟起始点标高、排水坡度、坡向,设备管线穿墙孔的定位和尺寸,以及详图索引等。

⑤底层平面室内外地面标高、剖切线位置及编号、周边环境关系、指北针及详图索引等。

⑥各楼层平面的标高、详图索引等。

⑦各层平面防火分区划分及每层面积大小。

⑧屋顶平面:应表示女儿墙、檐口、天沟、排水坡度、坡向、雨水口、屋脊(分水线)、变形缝、楼梯间出屋面、水箱间、电梯间、天窗、屋面上人孔、检修梯等各部位的标高及尺寸。

(2)立面图

①各向立面要绘齐(外面的四个),但对称的可省(如侧立面),有内庭院或凹槽的应绘局部立面,或与相关剖面结合表示。

②立面两端应标轴线编号。

③竖向三道尺寸及各层标高。

④外轮廓各主要部位的标高(如女儿墙、檐口、窗台及其他装饰构件、线脚、室外空调机搁板、阳台、门廊、雨篷、幕墙等)。

⑤装饰用料名称、做法(或代号)。

⑥详图索引。

(3)剖面图

剖视位置应选在层高不同、层数不同、内外空间比较复杂、具有代表性的部位。建筑空间局部不同处,可绘制局部剖面。剖面图应表明:

①墙、柱轴线和轴线编号。

②剖切到和可见的主要结构和建筑构造部件均应画出。如室外地面、底层地(楼)面、地下室、地坑、地沟、各层楼板、平台、吊顶、屋架、屋顶、出屋顶烟囱、天窗、檐口、女儿墙、爬梯、门窗、楼梯、台阶、坡道、散水、平台、阳台、雨篷、雨水管及其他装修等可见内容。

③高度尺寸。

外部尺寸三道:门、窗洞口高度,层间高度,总高度。

内部尺寸:地坑、隔断、洞口、平台、吊顶等。

④高程:主要结构和建筑构造部件的高程。如室外地面标高,底层地面、各层楼面、地下室、楼梯、平台、屋面板、檐口、女儿墙顶等的标高,高出屋面的水箱间、楼梯间、机房顶部、烟囱顶及其他特殊构件等的高程。

⑤节点构造详图索引。

(4)详图

上列图纸中需另行清楚表示的一些局部构造、建筑装饰处理等应专门绘制大样图。

8.2.2 施工图设计实例

本施工图设计实例包括:

(1)图纸目录(图 8-7);

(2)建筑设计总说明(图 8-8);

(3)建筑设计说明及门窗统计表(图 8-9);

(4)建筑构造用料表(图 8-10)。

(5)总平面图(图 8-11);

(6)各层平面图[图 8-12～图 8-14(见章末插页),图 8-15、图 8-16];

(7)立、剖面图[图 8-17～图 8-19,图 8-20(见章末插页),图 8-21];

(8)楼梯大样图(图 8-22～图 8-25 见章末插页);

(9)走廊栏杆、WC、花池剖面大样图(图 8-26)

××××教学楼建筑施工图纸目录

图号		图幅	
建施 - 总 01	图纸目录	A2	
建施 - 总 02	建筑设计总说明	A1	
建施 - 总 03	建筑设计说明 门窗统计表	A1	
建施 - 总 04	建筑构造用料表	A1	
建施 - 总 05	总平面图	A2	
建施 -06	一层平面图	A1	
建施 -07	二层平面图	A1	
建施 -08	三层平面图	A1	
建施 -09	四层平面图	A1	
建施 -10	顶层平面图	A1	
建施 -11	⑫～①轴立面图	A1	
建施 -12	①～⑫轴立面图	A1	
建施 -13	Ⓐ～Ⓗ轴立面图	A1	
建施 -14	Ⓗ～Ⓐ轴立面图 2-2 剖面图	A1	
建施 -15	1-1 剖面图	A1	
建施 -16	楼梯 1 各层平面大样图	A1	
建施 -17	楼梯 2 各层平面大样图	A1	
建施 -18	①楼梯 1/A-A 剖面详图 ②楼梯 2/A-A 剖面详图	A1	
建施 -19	①外廊扶手大样图 ②WC-1 放大平面图 ③WC-2 放大平面图 ④花池剖面大样图	A1	

说明			
（行政章）			
（出图章）			
（注册师章）			
项目负责			
工种负责			
注册师			
设计			
制图			
校对			
审核			
审定			
工程名称	×××× 中心校教学楼		
单体名称	教学楼		
图纸名称	图纸目录		
图别	建施	设计号	062024
图号	建施－总 01	日期	
×××× 建筑设计研究院			
地址			
电话			
传真			

图 8-7 图纸目录

建筑设计总说明

一、项目概况

1.××××中心校教学楼

2.建筑地点：四川××

3.建设单位：××××建设设计研究院

4.建筑面积：3257m²

5.建筑基底面积：892m²

6.建筑工程等级：3级

7.设计使用年限：50年（三类）

8.建筑层数和建筑高度：主体建筑4层，局部2层，高度20. 55m

9.建筑耐火等级：一级

10.屋面防水等级：II级

11.建筑物抗震设防烈度：六度

二、设计依据

1.××××区大兴中心校园规划设计

2.××××中心校设计任务书

3.《××市公安局消防局建筑工程消防设计的审核意见书》[2004]渝公消（建扩）字第356号]关于同意××××校方案设计的审核意见

4.国家相关技术规范

（1）《民用建筑设计通则》（GB 50352—2005）

（2）《公共建筑节能设计标准》（GB 50189—2005）

（3）《建筑设计防火规范》（GB 50016—2006）

（4）《城市道路和建筑物无障碍设计规范》(JGJ 50—2001、J 114—2001)

（5）《中小学校建筑设计规范》（JB 99—86）（参考）

（6）《建筑工程设计文件编制深度规定》（建设部2003年4月）

（7）《民用建筑工程室内环境污染控制规范》(GB 50325—2001)

（8）《屋面工程技术规范》（GB 50345—2004）

（9）《建筑防水工程技术规程》（DBJ 15-19—97）

三、总则

1. 本工程设计标高±0.000m，相当于绝对标高552.6,坐标位置详见建施总05。

2. 本工程施工图所注尺寸，除总平面及标高以米为单位外，其余均以毫米为单位。

3. 施工安装及质量验收均以图中标注尺寸为准，不得度量图纸。

4. 有关施工安装和质量验收均须严格遵守国家现行的各项规范及规定。

5. 本工程所选用的建筑材料及装修材料必须符合《民用建筑工程室内环境污染控制规范》（GB 50325—2001）。

6.本施工图须与结构、给排水、电气、空调和动力等有关专业图纸密切配合施工。

7.本说明未详尽之处严格按国家和地方建筑行业标准执行。

8.施工中如需变更设计，必须征得设计院同意，并发设计变更通知，方可施工。

四、材料与构造说明

1. 墙体

（1）墙厚度除图中注明者外，外墙砌块均用≥MU7.5厚200，M10水泥砂浆砌筑；内墙200厚(未标注者均为100厚)，用M5石灰水泥砂浆砌筑。卫生间部分用MU7.5厚200,M10水泥砂浆砌筑。

（2）建筑物±0以下用MU10页岩砖，M10水泥砂浆砌筑。

（3）框架结构内外填充墙用轻质新型墙体：
①页岩砖（外墙、分户墙及卫生间隔墙）；
②烧结空心砖（盲孔）。

（4）所有填充墙其砌筑用料及锚固方法应严格按有关规定施工。

（5）所有墙身于底层标高-0.06标高处做20厚1：2水泥砂浆加相当于水泥重量5%防水剂的防潮层。

（6）钢筋混凝土墙（柱）与墙体连接处构造详见结构统一说明。

（7）不到顶的非承重墙，砌筑用料用锚固方法详见结构统一说明。

（8）砌体孔洞要预留，不得随意打凿，孔洞周边应做好防渗漏处理。

（9）卫生间墙根部做C15现浇混凝土条带，高度不小于100。

（10）女儿墙为砖墙，屋面板天沟处必须有翻起350以上的现浇混凝土，女儿墙顶部做混凝土压顶。

2.外装修

（1）墙粉刷及贴面材料分格线详见立面图，分格缝宽15~20,深10。

（2）填充墙与框梁和柱子交接处应加设φ1@20×20、200宽的钢丝网或玻璃纤维网格布抹灰；伸入长1m。

（3）凸出墙面的线脚、挑檐等上部与墙交接处做成小圆角并向外找坡大于或等于3%，以利排水；门窗洞顶、雨蓬、拦板压顶、线脚及类似的构件，均应按施工规范做滴槽水或鹰嘴线。

（4）凡外砖墙做外围护结构者均必须做防水砂浆批荡（加防水粉或防水剂）。

3.内装修

（1）室内墙面、柱面粉刷部分的阳角和门洞口昕阳角应用1：2水泥砂浆做护角，其高度不应低于2000，每侧宽度不小于50。

（2）所有埋入墙内、混凝土内的木制构件，均须涂刷耐腐蚀涂料。

（3）凡风道、烟道、竖井内壁砌筑灰缝需饱满，并随砌随原浆抹平，共余有检修门之管道井内壁做混合砂浆粉刷。

（4）墙面油漆须待抹灰基层干燥后方可进行。

（5）有吊顶房间墙、柱、梁粉刷或装饰面仅做到吊顶标高以上100（人防地下室顶板不抹灰）。

（6）厕所墙面及地面均应做防水层，做法详见建施02“建筑构造与用料做法表”。

（7）东西墙内壁应该用保温砂浆找平。

4. 楼地面

（1）室内地面混凝土垫层酌情设置纵横伸缩缝(平头缝)，细石混凝土地面层设置分格缝，分格缝与垫层伸缩缝对齐，缝宽20，内填沥青玛蹄脂。

（2）水泥砂浆地面面层按具体情况分缝（缝宽5~8，用专用的填缝料填缝）。

（3）凡室内经常有水房间（包括卫生间、外走廊）应设地漏，楼地面用1：2.5水泥砂浆（掺3%防水粉）做不小于0.5%排水坡度坡向地漏，最薄处为15厚，地面最高点标高低于同层房间地面标高20。

（4）建筑物四周做散水及暗沟，设散水宽900，70厚C15混凝土随打随抹光，散水坡度3%，纵向每12m做一道伸缩缝，散水与外墙设20宽缝，其缝内均填沥青砂浆。

（5）除特殊注明者外，门外踏步坡道、混凝土垫层厚度做法同地面。

（6）建筑电缆井、管道井每层在楼板处做法按结构整铺钢筋，待管道安装后用同强度等级的混凝土封闭。

（7）卫生间、走廊和阳台楼地面完成面比一般房间低20，卫生间的蹲位结构下沉350mm。

（8）不同材料的楼地面可用水泥砂浆或找平层调整。

5.屋面

（1）凡女儿墙与坐砌面砖交接处，均应做柔性嵌缝，缝宽30，高度平砖面，嵌缝油膏可选用建筑防水油膏，其技术指标应符合规范有关规定。

（2）基层与凸出屋面结构（女儿墙、墙、管道等）的连接处，以及在基层的转角处（檐口、天沟、斜沟、水落口、屋脊等）水泥砂浆粉刷均应做成圆弧或钝角。

（3）屋面刚性防水层应严格做好分格缝，在嵌油膏前基底务必做好清理工作，充分干燥。

（4）在做屋面防水材料之前，所有出屋面的留孔留洞必须经核实无遗漏后方可施工。

（5）屋面排水雨水口按给排水图选用西南标准图相应的做法，屋面找坡坡向雨水口，雨水口位置及坡向详见给排水图及建筑屋顶平面图。

（6）高屋面雨水排向低屋面时，应在雨水管下方屋面铺放一块490×490×30细石混凝土板保护屋面。

（7）屋面与墙身或女儿墙交接处、走廊、露台与墙身或女儿墙交接处，防水涂料沿墙反上400mm。

6. 门窗

（1）塑钢门窗选用系列、立面分格、开启形式、门窗框料颜色及玻璃规格详见门窗表。

（2）塑钢门窗断面构造及技术要求（包括风压要求）由有相应资质的生产厂家按该厂塑钢型材系列规格和洞口的实际尺寸绘制加工图纸，其图纸应符合相关的塑钢门窗工程设计与施工规定，经我院设计人会同使用单位认可后方能施工。

（3）塑钢门窗框与墙体相连接处，用发泡剂和水泥砂浆填塞缝隙，然后在门窗框料与外墙面接触处用密封胶嵌缝。

（4）安全玻璃的选用见门窗统计表说明。

（5）木门选用全国通用标准图集或厂家定制。

（6）立樘位置：
①塑钢门窗立樘位置于墙中。
②塑钢门窗除注明者外，内开门窗立樘平开启方向墙粉刷面，外开门窗立樘于墙中，立樘平墙面粉刷者加贴脸。

（7）门窗小五金，凡选用标准门窗均应按标准图配置齐全，非标准门窗按设计指定品种规格配置(由铝合金门窗生产厂家配套，并经设计人认可）。

（8）塑钢门窗一般为后安装施工，在建筑平、立、剖面图上标注的尺寸均为洞口尺寸，施工时必须核定尺寸并留出安装尺寸。

（9）需180°开启者应采用长脚铰链等配件，以保证开启后与墙面平齐。

（10）门窗预埋在墙或柱内的木铁构件，应做防腐、防锈处理。

（11）幕墙、防火门、防盗门等特殊加工门窗埋件由石家提供按要求预埋。

7.油漆

所有铁件(如栏杆、型钢构架等)均应：

（1）除锈：如做喷砂除锈，除锈等级不低于Sa2 1/2级；如手工除锈，除锈等级不低于St3级；

（2）涂醇酸铁红底漆1~2道；

（3）涂醇酸瓷漆2~4道，涂层总厚度不小于150um，颜色另详单项设计。

8.其他

（1）本工程所有装饰材料颜色包括墙、楼地面、油漆等施工单位均应先做色板，经与设计单位、使用单位商定后，方订货及大面积施工。

（2）凡贴墙、柱、楼地面之大型石材、磨光花岗石颜色及纹理须经度排确定后方可施工。

（3）外露铁件均涂防锈漆一道、调和漆二道，颜色同所在墙面颜色。

（4）给排水管按暗敷设置，位置详见水施图；不在管井的立管均以侧砖包砌，横管应中吊顶下或地面以上入墙安装，不应走在地面处。

（5）本工程所有雨水管安装完毕后必须做灌水试验。

（6）凡食用水池内壁所用的防水材料必须经检验鉴定认为无毒方可施工，并需经蓄水化验水质符合卫生标准后方能使用。

（7）建筑物屋面应设避雷带（位置详见电气专业施工图）。

图8-8 建筑设计总说明

建筑节能措施

1. 本工程外墙体材料采用 200 厚 JN 烧结页岩空心砖，保温材料采用 30 厚聚苯颗粒保温砂浆（导热系数≤0.06），墙体传热系数为 0.86W/(m²·K)；
2. 本工程屋面保温材料采用 30 厚挤塑泡沫保温隔热板（导热系数≤0.03）；屋面传热系数为 0.68W/(m²·K)；
3. 本工程外门窗均采用 6＋12A＋6 塑钢低辐射中空玻璃窗，透明色，外窗传热系数为 2.4W/(m²·K)，外木（塑料）框夹板门的传热系数为 2.12W/(m²·K)；
4. 所有的梁和柱等热桥均采用 30 厚聚苯颗粒保温浆料保温（导热系数≤0.06）；聚苯颗粒保温砂浆施工详见建筑节能计算书。

建 筑 图 例

页岩砖 ▨　　钢筋混凝土 ▨

教 室 设 计

1. 黑板
   黑板均采用搪瓷烤漆黑板，具体做法详见专业厂家资料；
   固定黑板四周边框使用木条包边装饰（朱砂色）；
   黑板下部粉笔灰槽使用木制灰槽；
   黑板底边距地均为 1200mm，居中布置，其中线与教室中线对齐；
   多功能及远程教育教室详见建筑施工图大样；
   350 人多功能教室：3.6m×1m×4 块（4 块上下推拉移动）；
   普通教室（建筑面积 60m²），4m×1.2m×1 块（固定黑板）。
2. 讲台
   讲台均采用 M5 水泥砂浆砌筑，240 厚页岩实心砖，面层做法同楼板；
   边角做 $R=200$ 圆角，做法参见西南 04J515-34-1-1；
   讲台中心线与黑板中心线对齐（黑板居中布置）；
   讲台具体位置详见建筑施工图大样；
   350 人多功能教室：8m×1.8m×0.2m;
   普通教室（建筑面积 60m²）:4.8m×1.3m×0.2m。

门窗表注：

1. 所有窗均采用塑钢窗，立樘位于墙中；采用（6 灰色吸热 ＋12A＋6 透明）玻璃。
   一层所有可开启门窗设钢板防护网。
   凡超出 1m²的玻璃均需做安全玻璃，小于 1m²的玻璃为 6 厚普通浮化玻璃。
2. 下半幕墙采用安全玻璃。
3. 表中尺寸为设计洞口尺寸，制作时应扣除装修面层厚度以实际度量尺寸为准。所有门窗在加工制作前须对表中所给出的洞口尺寸及数量现场实测，并进行校对无误后，方可进行加工、制作和安装。所有塑钢门窗安装完毕后要做到平直密封并满足国家规范要求。

门窗统计表

	门窗号	尺寸	1F	2F	3F	4F	屋顶层	总计	备 注	采用标准图集
门	FM1521	1500×2100					2	2	乙级防火门	厂家定制
	FM1524	1500×2400	2	2	2	2		8	乙级防火门	厂家定制
	M0921	900×2100	1	1	1	1		4	全板平开夹板门	西南 04J611-6-Ja-0921
	M1027	1000×2700	13	13	13	13		52	带玻平开夹板门	西南 04J611-9-DJ-1027
	M1521	1500×2100	2	2				4	带玻平开夹板门	西南 04J611-9-DJa-1521
窗	C1815	1800×1500					1	1	白色塑钢推拉窗	6＋12A＋6 中空
	C0718	700×1800	8	8	6	6	4	32	白色塑钢平开窗	6＋12A＋6 中空
	C0912	900×1200	1	1	1	1		4	白色塑钢推拉窗	6＋12A＋6 中空
	C0921	900×2100	1	1	1	1		4	白色塑钢平开窗	6 厚单面磨砂玻璃
	C1418	1400×1800	16	16	3	3		38	白色塑钢推拉窗	6＋12A＋6 中空
	C1512	1500×1200	10	10	10	10		40	白色塑钢推拉窗	6＋12A＋6 中空
	C2021	2000×2100	15	15	15	15		60	白色塑钢推拉窗	6＋12A＋6 中空
	C3621	3600×2100	1	1	1	1		40	白色塑钢推拉窗	6＋12A＋6 中空
	MQ1	(600+600+600)×14250						1	玻璃幕墙	6＋12A＋6 中空
	MQ2	(1200+1100+1200)×19500						1	玻璃幕墙	6＋12A＋6 中空

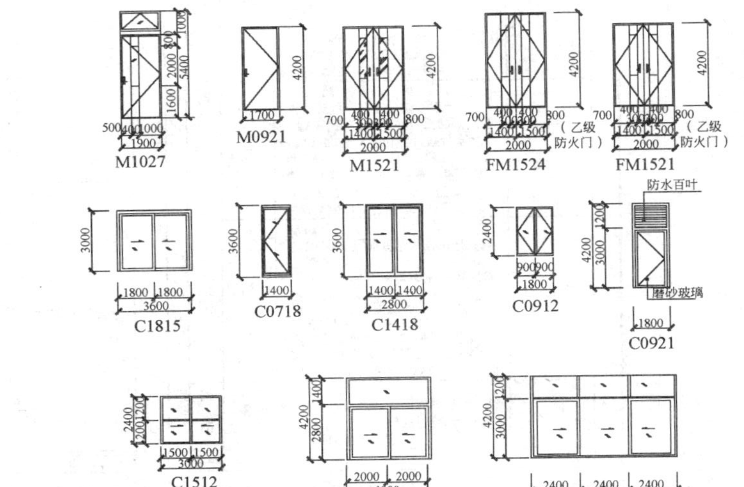

图 8-9　建筑设计说明及门窗统计表

建筑构造用料表

类别	编号	用料做法	适用部位
地面	地-1	**抛光砖地面（总厚 90mm）** •8~10 厚抛光砖铺实拍平，水泥浆擦缝； •25 厚 1∶4 干硬性水泥砂浆，面上撒素水泥； •15 厚 1∶3 水泥砂浆找平； •素水泥浆结合层一道； •20 厚水泥砂浆，20 厚碎石或卵石混凝土，50 厚膨胀蛭石，240 厚膨胀珍珠岩，2100 厚钢筋混凝土； •素土夯实	一般教室、办公室、管理用房、休息室
	地-2	**防滑地砖卫生间地面** •8~10 厚陶瓷锦砖铺实拍平，专用填缝料擦缝； •25 厚 1∶4 干硬性水泥砂浆，面上撒素水泥素结合层一道； •60 厚 C20 细石混凝土（掺水泥用量 3% 的 JJ91 硅质密实剂），找 0.5%~1% 坡，最薄处不小于 30 厚； •20 厚水泥砂浆，20 厚碎石或卵石混凝土，50 厚膨胀蛭石，240 厚膨胀珍珠岩，2100 厚钢筋混凝土； •3∶7 灰土夯实，300 厚	卫生间
楼面	楼-1	**抛光砖楼面（总厚 50mm）** •8~10 厚抛光砖铺实拍平，水泥浆擦缝； •25 厚 1∶4 干硬性水泥砂浆，面上撒素水泥； •15 厚 1∶3 水泥砂浆找平； •素水泥浆结合层一道； •钢筋混凝土楼板	一般教室、办公室、管理用房、休息室走廊
	楼-2	**防滑地砖卫生间楼面** •8~10 厚防滑地砖铺实拍平，用专用填缝料填缝； •25 厚 1∶4 干硬性水泥砂浆，面上撒素水泥，墙上翻 500 高； •2 厚高分子防水涂料，面上撒黄砂，四周沿刷基层处理剂一遍（基层必须干净、干燥）； •1∶2∶5 水泥砂浆找平及长坡 0.5%，坡向地漏，最薄处不小于 15，随手抹光（或按详图）； •钢筋混凝土楼板，上刷素水泥浆结合层一道 注：卫生间蹲位下沉部分用矿渣混凝土或加气混凝土砖块填充，卫生间完成面低于其相邻房间（中间走道时）或走廊 20，以找平找坡控制	卫生间

类别	编号	用料做法	适用部位
屋面	屋-1	•8 厚地砖，缝宽 5~8，专用填缝料填缝； •25 厚 1∶4 干硬性水泥砂浆，面上撒素水泥； •C30UEA 补偿收缩细石混凝土刚性防水层兼找坡层，f6@150 双向，最薄处 3000×3000 分仓，分格缝下宽 10，上宽 15，防水胶灌缝； •30 厚挤塑泡沫隔热板，防水胶灌缝； •无纺布隔离保护层； •2 厚合成高分子防水涂膜（反应型聚氨脂防水涂膜）纯涂； •防水涂料基层处理剂一道； •100 厚加气泡沫混凝土； •120 厚现浇钢筋混凝土屋面板机械； •原浆磨平	上人屋面
	屋-2	•C30UEA 补偿收缩细石混凝土刚性防水层兼找坡层，ϕ6@150 双向，最薄处 30 厚 3000×3000 分仓，分格缝下宽 10，上宽 15，防水胶灌缝； •30 厚挤塑泡沫隔热板，防水胶灌缝无纺布隔离保护层； •2 厚合成高分子防水涂膜（反应型聚氨酯防水涂膜）纯涂； •100 厚加气泡沫混凝土； •120 厚现浇钢筋混凝土屋面板机械； •原浆磨平	不上人屋面
顶棚	顶-1	**乳胶漆顶棚** •钢筋混凝土底面清理干净； •7 厚 1∶3 水泥砂浆； •5 厚 1∶2 水泥砂浆； •满刮腻子一道，砂纸磨平； •白色乳胶漆两遍	全部
	顶-2	**轻钢龙骨纤维水泥板吊顶（保得板一类）** •轻钢龙骨标准骨架：主龙骨中距 900~1000； •6 厚 1200×2440 纤维水泥板，自攻螺钉拧牢； •腻子刮面，砂纸打磨光滑； •白色乳胶漆一底二道	多功能教室及需要的空间（具体位置待装修定）
	顶-3	**铝合金开放式条形板或方形板吊顶** •吊顶内部喷白色涂料； •配套金属龙骨； •铝合金条形板或方形板，板宽酌情另定	走廊及部分公共平台（具体位置待装修定）

类别	编号	用料做法	适用部位
踢脚	踢-1	**抛光砖踢脚（成品）** •20 厚 1∶1∶6 水泥石灰砂浆打底； •3 厚纯水泥浆结合层贴深色抛光砖 100×600	全部
内墙面	内墙-1	**面砖墙面（总厚 28~30mm）** •200 厚 JN 烧结页岩空心砖砌体； •刷 801 胶素水泥浆一遍，配合比为 801 胶∶水＝1∶4； •15 厚 1∶3 水泥砂浆； •刷素水泥浆一道； •5 厚 1∶1 水泥砂浆加水重 20%801 胶镶贴； •8~10 厚哑光墙面砖，专用填缝料擦缝；	详见装修
	内墙-2	**乳胶漆墙面（总厚 20mm）** •200 厚 JN 烧结页岩空心砖砌体； •刷 801 胶素水泥浆一遍，配合比为 801 胶∶水＝1∶4； •15 厚 1∶3 水泥砂浆打底打毛； •5 厚 1∶0.5∶3 水泥石灰砂浆抹面； •腻子刮面，砂纸打磨光滑； •白色乳胶漆一底二道；	除装修图中注明外所有部位
	内墙-3	**釉面砖墙面（总厚 23~24mm）** •200 厚 JN 烧结页岩砖砌体； •刷 801 胶素水泥浆一遍，配合比为 801 胶∶水＝1∶4； •15 厚 1∶2.5 水泥砂浆； •刷素水泥浆一道； •3~4 厚 1∶1 水泥砂浆加水重 20% 801 胶镶贴； •4~5 厚釉面砖，专用填缝料擦缝	卫生间详装修
	内墙-4	**吸声墙面** •轻钢龙骨标准骨架，内填吸音棉； •10 厚 600×600 穿孔水泥纤维板（保得板一类）自攻螺钉拧牢，孔眼用腻子填平； •表面喷刷白乳胶漆	多功能教室后墙和侧墙
外墙	外墙-1	**涂料外墙面（总厚 20mm）** •200 厚 JN 烧结页岩空心砖砌体； •刷 801 胶素水泥浆一遍，配合比为 801 胶∶水＝1:4； •30 厚聚苯颗粒保温浆料 1； •20 厚 1∶2 防水水泥砂浆； •8 厚 1∶2.5 水泥砂浆木材抹平； •氟碳外墙涂料（包括：底油、滑料、面油罩光等工序）	详见立面
	外墙-2	**面砖外墙（总厚 15mm）** •200 厚 JN 烧结页空心砖砌体； •刷 801 胶纱水泥浆一遍，配合比为 801 胶∶水＝1:4； •30 厚聚苯颗粒保温浆料； •20 厚 1∶3 纤维防水水泥砂浆打底； •聚合物水泥浆黏结层； •外墙面砖，专用填缝料勾缝	详见立面

燃气	消防	环保
电气	暖通	给排水
工艺	建筑	结构

说明

（行政章）

（出图章）

（注册师章）

项目负责	
工种负责	
注册师	
设计	
制图	
校对	
审核	
审定	
工程名称	××××中心校教学楼
单体名称	教学楼
图纸名称	建筑构造用料表
图别	建施 设计号
图号	建施一总 04 日期

××××建筑设计研究院
地址
电话
传真

图 8-10　建筑构造用料表

大兴中心小学测量成果表
点名 X坐标 Y坐标 H高程
DX01 2500.000 2500.000 551.99
DX02 2563.083 2499.999 552.45
DX3 2494.084 2550.093 552.25
DX4 2546.594 2467.290 552.08
经济技术指标：
建筑占地面积 892m²
总建筑面积 3257m²
教学班数 24班
教学楼
±0.000=552.60
入口
4F
2F
板房
升旗台
大兴中心小学球场
车棚
厕
砖4 综合楼 办公楼
砖4 （保留建筑）
砖2
教学楼 （保留建筑）
教学楼
大门
门卫
学校入口
车 棚
N
X=12596.666 Y=2471.382
X=12576.661 Y=2490.601
X=12565.595 Y=2431.698
X=12568.030 Y=2479.578
X=12563.086 Y=2499.997
X=12556.674 Y=2452.908
X=12546.597 Y=2467.288
X=12549.769 Y=2444.090
X=12494.087 Y=2550.051
DX01 551.99 X=12500.000 Y=2500.000
50.40
27.60
20.10
53.20
总平面图 1:500

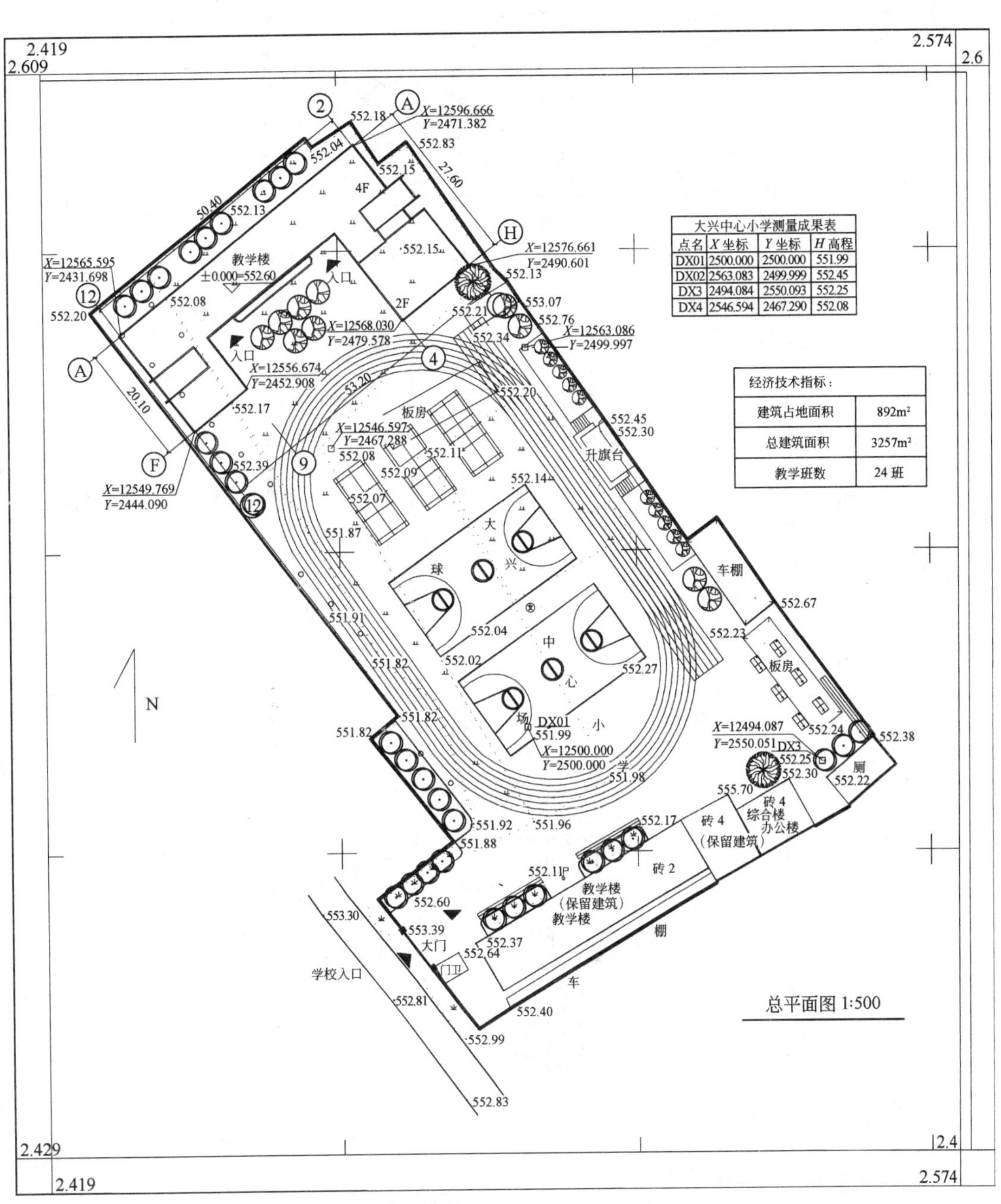

图 8-11 总平面图

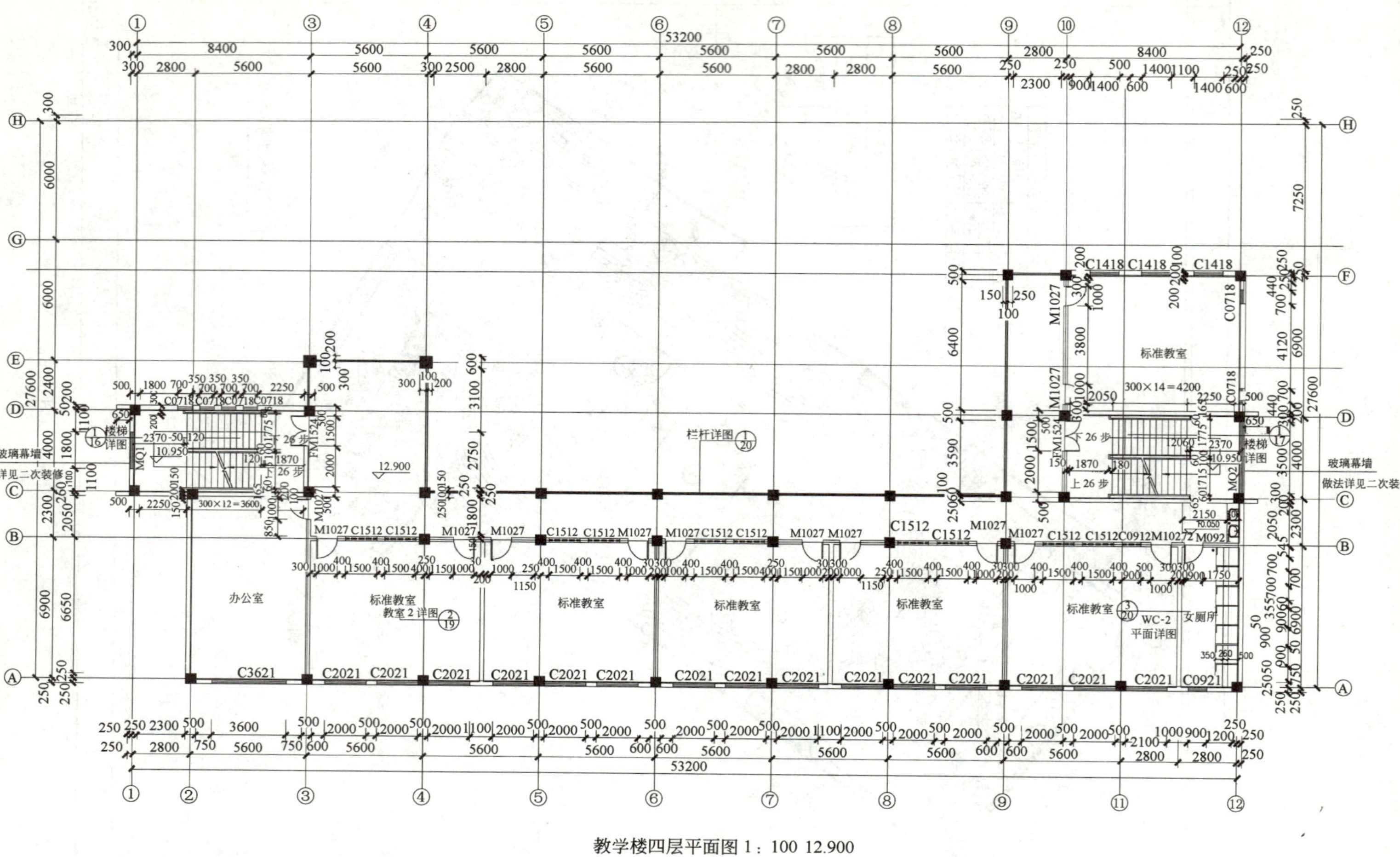

教学楼四层平面图 1：100 12.900

696.32m²

图 8-15

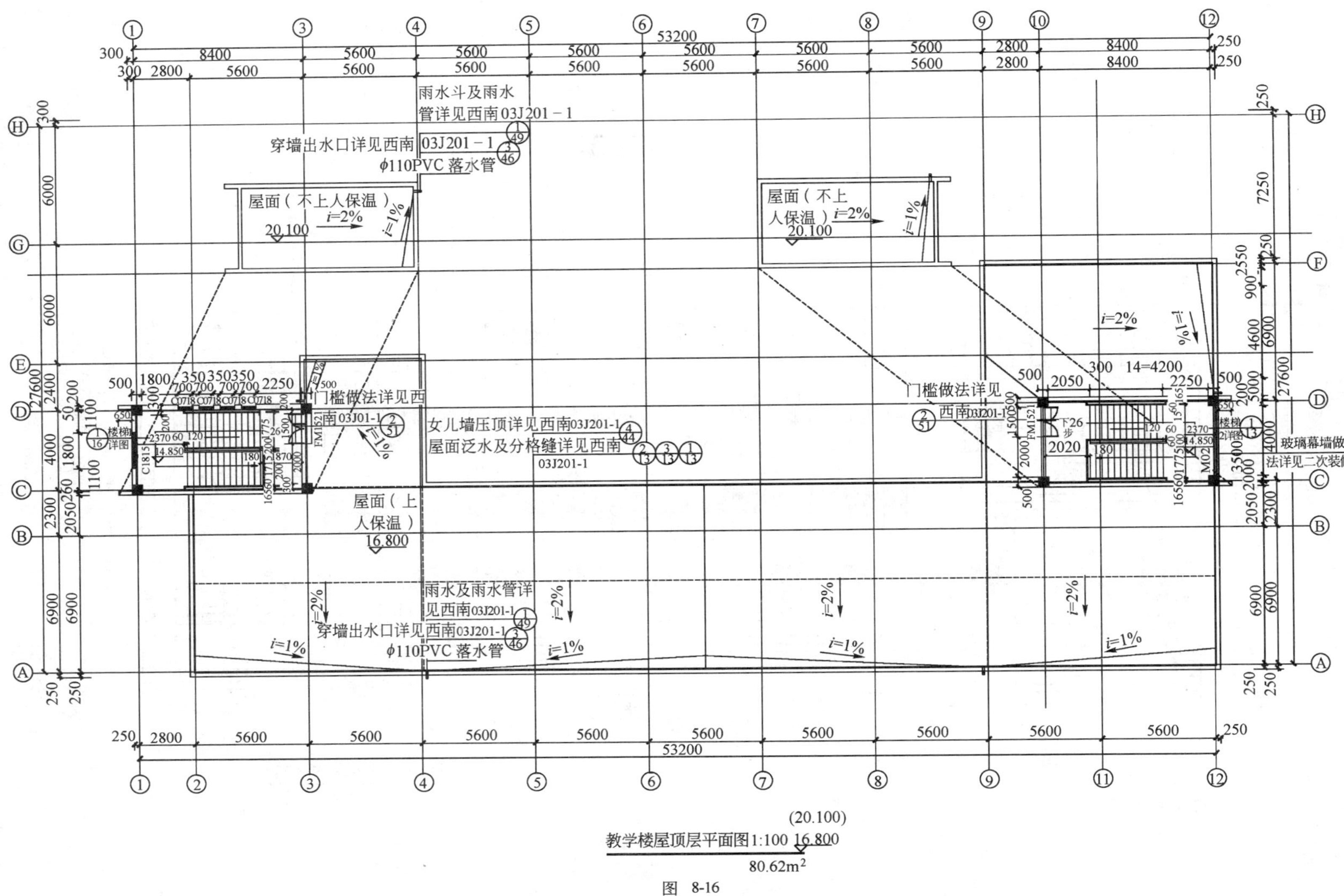

教学楼屋顶层平面图1:100 16.800 (20.100)

80.62m²

图 8-16

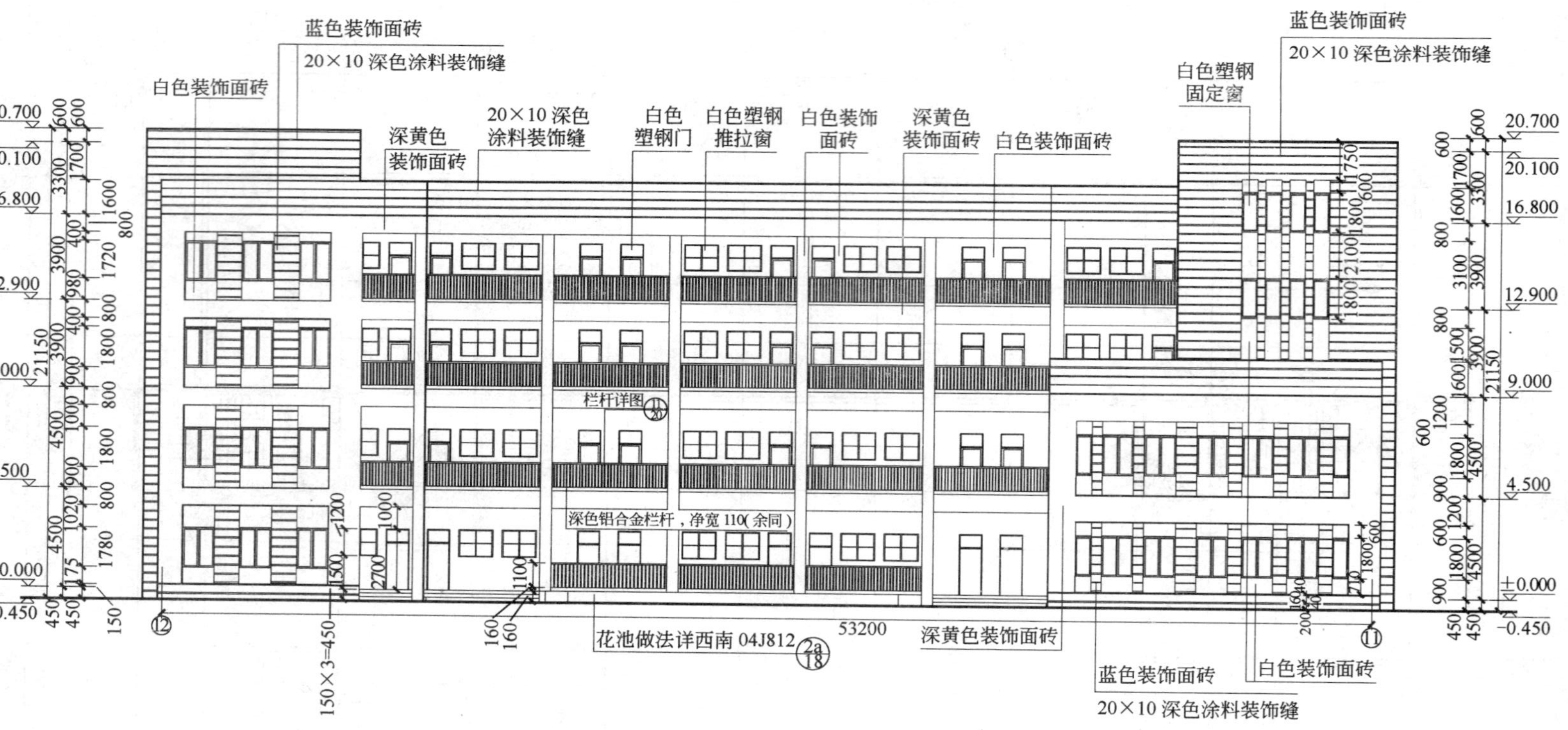

教学楼⑫~①轴立面图 1:100

图 8-17

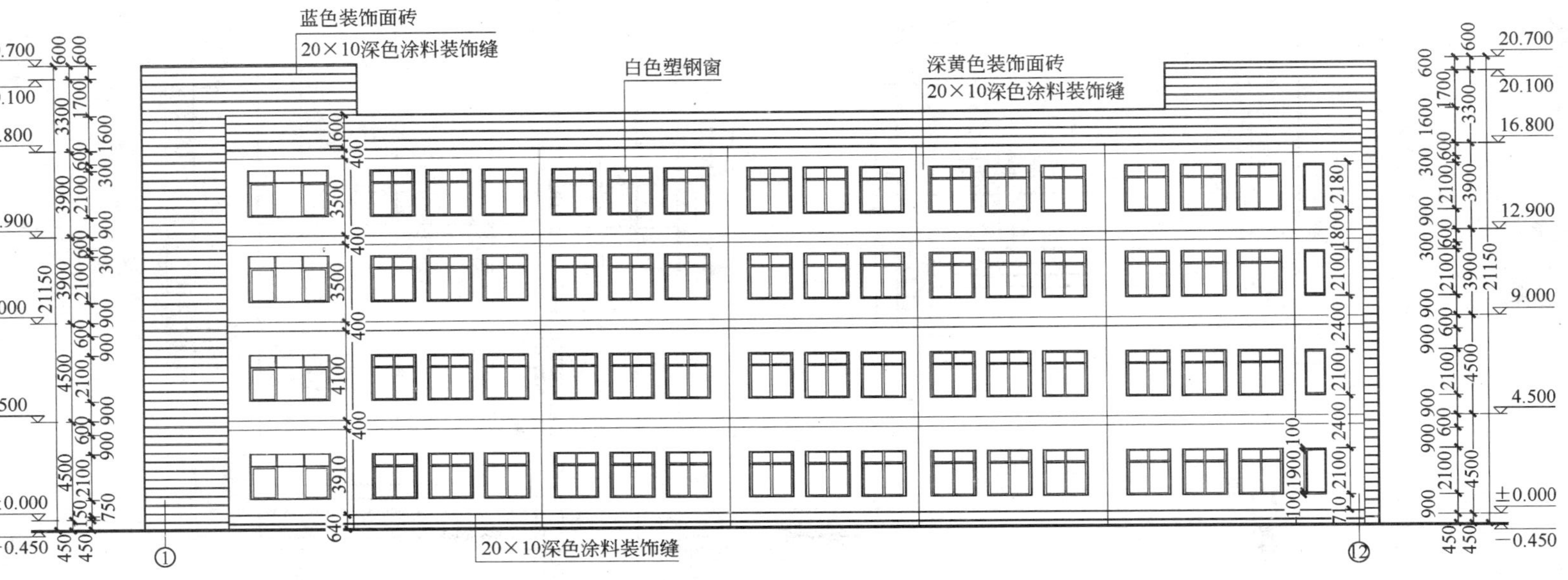

教学楼①～⑫轴立面图1:100

图 8-18

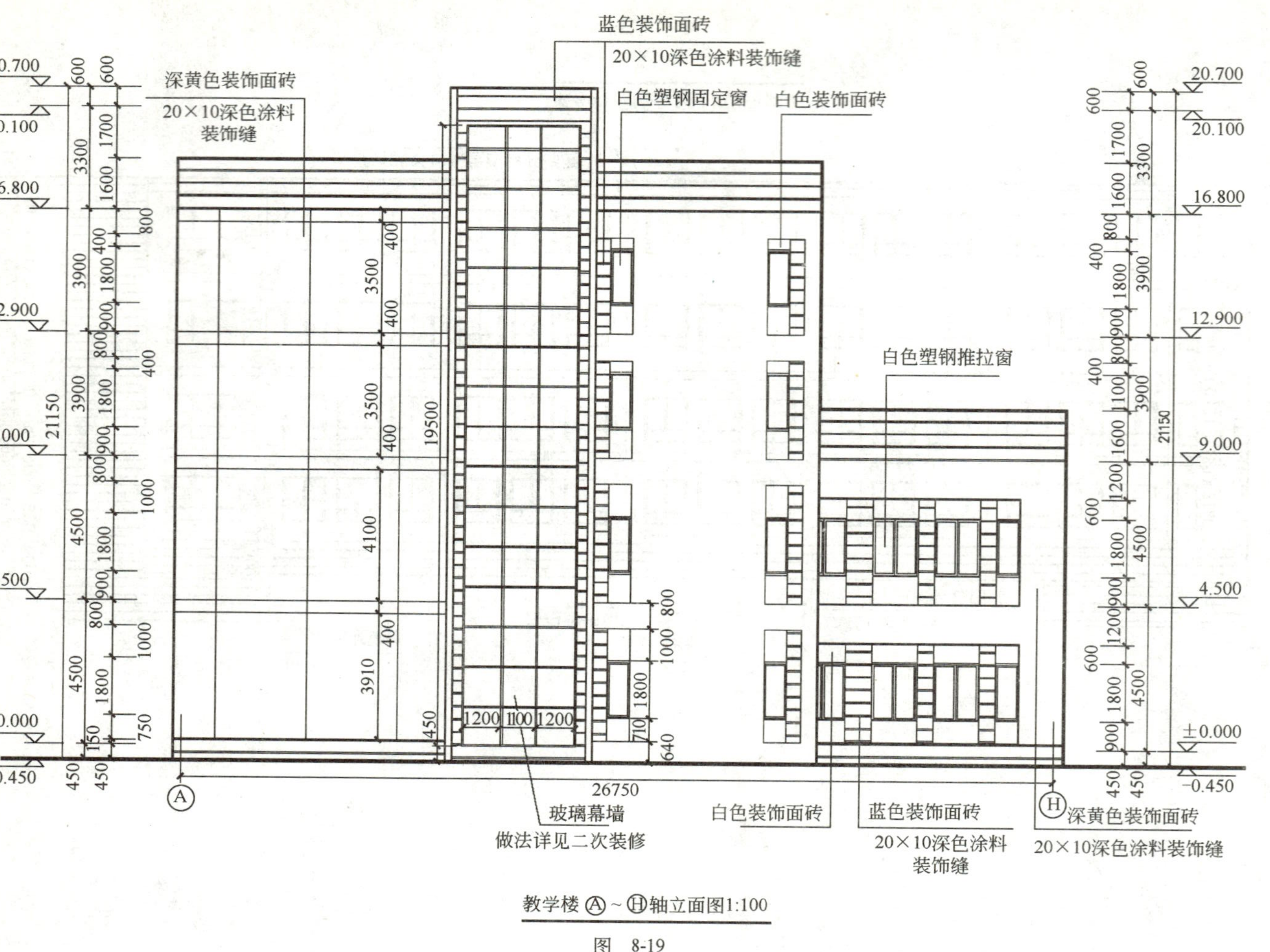

教学楼Ⓐ~Ⓗ轴立面图1:100

图 8-19

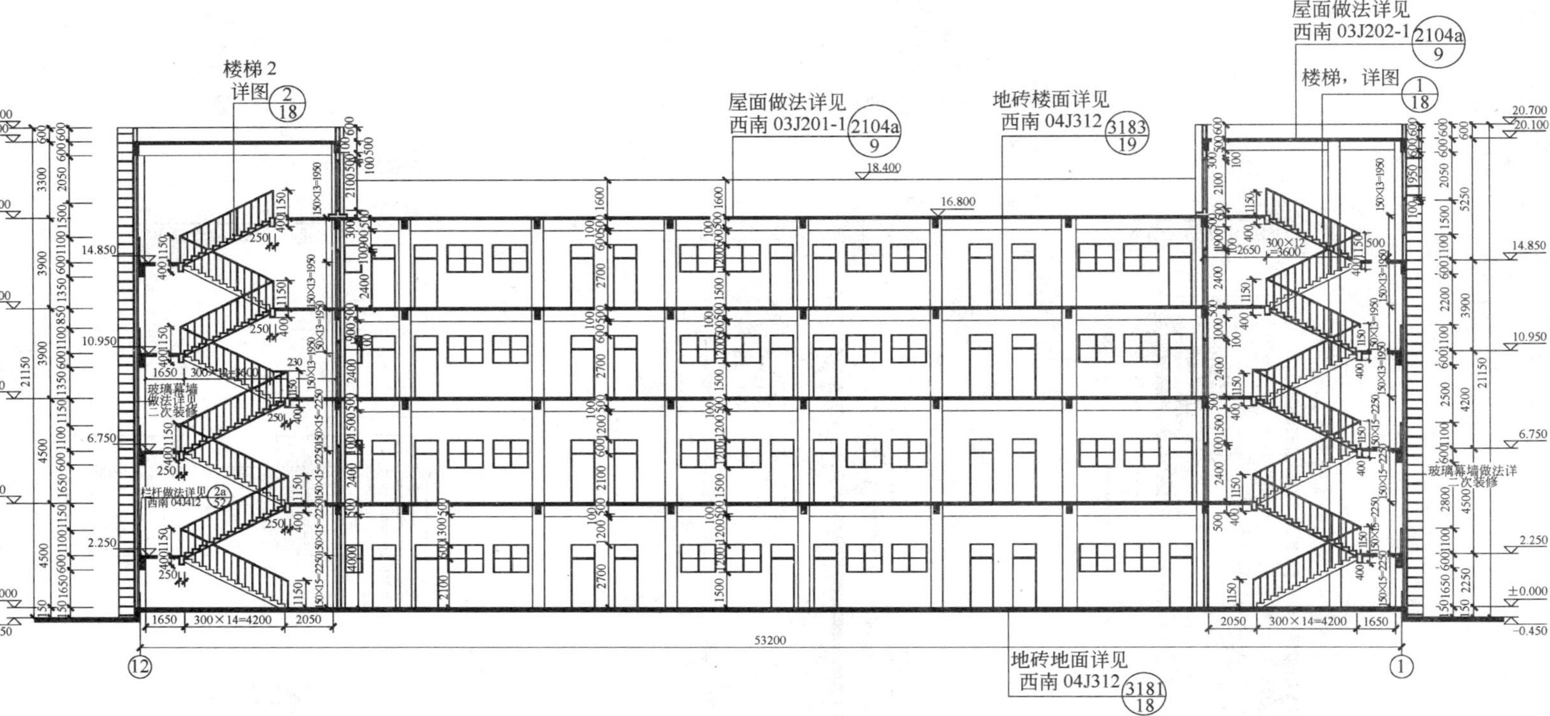

教学楼 1-1 剖面图 1：100

图 8-21

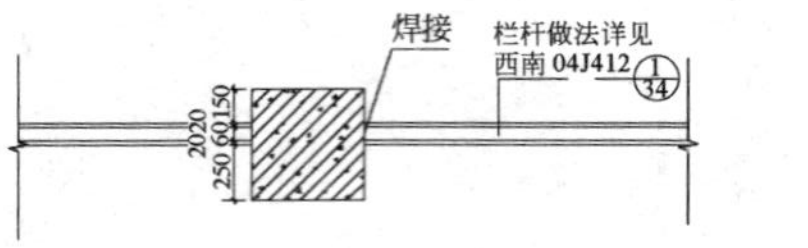

焊接

栏杆做法详见西南 04J412

①走廊栏杆放大平面图 1:20

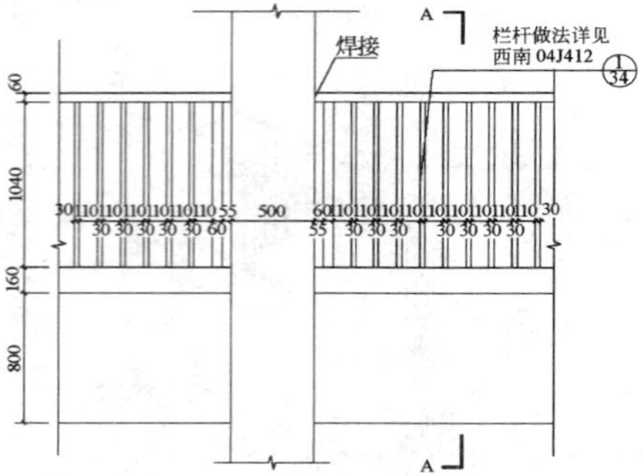

焊接

栏杆做法详见西南 04J412

①走廊栏杆放大立面图

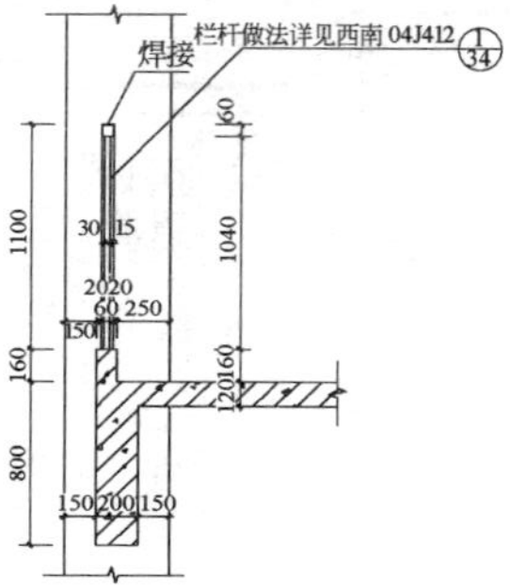

焊接

栏杆做法详见西南 04J412

①走廊栏杆 A-A 剖面图

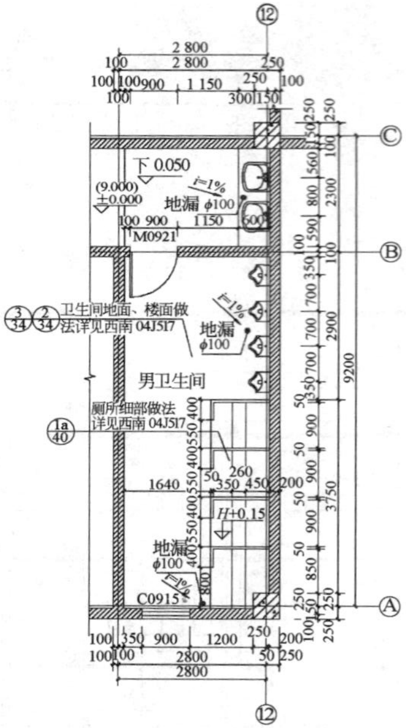

下 0.050

(9.000)
±0.000

M0921

卫生间地面、楼面做法详见西南 04J517

地漏 φ100

男卫生间

厕所细部做法详见西南 04J517

H+0.15

C0915

②WC-1 放大平面图

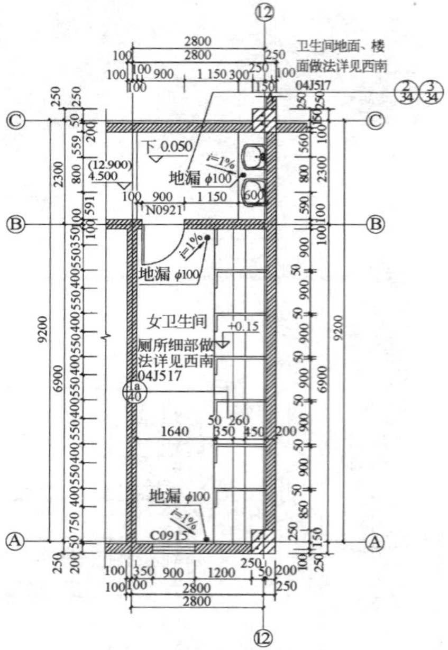

卫生间地面、楼面做法详见西南 04J517

下 0.050

(12.900)
4.500

N0921

地漏 φ100

女卫生间

厕所细部做法详见西南 04J517

+0.15

C0915

③WC-2 放大平面图

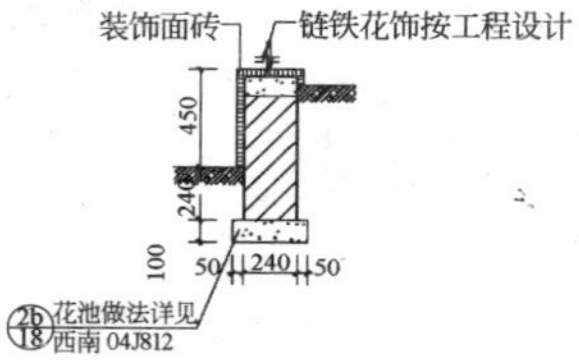

装饰面砖

链铁花饰按工程设计

花池做法详见西南 04J812

④花池剖面大样图

图 8-26　走廊栏杆、WC、花池大样图

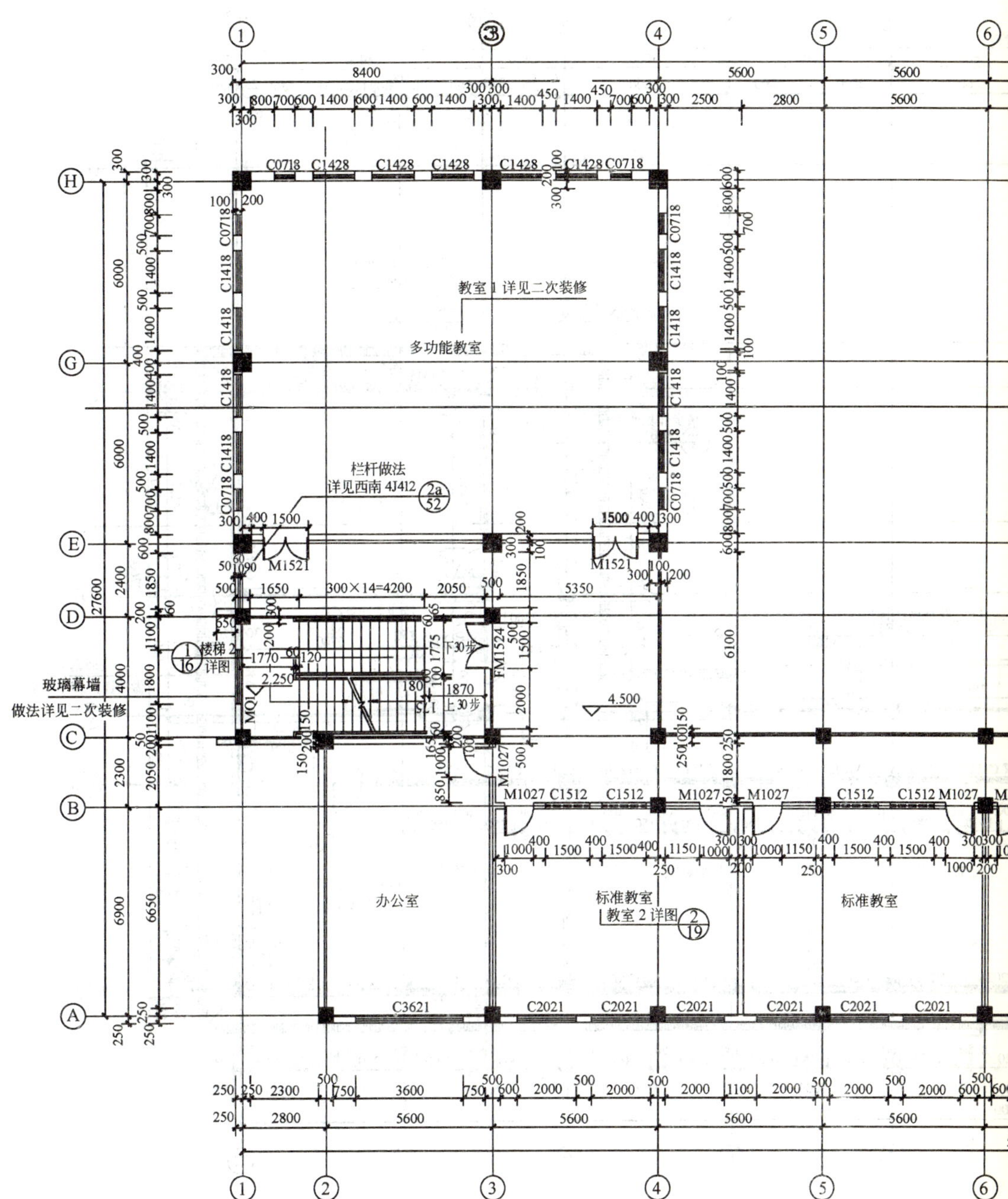

教室 1 详见二次装修
多功能教室
栏杆做法
详见西南 4J412
楼梯 2 详图
玻璃幕墙
做法详见二次装修
办公室
标准教室
教室 2 详图
标准教室
下 30 步
上 30 步
4.500
M1521
FM1524
M1027
MQ1
C0718
C1428
C1418
C1512
C3621
C2021
300×14=4200
27600

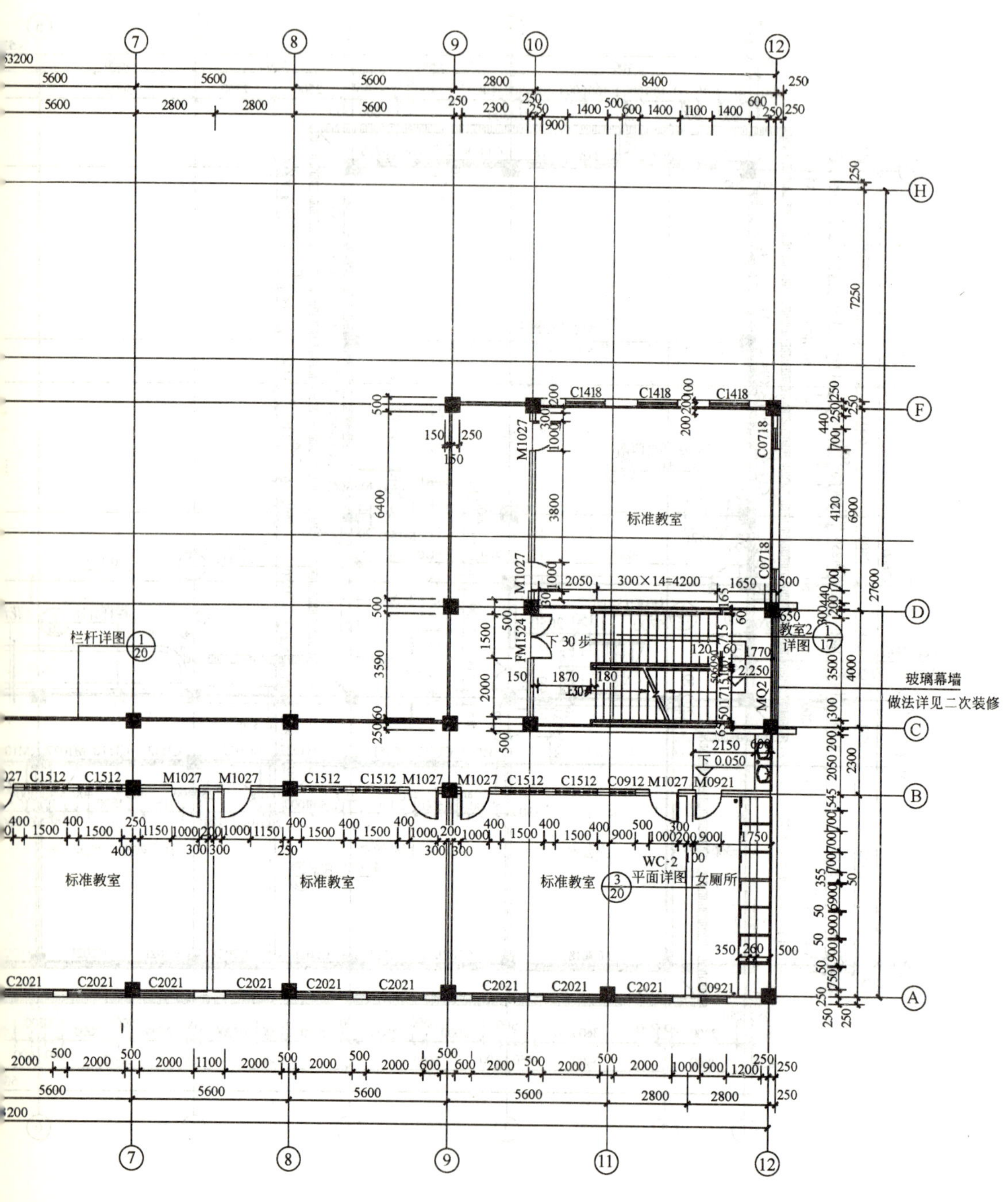

学楼二层平面图 1:100 4.500

891.80m²

图 8-13

参考文献

[1] 中国建筑设计研究院. GB 50352—2005 民用建筑设计通则. 北京:中国建筑工业出版社,2005.

[2] 中国建筑设计研究院. GB 50386—2005 住宅建筑规范. 北京:中国建筑工业出版社,2006.

[3] 本书编委会. 建筑设计资料集. 2版. 北京:中国建筑工业出版社,1994.

[4] 中国建设执业网. 建筑材料与构造. 北京:中国建筑工业出版社,2002.

[5] 中华人民共和国工程建设标准强制性条文(房屋建筑部分). 北京:中国建筑工业出版社,2002.

[6] 中国土木建筑百科辞典 建筑. 北京:中国建筑工业出版社,1999.

[7] 蒋协炳,叶飚. 建材与设备指南年鉴 2002. 北京:中国建筑工业出版社,2002.

[8] 翁端. 环境材料学. 北京:清华大学出版社,2001.

[9] 徐峰,朱晓波,王琳. 功能性建筑涂料. 北京:化学工业出版社,2005.

[10] 中国建材网. http://www.c-bm.com.

[11] 刘晓晖,杨宇振. 商业建筑. 武汉:武汉工业大学出版社,1999.

[12] 刘文军,付瑶. 住宅建筑设计. 北京:中国建筑工业出版社,2007.

[13] 李必瑜,王雪松. 房屋建筑学. 武汉:武汉工业大学出版社,2008.

[14] 李必瑜,魏宏杨. 建筑构造(上). 北京:中国建筑工业出版社,2008.

[15] 刘建荣,翁季. 建筑构造(下). 北京:中国建筑工业出版社,2008.

[16] 韩巍. 形态. 南京:东南大学出版社,2006.

[17] 孙雁,覃琳,夏智勇. 渝东南土家族民居. 重庆:重庆大学出版社,2004.

[18] 戴志中,陈宏达,顾红男. 混凝土与建筑. 济南:山东科学技术出版社,2004.

[19] 建筑设计资料集. 2版. 北京:中国建筑工业出版社,1996.

[20] 刘振亚. 现代剧场设计. 北京:中国建筑工业出版社,2000.

[21] 李国豪. 中国土木建筑百科辞典·建筑卷. 北京:中国建筑工业出版社,1999.

[22] 戴志中,胡斌. 木材与建筑. 天津:天津科学技术出版社,2002.

[23] (挪)克里斯蒂安·诺伯格·舒尔茨. 西方建筑的意义. 李路珂,欧阳恬之,译. 北京:中国建筑工业出版社, 2005.

[24] DA 建筑名家细部设计创意 1. 北京:中国建筑工业出版社,2003.

[25] DA 建筑名家细部设计创意 4. 北京:中国建筑工业出版社,2005.

[26] (美)肯尼斯·弗兰姆普敦建构文化研究.北京:中国建筑工业出版社,2008.

[27] 伦佐·皮亚诺的作品与思想.北京:中国电力出版社,2006.

[28] 世界建筑大师优秀作品集锦.北京:中国建筑工业出版社,2005.

[29] 托马斯·赫尔佐格的作品与思想.北京:中国电力出版社,2006.

[30] 陈凯峰.建筑文化学.上海:同济大学出版社,1996.

[31] 王贵祥.东西方的建筑空间——传统中国与中世纪西方建筑的文化阐释.天津:百花文艺出版社,2006.

[32] 汉宝德.中国建筑文化讲座.北京:生活·读书·新知三联书店,2006.

[33] (英)巴兰坦.建筑与文化.王贵祥,译.北京:外语教学与研究出版社,2007.

[34] 邓晓琳.宗教与建筑(上).同济大学学报:人文·社会科学版,1996(01).

[35] 邓晓琳.宗教与建筑(下).同济大学学报:人文·社会科学版,1996(02).

[36] 沈福煦.建筑与文化.同济大学学报:社会科学版,2008(03):33-40.

图书在版编目(CIP)数据

建筑概论/李必瑜,杨真静主编.--北京:人民交通出版社,2009.5

ISBN 978-7-114-07592-6

I. 建… II. ①李…②杨… III. 建筑学—概论 IV. TU

中国版本图书馆 CIP 数据核字(2009)第 014367 号

书　　名: 建筑概论
著 作 者: 李必瑜　杨真静
责任编辑: 陈志敏
出版发行: 人民交通出版社股份有限公司
地　　址: (100011) 北京市朝阳区安定门外外馆斜街 3 号
网　　址: http://www.ccpress.com.cn
销售电话: (010) 59757973
总 经 销: 人民交通出版社股份有限公司发行部
经　　销: 各地新华书店
印　　刷: 北京市密东印刷有限公司
开　　本: 720×960　1/16
印　　张: 17.75
插　　页: 4
字　　数: 312 千
版　　次: 2009 年 5 月　第 1 版
印　　次: 2017 年 1 月　第 4 次印刷
书　　号: ISBN 978-7-114- 07592- 6
印　　数: 7001-8000 册
定　　价: 32.00 元